生と病の哲学

生存のポリティカルエコノミー

小泉義之

青土社

生と病の哲学

目次

生と病の哲学
生存のポリティカルエコノミー

はじめに

生命の四つの相である生老病死について、すなわち出生・老化・病気・死亡について、この数年のうちに書いてきた論文を束ねて、本書はできあがっている。そして、本書では、生命にアプローチするために、とくに病気のことが念頭におかれている。また、病気を通して生命にアプローチするために、哲学・倫理学に限らず、他の諸学問の成果が使われている。これら二点に関連して、すこし述べておきたい。

①かねてより私は、死について書いたり論じたりすることに意義を感じてこなかったし、いまも感じていない。とくに興味も関心もいだかなかったし、いまもいだいていない。自分の死について具体的に思い知らされる年齢になってきたが、やはりそのことに変わりはない。人間が死ぬこと、他ならぬこの私が死ぬことに、とりたてて思考を促すような謎がある気がしないのである。そのことよりも、私には、生きていることのほうが、よほど不思議であったし、いまでもそうである。眠っては目をさまし、食っては便をする。そんな生のありさまそのものによって、心を動かされてきたし思考を誘われてきた。こんな私の習性は、両親が断固とした無神論者であったこと、母親が病弱であったこと、私を産んで子宮・

卵巣を摘出したこと、そんな子ども時代の経験に由来しているのかもしれない。あるいはまた、漠然と若死にすると思っていたこと、病苦に堪えながら活動していた友人がいたこと、そんな経験に根ざしているのかもしれない。そこはともかく、何ごともそうだが、何も持たずに自前の言葉だけで、その生の不思議さにとりかかるのは難しい。そもそも私には、そんな表現力がない。そこで、生、すなわち生命・生活・生存・人生にかかわる諸学問――哲学・倫理学だけではなく、生命科学・生物学・医学、さらに社会学・経済学・政治学――から、その用語・概念・知見を借りて物を書いてきた。本書におさめられている書き物は、その意味で、学際的・領域横断的なものになっている。

②ただし、生そのものを真っ直ぐに対象とする学問は、あるようでないのである。哲学の一分野の生命哲学にしても、あるいは生物学にしても、生そのものの語り方は古代からさほど進歩しておらず、それを繰り返したところで、何か新たにわかることにはならない。そこで、生そのものに直接に向かうよりは、病を通して生にアプローチしようとしてきた。そもそも初めから生は死に通じているが、病はもっと死に接していそうなので、病を通してならば、死にもアプローチしやすいと考えてきたのである。病は人間の生と死をさまざまな仕方で修飾していることからしても、病を通してのこのアプローチはとても有望であると思っている。ただし、ここでも、自前の言葉だけで、病そのものに直接に向かうのは難しいので、病にかかわる諸学問、さらに病を中核としてできあがっている法・政治・制度を批判的に検討しながら物を書いてきた。本書は、その意味でも、学際的・領域横断的なものになっている。私の専門からすれば、本書をもとにして、哲学の古典を読みかえたり、哲学的な議論を展開したりすべきところであるが、そんな狭義の哲学の書き物については他日を期したいと思っている。

本書の第Ⅰ部には、主として生命科学・生物学・医学にかかわる論文が集められている。「第一章　魂を探して」は、脳神経系の難治性の疾患に対して、先端医療技術や情報工学が介入している数ある方式のうちの幾つかについて、理論的に検討しているものである。実は、iPS細胞の開発ひとつとっても、その実験の方式、応用の方式、対象疾患の選び方はさまざまであり、現時点ですでに一律に扱うことはできなくなっている。私としては、そうしたバイオサイエンスの進展に即して、本章と同様の論考、もちろんそれ以上の論考がもっと書かれることを期待している。「第二章　来たるべき民衆」は、病苦の意味と無意味、病で苦しんで死ぬことの意味と無意味を問うこと、どう見ても不毛としか思えないものの、どうしても立てたくなるし立てざるをえなくなる問いに対して、ジル・ドゥルーズがどのような答えを出しているのかを検討しているものである。「第三章　傷の感覚、肉の感覚」は、痛みの感覚についての現在の主流となっている理論に対抗して、アリストテレスを援用しながら批判をこころみているものである。その主流派理論のために、痛みの経験が、少なくとも痛みの経験の語りが歪められていることも示そうとしている。「第四章　静かな生活」は、いわゆる気分障害についてハンナ・アレントを援用しながら考えているものである。精神障害の概念と精神障害の医療・保健・福祉に対してはさまざまな批判がなされており、それらは基本的に正しいと私も考えているが、本論文では、その批判を繰り返すよりは、精神障害をめぐる現状の営みを過大視せずに位置づける方向が目指されている。

第Ⅱ部には、主として社会学・経済学・法学にかかわる論文が集められている。「第一章　生殖技術の善用のために」は、生殖技術をめぐる生命倫理学や現行制度を批判しているものであるが、読み物として面白くなるように書かれている。「第二章　性・生殖・次世代育成力」は、異性愛について初めて真正面から論じたものである。この論文に対しては幾つかの意見や批判をいただいており、それに応えるためもあって、他日、生殖と死につながる性を通して生にアプローチするものを書きたいと思っているところである。「第三章　社会構築主義における批判と臨床」は、社会学、とくに医療社会学に見受けられる社会構築主義を批判的に検討しているものである。そこでは、社会構築主義が健康と病において破綻することを示し、あわせて医療モデル／社会モデルという二分法では立ち行かないことを示している。「第四章　病苦のエコノミーへ向けて」と「第五章　病苦、そして健康の影」は、福祉国家・福祉社会が功利主義を編成原理としていること、その功利主義が病人の素朴な功利主義を歪めていること、したがって、病人の立場からするなら医療制度を中核とする現行制度は否定されなければならないことを示そうとしているものである。医療問題・公衆衛生問題を論ずるためには、いわゆる医療経済というより、病気をめぐる政治経済の分析が急務であり、この二論文に続くものが書かれることを強く願っている。

第Ⅲ部には、主として倫理学・政治学にかかわる論文が集められている。「第一章　二つの生権力」は、生権力・生政治について、ジョルジョ・アガンベン、ジル・ドゥルーズ／フェリックス・ガタリの見地を解説的に述べたものである。「第二章　受肉の善用のための知識」は、現在の主流となっている生命倫理・臨床倫理・医療倫理が、病人の立場にではなく専門家の立場に立って病の経験を見ていることを批判しているものである。そして、それに対して、どのような知識・学問が探求されるべきかを示唆している。「第三章　脳のエクリチュール」は、ジャック・デリダの所論を脳科学・脳理論に活用する仕方を示しているものである。その際に、脳の理論モデルの一つであるコネクショニズムとの関連性も示しながら、いわゆる発達障害をめぐる状況を批判している。「第四章　余剰と余白の生政治」は、介護の社会化に見られる近年の動向に対して、アントニオ・ネグリの所説を批判的に検討しながら異を唱えているものである。

なお、各章の用字・文献表記法については、基本的に論文初出時のままとしており、必ずしも全体を通しての統一は行なわなかった。

本書におさめられた論文の執筆の機会の大半を与えてくださった『現代思想』編集部の栗原一樹氏と、関連する他の論文もあわせて一書をなす機会を与えてくださった青土社編集部の菱沼達也氏に、感謝いたします。なお、本書の論文すべてが、現在の職場（立命館大学大学院先端総合学術研究科）に着任以後、同僚や院生の研究から正負の刺激を受けながら、また、それらとの距離を測りながら書かれたものです。つまり、狭義の哲学だけを専門にしていたのでは、決して思いつかれも書かれもしなかったであろうものです。本書が多分野の方に読まれうるものになっているとするなら、それは同僚や院生との協同のおかげであると言えます。

昨年（二〇一一年）の一一月に、そんな同僚の一人である遠藤彰氏が、急に亡くなりました。遠藤さんは、私の論文が活字になるとその都度、「読んだよ」と、たまには「面白かったよ」と、声をかけてくれていました。私にとっては、最も近くの読み手であり批評家だったのです。その遠藤さんは、『見えない自然――生態学のポリフォニー』（昭和堂、一九九三年）で、こんなことを書いていました。「自然科学を毛嫌いする人文科学者は多いし、人文科学や社会科学を毛嫌いする自然科学者もそれに劣らず多いかに見える。けれども、そのどちらも好きな人も案外多いのではないだろうか」と。遠藤さんの一連の書き物のように、本書も「どちらも好きな」「案外多い」読者に受け取られることを願っています。

二〇一二年四月

小泉義之

第Ⅰ部
身体／肉体

第一章

魂を探して

バイタル・サインとメカニカル・シグナル

始まったばかりであるので、先走っても仕方がないかもしれない。とはいえ、始まったばかりであるからこそ、先走ってもよいのかもしれない。どこに行けるのか、どこに行くべきなのかを先走って考えておいてもよいのかもしれない。そのとき、どのように先走るのか、どのように始めるのかを考えることになる。あらかじめ、『マタイによる福音書』の一節を参照して、ここでの先走り方を定めておく。

「起きよ、歩け」

そして彼は、舟に乗って渡り、自分の町へやって来た。／すると見よ、人々が彼のもとに、ベッドに寝かせきりにされた麻痺者（paralytikos）を運んで来るところであった。するとイエスは彼らの信頼（pistis）を見て、麻痺者に言った、「しっかりせよ、子よ、あなたの罪（hamartia）は去っていく」。そこで見よ、記録者（grammateus）たちの幾人かが言い合った、「この人は冒瀆している」。するとイエスは彼らによる評価を見てとって言った、「どうして、あなた方は、心の中で悪しき評価を下しているのか。実際、「あなたの罪は去っていく」と言うのと、「起きよ、歩け」と言うのと、どちらがたやすいか。しかし、人間の息子が罪を去らせる権能を地上において持つことを、あなた方が見て取るために」――そのとき彼は麻痺者に語る――「起きてあなたのベッドを担いで、あなたの家に到りつけ」。すると彼は起き上がって自分の家に行った。さて、群衆はこれを見て怖れ、このような権能を人間たちに与えた神を賛美した。(『マタイによる福音書』第九章一―八節)

医療だけが救済ではない時代には、病者の罪を赦すということが、病者はそのままでいいのだと請け合うということが主たる救済として機能する。しかし、ある記録者が正しく批判したように、そこには看過し難い欺瞞が含まれている。病者が寝たきりのままであること、病者が人々に運ばれるままであること、これをそのままでいいと肯定してやったところで、あるいはまた、病者に社会的復帰の見込みがないこと、病者が人的資源と社会的資源を費消していること、これをそのままでいいと擁護してやったところで、それだけで病者自身が安心立命の境地に立てるはずがないし、病者に帰せられる罪の嫌疑と病者が自らに帰してしまう罪の嫌疑が晴らされるはずもない。励ましの言葉と承認の言葉だけでは、病者が現に被っている病苦と世間苦には何の変わりもないからである。にもかかわらず、心理的なケアの力だけでもって、病苦と世間苦に由来してもいる多種多様な罪を流し去ることができるかのように語るのは、「冒瀆」であるとしか言いようがない。真の救済を与えるはずのものに対する冒瀆であり、真の救済のために病苦や世間苦と現に闘っている人間たちに対する冒瀆でもある。そしてまた、救済を与えると自称する者に対して麻痺者と介護者が抱いている信頼を裏切ることでもある。記録者の批判はあくまで正しい。イエスは、記録者による批判が「悪しき」ものであるとしながらも、その批判の正しさを認めてもいる。実際、イエスは、病者の罪を赦す権能を地上で示すためには、病者が立ち上がって歩けるようにする権能を地上で示す必要があると認めている。地上での病者の救済とは、本当は身体的な恢復であると認めているのである。だからこそ、イエスは病者に語って命令する。すると病者はイエスの言葉通りに動き出す。病者は治療されて治癒したのである。群衆は「人間たち」に驚き怖れる。イエスの力能と麻痺者に潜在する力能に驚き怖れる。治療不可能で治癒不可能と目された病者を恢復させる力能と、それに呼応して自ら恢復していく病者の力能に驚き怖れるのだ。群衆は思い到る。そんな力能を有する人間たちだけが病者の罪を流し去る権能を有するのであり、そんな権能を与えたものこそが賛美されるべきである、と。記録者マタイは示唆する。人間の力能に驚き人間の権能を賛美するのでなければ、病者の肯定も擁護も冒瀆になるのだ、と。

二〇世紀を通して、医療は病者を身体的に恢復させて救済する権能を地上で示すと約束してきた。群衆もその権能を医者に与えるはずの医療を信じて賛美してきた。ところが、病者(の一部)は一向に起き上がらない。歩くことさえままならない。家に到りつくどころではない。マタイの時代より悪いことには、ベッドを担いでくれる人もいない。死ななければ家に戻れないのだ。医療に対する懐疑が湧き上がってくるのは当然であった。トマス・マキューンの証言を引いておく。

医者の仕事に関する通例の評価に対して私自身が懐疑を抱き始めることになったのは、マッギル大学大学院での生化学研究とオクスフォード大学大学院での人体解剖学研究を経て、医学研究生としてロンドン病院に行ったときのことである。ほとんど同時期に、二つのことで驚かされた。一つは、臨床医学教員の関心が、疾病の病理学的発現や臨床的発現だけに向けられていて、疾病の起源にはまったく向けられていなかったことである。もう一つは、処方された治療が患者に対して価値があるかどうかということが、とくに内科医療で、ほとんど顧みられていなかったことである（外科と産科のアプローチはいくらか違っていたが）。私はベッドサイドでこう自問することにしていた。私たちは誰かをより賢く、より良くしているのだろうか、と。すぐに、大抵の場合、私たちはそうしてはいないという結論に達した。実際、医者が疾病に対して払う関心と患者にとっての治療の有益性とは、相反する関係にあるように見えた。例えば、神経病学は高い評価を受けていて、神経病診断の問題が魅力的なこともあって最良の精神の持ち主が神経病学に惹きつけられていた。しかし、多発性硬化症・パーキンソン病・筋委縮性側索硬化症などの深刻な神経状態をかかえる患者にとっては、医学的関心の焦点となる精確な診断がなされたところで、その転帰には何の変わりもなかった。才能ある神経病学者なら、自身の活動の有益性について内心では葛藤があるはずだが、それはおくびにも出されなかった。(1)

そこで、医療は、小さな声で呟き始めた。医療の権能をもってしても治療不可能で治癒不可能なケースもあるのだ、と。ちょうどホスピスが創設された頃のことである。記録者も群衆も混乱し始めた――病者を身体的に救済する権能を信じずして、どうして病者を心理的に救済する権能だけを信ずることができようか。それでは欺瞞的な癒しにしかならないのではないか。いや、そうではなくて、死すべき運命を見つめながら心の癒しを得ることこそ、地上での救済の究極的な姿である。それでも、身体的救済の権能を信じて、もっと医療化と病院化を推し進めるべきではないのか。いや、それは間違いであって、医療はそれ自身によって病気を作り出してもいるのだから、医療化と病院化は身体的救済をかえって妨げてしまう。いや、それは言い過ぎであって、医療化と病院化が無効なケースが厳然としてあることを率直に認めて、ケアに重点を移しながら、今ここでの救済を目指しておくのが賢明である——等々。こんな混乱そのものが、倫理の豊穣化と見なされ、ひいては患者の生死の豊穣化とも称されてきた。これらすべては、善意で進められてきた。いまの場合、煉獄への道へと通ずる善意として。

ここにいたって、医療は、治療不可能で治癒不可能なケースが存在することを公然と認めるようになり、そんなケースから撤退し始めた。そして、医療が撤退した後のその空間には、相当の数の〈剥き出しの生〉が放置された。医療は人間に救済を与えてもきたが、医療が各種の病院施設や中間施設において作り出してきた人間の姿は、医療が約束してきた恢復の姿からはほど遠いものであった。社会政策の一環としての国民医療は病者（労働者）に対して社会復帰を約束したにもかかわらず、社会福祉の一環としての国民医療は病者（退職者・無職者）に対して帰宅を約束してきたにもかかわらず、その医療化と病院化の果てに作り出されてきたのは、相当の数の〈社会的入院者〉と〈社会的死者〉であった[2]。この事態を受けてもなお、医者と記録者は陰気な問いを立てては議論を続けてきた——末期患者に手術は必要だろうか。たとえ苦痛緩和のためとはいえ手術が必要だろうか。輸血や輸液は必要だろうか。無益ではなかろうか。医学的適用があるだろうか。末期患者に対する治療的実験は許されるだろうか。末期患者に対してだからこそ許されるのではないか。治療中止決定は家族には負担ではなかろうか。医者がその権威と責任において担うべきではないのか。そのための規則が必要ではないのか。瀕死の患者にとっての最善の利益とは何か。誰がそれを決められるのか。患者の同意能力程度はどうか、患者の自立度はどうか、患者の知能程度はどうか、患者の意識程度はどうか、患者のナラティヴはどうなっているか、患者の死生観はどうなっているか――等々である。こんな仕方で〈剥き出しの生〉をめぐって議論が続けられ、そうこうしているうちに処置と処遇が法的にも制度的にも再整備されてきた。いまや、〈社会的入院者〉と〈社会的死者〉は、マタイの時代の群衆が驚いた「麻痺者」の力能を見出されることもなく、計画された人数分が「在宅」という名の閉鎖空間へとベッドで運び出されている。そして、残された時を費やして、昼夜を問わず、煉獄へと通ずる社会的閉鎖空間を経巡っている。あるいは、行路死人や行旅死人になるべく路上を経巡っている。この文脈においてこそ、ダナ・ハラウェイの「サイボーグ宣言」は読み返されるべきである。

今では、白人の資本主義的家長制において古くから支配する主天使も、ノスタルジーを帯びた無邪気なものに見えてくる。古き主天使は、異質性を標準化していた。例えば、男性と女性、白人と黒人に標準化していた。「高度資本主義」とポストモダニズムは、標準無き異質性を解き放っている。そして私たちはフラットになった。敵意に満ち人を溺れさせる深さであっても、ともかく深さを要請する主観性も無くなって、フラットになった。いまや『臨床医学の死』を書くべきときである。臨床医学的方法は身体と作業を必要としていた。私たちにはテキストと表面がある。私たちを支配する主天使は、もはや医療化や標準化を通して作業してはいない。主天使は、ネットワーキング、コミュニケーションの再デザイン、ストレスのマネジメントを通して作業している。標準化は、オートメーションという全くの冗長性に道を譲っている。ミシェル・フーコーの『臨床医学の誕生』『性の歴史』『規律と刑罰』は、それが内破する時の権力の形態を名指している。生政治の言説は、テクノバブル（テクノジャーゴン）に道を譲っている。寸断された名辞に道を譲っている。多国籍企業は、いかなる名詞であれ、原形のまま放ってはおかないのである。(3)

ここに漂う苦々しい調子を見逃してはならない。古い支配体制は終わった。医療・性・司法を核とする生政治も終わった。それは、たぶん良いことであった。それに取って代わったのは、異質な多種多様性、フラットな表面性、情報化・機械化・技術化である。では、それらは良いことなのか。それらを通して作業している主天使は、本当に福音を伝える使者なのか。臨床医学が死去したその空間で生存し続ける人間たち、臨床医学が撤退したその空間に放置されたままの人間たち、こうした人間たちをターゲットにして、主天使は作業を始めているのだが、そんな主天使のテクノバブルこそが、「脳の世紀」や「サイボーグ治療」や「向精神薬」や「福祉工学」といった掛け声ではないのか。『臨床医学の死』あるいは『臨床医学の撤退』といった記録も書かれぬままに脳神経系への介入が新たな救済として持ち上げられる光景を前にして、苦々しくならない方がどうかしていないか。実際、ダナ・ハラウェイは、「サイボーグ宣言」のことを、「フェミニズム・社会主義・唯物論に信を置くアイロニックな政治神話」であるとしていた。同時に、それを「信が溢れる冒瀆」としていた。つまり、ダナ・ハラウェイは、高度資本主義・ポストモダニズムのテクノバブルに対して苦々しいアイロニカルな姿勢を保持し、テクノバブルの起源である軍事主義・家長制資本主義・国家社会主義に対して闘争的な姿勢を保持し、テクノバブルに対する信仰にすがり続けるモラル・マジョリティを冒瀆しながら、それでも、テクノバブルの肯定面を引き出して引き延ばそうとするのである。臨床医学に対する「冒瀆は、敬虔な崇拝や同一化よりも信が篤いのである」。そしてダナ・ハラウェイは書いている。「私のアイロニックな信、私の冒瀆の中心には、サイボーグのイメージがある」と。それに倣って、ここでは、「麻痺者」の力能に対する信を示しているという一点において昨今の動向を肯定することにしよう。以下、その立場から、少しだけ先走ってみる。

拡散する魂——神経心理学的アプローチ

現在、脳神経系に対しては複数のアプローチがとられているが、(4)ここでは神経心理学的アプローチをとる二論文を検討しながら、神経工学的アプローチの向かうべきその先について考えてみたい。先ず、ベンジャミン・リベットの一九八三年の論文のアブストラクトを訳出する。この論文は、意図的行為にあっては、行為せんとする意志が先行してから、行為を起動する脳局所の変化が後続するというのではなく、まったく逆に、脳局所の変化が先行して、行為の意志が後続するということを実験的に証明したものである。両者の時間間隔は、数百ミリ秒と報告されている。つまり、リベットに従うなら、人間は、手首を動かすに到るであろうところの脳局所の変化が無意識のうちに起こってから、その後で、それに遅れて、自分の手首を自ら動かさんとする意志が意識され、その後で、それに続いて、手首が動くというのである。

自由で意志的で完全に内生的な自動行動に先行するところの脳活性（準備ポテンシャル：RP）の記録

が、行動することを「欲している」ないし意図しているという主観的経験の現われについての時間（W）の報告と、直接的な仕方で比較された。脳活性の始まり（onset）は、少なくとも数百ミリ秒だけ、行動することの意識的意図について報告された時点に先行していた。この関係は、被験者が、自ら始めた四〇〇回の運動のすべてが「自発的」かつ気まぐれに現われたと報告したところの一連の実験（この場合は「タイプII」のRP）に対しても成立していた。／被験者を五人とする六種類の実験からデータはとられている。タイプIIのRPに関する一連の実験においては、各RPにおける電位変化の始まりは、対応するWの平均値に対して、平均で約三五〇ミリ秒だけ、少なくとも約一五〇ミリ秒だけ先行している。タイプIのRPに関する一連の実験においては、自ら始める四〇〇回の運動のうち幾つかにおいては行動を予定していたという経験が起こっているのだが、RPの始まりはWに対して平均で約八〇〇ミリ秒（あるいは、RPの範囲の九〇％をとるなら五〇〇ミリ秒）だけ先行している。／W時点の報告は、運動することを欲しているか意図していることの最初のアウェアネスの時点を、被験者が回転する点の「時計盤」上の位置を想起することに拠っている。想起に二種類あるが、結果の数値は同様であった。被験者は、運動することを欲していることのアウェアネス（W）と、現実に運動しているとのアウェアネス（M）とを識別していた。W時点は、Mについて報告された時点の平均時点に対して、一貫して実質的に先行していた。また、W時点は、試行に関連する不規則な皮膚刺激が被験者の知らぬ間に被験者に引き起こす感覚Sについて報告された時点の平均時点に対しても先行していた。／自発的で自由で意志的な行動の脳における開始（cerebral initiation）は、無意識に始まりうると結論される。すなわち、脳における開始は、行動するとの「決定」が既に脳においては開始してしまっているということについての（少なくとも報告可能な）主観的なアウェアネスが持たれる以前に、無意識に始まりうると結論される。このことによって、意志的行動の意識的開始に対してと意志的行動のコントロールのためのポテンシャルに対して、ある制約がかけられているのである。(5)

二つの論点を取り出してみたい。第一に、準備ポテンシャルRPの変位を引き起こしたものは何かという論点である。準備ポテンシャルRPは補足運動野の活性化であるが、リベットも指摘するように、この補足運動野の活性化を引き起こした出来事は、それに先行して別の何処かで起こっているはずである。「手首を動かせ」と命ずるものは、計測時点の補足運動野だけに宿っているわけではなく、そこを越えて、時間的にも空間的にも拡散している。第二に、W時点でのアウェアネスは、行動といかなる関係にあるのかという論点である。リベットは、W時点でのアウェアネスを、現実に運動しているとのアウェアネス（M）からも、試行中の皮膚感覚（S）からも区別している。これが示唆することは、W時点でのアウェアネスは、行動を為しつつある身体についての内的感覚でもなければ、行動を準備しつつある身体についての内的感覚でもないということであろう。リベットにおいては、W時点でのアウェアネスは、脳神経系の変化に相即する身体的変化の受動的な出来事ではなく、あくまで行動に何らかの仕方で向かっていく能動的な出来事なのである。ところで、リベットは、W時点でのアウェアネスを、行動について計画したり想像したりすることのアウェアネスからも区別しようとしている。両者はともに能動的に見えるのだが、前者は行動に関与し、後者は行動に関与しないと言いたげなのである。ところが、リベットは、行動を差し止める拒絶（veto）には、始まりつつある行動を差し止めるという能動的な因果的効力があるが、W時点での意志や意図（のアウェアネス）には因果的効力がないと実証した。W時点での意志や意図（のアウェアネス）は、行動を能動的に指向しているのに、行動の発動に因果的に結び付いてはいないというのである。このように実験結果の記述そのものが錯綜せざるをえないが、ここでは間接的で迂回的な解釈を試みておく。

一般に、行動との因果的関係の有無を念頭におくことによって、心的能力は大きく二つに分類されてきた。一つは、行動と因果的に結び付くことがないと目される心的能力であり、論者によって名称も例示も大いに異なるが、「認知」「思案」「計画」「想像」「記憶」「知覚」「信念」「態度」などがあげられる。もう一つは、行動と因果的に結び付くと目される心的能力であり、「意欲」「意志」「欲望」「意図」「欲求」「本能」「欲動」などがあげられる。検討しておきたいのは、手を伸ばさんとする念と言葉との関係についてと、手を伸ばす行動や手が伸びる運動の細部についてである。

人間は、手を伸ばせるときには、幾つかのことを為すことができる。「手を伸ばそう」と念じてから手を伸ばすこと、「手を伸ばそう」と念じながらも手を伸ばさないこと、「手を伸ばそう」との念の時点と現実に手を伸ばす時点との時間間隔を調節すること、また、「手を伸ばそう」と取り立てて念ずることなく手を伸ばすこと、「手を伸ばすまい」と念じながら手を伸ばすこと（手が伸びること）、また、「手を伸ばそう」とも「手を伸ばすまい」とも念じていないのに手を伸ばすこと（手が伸びること）などである。これに対して、人間は、手を伸ばせないときや手が伸びないときには、いかに「手を伸ばそう」と念じても手を伸ばせないし手が伸びない。それはもちろん、「手を伸ばすまい」と念じてのことではない。

人の手を借りるなら手が伸びることも手を伸ばせることもあるが、「手を伸ばそう」との念も「手を伸ばすまい」との念も虚しく空回りをする。こうした人間の経験を通覧してみるなら、「手を伸ばそう」との念は、手を伸ばす行動と手が伸びる運動に対して時間的に先行する場合も先行しない場合もあるから、前者は後者の必要条件でも十分条件でもない。そして、大方の因果性解釈からするなら、「手を伸ばそう」との念は、手の行動と手の運動の原因ではありえないことになる。一般化して言うなら、心的出来事には、身体的物理的出来事を引き起こす因果的な効力は宿っていないことになる。

これは当然である。私の見るところ、「手を伸ばそう」との念は、「手を伸ばそう」という言葉の使用以上でも以下でもないからである。言葉に言霊が宿ることはあっても、人間の言葉に、物体としての手を動かす魂が宿ることなどありえないからである。この事情は、言葉が内言される場合も同様である。この魂なき言葉が、W時点でのアウェアネスの構成要素の一つである。

とはいえ、「手を伸ばそう」と発話するときや「手を伸ばそう」と内言するときには、行動の念は言葉の使用以上でも以下でもないかもしれないが、「手を伸ばそう」と取り立てて念じていないときの行動の念は、言葉の使用には還元できないと言われるかもしれない。とりわけ、言語的動物たる人間の場合には事情が複雑になる。人間は、取り立てて念ずることのないまま手を伸ばした後で、事後的に「手を伸ばそう」と念じていたとその理由や動機を弁じてみせることができるし、行動の時点に先んじて、「手を伸ばそう」との念を一項目とする熟慮された行動計画を弁じておいて、その後そのことを想起しないまま手を伸ばすこともできるから、手の行動に直接に先立って手を動かすことに関与しているはずの〈念〉は、言葉の使用にも言葉の意義にも還元不可能な何ものかであるにしても各種の言葉に表出可能な何ものかであると言われるかもしれない。つまり、現実に行動が為されていることを前提として、言いかえるなら、現実に行動に対して因果的効力を発揮する〈念〉の存在を秘かに前提としておいて、それが行動の事前または事後に言語的に表明されると見なすことをもって、因果的効力を持たないと目される言語化された心的能力に対してもあわよくば因果的効力を賦与せんとする類の議論が提出されるかもしれない。しかし、私の見るところ、歴史的に何度も繰り返されてきたこの議論はいかにしても成功しない。その議論にそのまま従ってしまうなら、因果的効力を持つと目される〈念〉が、どう見ても因果的効力を持たない言葉の類似物・転写物に還元されてしまうからである。そして、私の見るところ、W時点でのアウェアネスを構成するもう一つの要素は、報告の言葉の投射物として言語的に構成された念である。だからこそ、リベットの実験は成功したのである。そうではあるのだが、それでも、言葉と〈念〉には何らかの関係があり、そのことによって言葉に魂が宿る場合があるようにも見える。そこで、迂回の道を探ることにしよう。

注意すべきは、言葉の使用は常に身体的運動であるということである。「手を伸ばそう」と発話することは、横隔膜・肺・気管支・唇・舌・声帯などを動かすことである。それらが動かされ、それらを動かし、それらが動くことである。と同時に、「手を伸ばそう」と発話することは、それら微細な動きを体内的に感覚すること、発せられる音声を自ら感覚することや書かれた文字を想像することでもある。言葉の使用とは、相互に入り組む微細な動きと微小な動きなのである（手話の場合も、適当な変更を加えるなら同様である）。そして、「手を伸ばそう」と内言することは、それら微細な動きと微小な動きをアウェアネスすることであると言うことができよう。これがW時点に計測されたと解することができよう。

では、行動に因果的に結び付くと目される〈念〉とは何であろうか。「手を伸ばそう」という言葉に表出はされるものの、決して言葉に還元されないところの〈念〉とは何であろうか。私の現時点での見通しとしては、その〈念〉とは、言葉の使用や言葉の内言たる微細で微小な身体的運動についての感覚である。あるいはむしろ、始まりつつあるその身体的運動についての印象である。あるいはむしろ、始まりつつあるその身体的運動を準備している脳神経系の局所の変化そのものである。ここで私は、〈念〉と脳神経系局所変化の同一説を、一般的には非言語主義的で非表象主義的な心脳同一説を仮説として唱えているわけだが、この際、両者の同一性を認識するために大事なことは、〈念〉が形而上学的で曖昧な概念であると相も変わらず言い立てることではなく、脳神経系局所の変化概念の方が曖昧に放置されたまま理論的に解明されていないからこそ同一性が認識されるに到っていないのだと指摘しておきたい。また、私の見通しは、心的出来事の唯物論的で自然主義的な還元主義と見なされるだろうが、この際にも、還元主義において心的出来事が還元されるべきその行き先がまったく曖昧なまま推移してきたのであるから、その還元先が脳神経科学理論において精確に解明されることこそが先決課題であると指摘しておきたい。とはいえ、この辺りは難所が多過ぎるので、ここでは大方の神経心理学的アプローチの妥協的な言い方に倣って、〈念〉と脳局所変化は「相関」しているという言い方を採ることにする。すなわち、手を伸ばさんとする〈念〉は、主として言葉の使用に関連する身体的運動を準備する脳神経系局所変化に「相関」している。ただし、「手を伸ばそう」との発話や内言は、身体的運動に「相関」しているにしても、手を伸ばさんとする〈念〉に対して直接的に「相関」しているわけでも一対一に対応しているわけでもない。事情がこうであるからこそ、言葉は因果的効力を持つかのように見えるときもあればそう見えないときもある。W時点でのアウェアネスは後者の一例である。

続いて、〈手を伸ばす〉という行動と〈手が伸びる〉という運動についても考え直す必要がある。そもそも、手の行動に関与している筋肉は、手の筋肉に限られてはいない。不随意筋を含め相当数の筋肉がそこに関与している。それだけではない。手を伸ばし始めるためには、その前に、手を伸ばしていない状態、あるいは、手を縮めている状態にいなければならない。手を伸ばさないこと、手を縮めていることも行動である。したがって、手を伸ばす行動の原因を探るためには、手が伸びる運動だけを切り離して捉えるのはまったくの失当であって、それ以前の行動からの推移や変換として捉えた上で、その推移や変換の原因を探らなければならない。それだけではない。行動の推移や変換を通して、姿勢を保持することを含め全身体的な調整や統制の行動や運動が継続していなければならない。要するに、手を伸ばす行動は、全身体的な出来事であり出来事の系列なのである。とするなら、手を伸ばす行動に関与する原因は、脳神経系の全体の変化に求められなければならない。この自明であるが無視されがちな事実から引き出されるべき教訓は、手の行動に先行する必要十分条件としての原因を、特定の計測可能な脳局所変化や〈念〉に割り当てることは根本的に間違えているということ、それでも、手を伸ばさんとの〈念〉に相関する脳局所変化は、手の行動の諸原因(諸因子)の一つでありうるということである。

リベットが指摘するように、準備ポテンシャル変位を引き起こす諸原因は脳神経系に拡散しているはずであり、そこにW時点での念以外の〈念〉が入り込んでいないはずはない。当然のことであるが、何らかの〈念〉は、例えば、実験に参加して被験者として手首を曲げる試行をせんとする〈念〉は、その諸原因の回路に入り込んでいる。人間は、被験者になったからこそ実験中に手首を曲げるのである。そして、被験者は、科学に対して「敬虔な崇拝」を抱いて「同一化」するからこそ、実験中に「無意識」に「本能的」に何でも試行してみせるだろう。たとえそれが欺瞞的実験における疑似的な行動であると半ば意識していても、「ゲーム」を遊ぶようにして疑似殺人を遂行するであろう。被験者になったからこそ行なうのであって、この「から」という理由が示すことは、人間が言葉で報告するところの理由が原因としても機能するということではなく、当の理由における言葉の使用に間接的に相関する脳局所変化が諸原因の回路に入り込むということである。そして私の見るところ、神経心理学的アプローチのポイントは、魂が拡散している様子を実証しているところにある。この点を確認するために、飲料の選好においては、コークがペプシよりも強い脳活性を喚起すると報告するサミュエル・マクルーアらの論文を取り上げておく[6]。その出発点はこう記されている。

現代人にあっては、膨大な数の感覚的な変数、快苦の状態、予期、意味の下地、社会的文脈が、食料や飲料をめぐる行動選好を潜在的に調整している（modulate）。……社会的・認知的・文化的な影響（influences）が、食料や飲料をめぐる行動選好を生産している（produce）。……いまでは、食料や飲料をめぐるわれわれの行動選好に対する文化的な影響は、基礎にある選好メカニズムの初期段階を形作るところの生物的な効用と撚り合わさっている。多くの場合、われわれが何を食べ何を飲むかは、文化的な影響によって支配されている。行動に示されているように、文化的メッセージそのものが決定過程に入り込み（insinuate）、消費物をめぐる選好を産出している（yield）。したがって、文化的に重要な光景や音、それらに連合する記憶が、食料選好や飲料選好の現代的な構築に寄与している（contribute）。

ここまでは誰でも認めるだろう。その上で、マクルーアらは、「食料選好や飲料選好の基礎にあり、それら選好に対する文化的イメージによる影響の基礎にある神経の基面（neural substrates）」を探し出すことを実験課題として立てる。これは、味覚試験・行動選好試験と機能的磁気共鳴イメージング（ｆＭＲＩ）とを結び付けることによって果たされる。また、マクルーアらは、「飲料をめぐる行動選択と脳反応に対するブランド・イメージによる影響」を探求することを実験課題として立て、炭酸抜きのコークとペプシをめぐる行動選好に相関する神経反応を調査する。「視覚イメージとマーケティング・メッセージが人間の神経システムに入り込んでいる」とするなら、こうした文化的メッセージが行動選好に対して摂動を引き起こす（perturb）はずであるということで、その摂動の検出を目指すのである。したがって、一連の実験の中で「半匿名化味覚試験」がポイントになる。すなわち、二つのコップを用意し、コークかペプシのどちらかを両方に入れる。ただし、一方のカップには中身を指標するマークを付し、他方のカップにはマークを付さないでおく。その上で、被験者に対して、マーク無しカップにはコークかペプシのどちらかが入っていると告げておいて、両方の中身を味見してからどちらかを選択することを要請する。実験結果はこうである。両方のコップにコークが入り、一方のカップにコークを指標するマークが付されている場合、被験者は、同じ中身であるのに、マーク付きのコップの方を選好する。しかも、ペプシの場合に比して、有意に高い頻度でマーク付きの方を選好するのである。他方、測定結果はこうである。コークのマークの知覚ではＤＬＰＦＣ・海馬状隆起・中脳が活性化されるが、ペプシのマークの知覚ではそうならないのである。マクルーアらの結論はこうである。

選好の生成には、二つの別々のシステムが含まれている。判断の基礎が感覚情報だけにあるときには、腹内側前頭葉前部皮質（VMPFC）の相対的活性化によって人の選好が予測される。ところが、コークとペプシの場合には、感覚情報は、人の行動を決定する上で部分的な役割しか演じていない。実際、（少なくともわれわれの研究ではコークの場合には）ブランド知識が選好決定にバイアスをかけており、海馬状隆起・背側面前頭葉前部皮質（DLPFC）・中脳の活性を漸増させている（recruit）。われわれの結果が示すところでは、一方でVMPFCが、他方で海馬状隆起・DLPFC・中脳が、相互に独立して、感覚情報を基礎とする選好と文化情報を基礎とする選好にバイアスをかけるように機能している。(7)

コークを指標するマークの認知は、当然にもコークにまつわるイメージ・記憶・情動と「連合」している。そして、その認知に相関する脳局所変化は別の脳局所変化と「連合」している。これらの変化は、いわゆる報酬系の感覚‐運動系の作動にバイアスをかけるという仕方で、顕示行動選好の諸原因の回路に入り込んでいるのである。その上で注意したいが、第一に、行動のレパートリーに比して、言葉の数もイメージの数も膨大であるからには、両者は一対多の相関をなしていると推定するべきである。「コーク」という言葉やコークのイメージが脳局所に書き込まれているわけではない。ここでは、言語主義や表象主義を徹底的に退けなければならない。第二に、この相関の形成は学習による習得の結果であるが、それが行動選好にバイアスをかける経路は、手の運動を構成するはずの微細な運動や運動モダリティに因果的に関係していると推定するべきである。要するに、人間は、移動する光点を見て手を伸ばすこともできるし、コークのコマーシャルを見て手を伸ばすこともできるが、そこに複数の多種多様な「神経の基面」が連合して関与していることが実証されているわけである。

以上の知見をまとめておく。極く一部の脳局所変化から手の行動に到る因果的系列を単線的なものと捉えるなら、大半の念は因果的効力を有するとは見なされなくなる。しかし、その脳局所変化を引き起こす別の脳局所変化を視界に入れるとともに、手の行動の複雑な構成要素をも視界に入れるなら、因果的効力を持たないと目される念も複線化された因果的系列内の〈念〉として位置付けられる。つまり、動かす魂は、身体全体と脳神経系全体に時間的にも空間的にも拡散している。これが、神経心理学的アプローチが実証するところの乗り越え不可能な知見であって、私が先走って考えたいのは、それが神経工学的アプローチに対して指し示す展望である。

魂の習得――神経工学的アプローチ

手始めに、神経工学的アプローチに見られがちな、行動についての単線的な描像から出発する。[8] すなわち、脳の何処かで何ごとかが起動して、いわば「手よ、動け」という命令を発し、これがシグナルとなって一次ニューロン（錐体路）・二次ニューロン（末梢神経）・神経筋接合・筋肉へと一方向的で単線的な経路を走ることによって手を動かすとする描像である。この描像が何ほどかでもリアルであるなら、シグナル伝達経路や変換・増幅機構の何処かが破断しているとしても、それ以外の箇所でシグナルを拾い出すことができるはずだと想像してみることができる。サンドラ・アッカーマンがそんな想像を提示している。

脳はそのメッセージをそれぞれ約一ミリ秒の長さの電気スパイクの形で送り出している。それぞれのメッセージの特徴は、一定時間内に脳局所が発するスパイクの数によってコード化されている。例えば、手を左へ動かすか右へ動かすかを考えている人の脳内部のニューロンを記録してみると、手を左へ動かす直前には七つのスパイクをニューロンは発し、手を右へ動かす直前には二つのスパイクをニューロンは発していると明らかになるかもしれない。この場合、コードはいたって簡単である。七スパイクは「左」を意味し、二スパイクは「右」を意味する。(9)

この描像を批判するのは容易であり、実際にも多くの批判が提出されてきた——手の運動に必要十分な脳局所の範囲が不分明である。この不分明さは、環境や文脈の不確定性に関連する。人間の行動は社会的文化的意味的に規定された行為なのであるから、この抽象的で悟性的な描像は、被験者とされる病者や実験動物に例外的にあてはまるだけである。また、脳局所のメッセージが「数」でコード化されているなどとはとても考えられない。コード化は複雑であり、個体差があるし、それを捉えるためには相当に高度な数学的定式化とモデル化を必要とする。脳局所から伝わるシグナルには必ずノイズが伴っている。あるいはむしろ、シグナルとノイズを識別することが困難であり、そのためには多種多様な試行とそれらの統計的処理が必要になり、さらに高度な数学的定式化とモデル化を必要とする。また、手の運動そのものが単純運動ではありえない。手の運動は、多種多様な運動のモダリティと多種多様な微小運動から構成されており、後者の構成要素にしてもとても単純なるものとして取り出せるわけではない。ここに単純なるものが存在すると考えてはならない――等々である。

しかし、注意しておいてよいのは、これらの通例の批判の大半は、上記の単線的な描像そのものを必ずしも退けるものではないということである。そこが起動点となるにせよ中継点となるにせよ、ともかく脳の何処かから発する何ものかが手を動かすと想像されている。ここでは、この描像をそのまま受け止めた上で考えてみることにしよう。

いま、七スパイク＝左／二スパイク＝右のコード化を習得している人間が、脳神経系の病気のために手を動かせなくなっているとしよう。この麻痺者を治療し治癒するための神経工学的アプローチはどうなるであろうか。一つは、当該の脳局所を継時的にモニターしてどちらかのスパイク数が出現したときにそれを拾い出して手を動かすに必要な筋肉に伝達してやるというアプローチである。このアプローチにおいては、脳神経系の何処かからスパイク数を検出して、それを〈そのまま〉脳神経系に返してやるような機械が必要であり、しかもその機械は、脳神経系の外部に、あるいは身体の外部に外付けされることになる。ナノテクノロジーが想い描いているように、その類の機械が失われた神経と同じような物性と特性を備えるに到るなら別であるが、基本的にそれは脳神経系と身体にとっては疎遠な異物に止まる。もちろん、この種の機械技術は補助テクノロジーとして現在においても今後も長期にわたって有用なのであるが、麻痺者の根本的な治療と治癒という観点から見るなら、あくまで補助的なものに止まってしまう。加えて、麻痺者が、手の運動に関して外見的には何のシグナルも発することができない場合には、補助的な異物はその機能を発揮できなくなる。こうして、単線的な描像を前提とする限りにおいては、神経工学的アプローチよりも、脳神経系の破断箇所を何とかして復元しようとするアプローチの方が理念的には優位に立つことになる。例えば、死せる細胞を生ける細胞に置き換えることを究極的目標とする幹細胞アプローチの方が優位に立つことになる。

ところが、単線的な描像は正しくはない。正しくはないが故に、どのアプローチが将来的に有効になるかも現時点では安直には決められない。そもそも、人間は、例えば七スパイク／二スパイクの単純なコード化でもって手を左右に動かし分けているはずがない。神経心理学的アプローチが示しているように、手の行動を起動する諸原因は拡散している。多種多様な〈念〉と多種多様な脳局所変化が連関し合って起動因を形成している。とするなら、手を左に動かさんとする〈念〉をそれとして特定の脳局所から拾い出すことは原理的に不可能になる。他方、手の運動は複雑であり、それに関与する脳神経系の経路は決して一つではなく複数である。しかもそれら複線的経路は同時的・同所的に作動するわけではない[10]。したがって、機械によって拾い出せるような七スパイク／二スパイクの差異は、もちろん運動方向の左／右の差異に関係してはいるのだが、両者が一対一に対応するなどと考えることはできない。七スパイク／二スパイクの差異は、拡散し複線化した魂の極く一部を検出するだけであり、神経工学的アプローチがこの制限を乗り越えることはおそらく原理的に不可能である。とするなら、単線的な描像を前提とするようなアプローチは、麻痺者に対して究極的な治療と治癒を請け合うことはとてもできないように見えてくる。

ところが、そんな制限があるからこそ、もう一つの神経工学的アプローチの展望が開かれてくるのである。すなわち、機械的に検出可能な七スパイク／二スパイクの差異を適当に外付けの機械の運動へと出力してやると同時に、その機械の運動を何とかして麻痺者の感覚に返してやるというアプローチである。そして麻痺者は、時間をかけて、魂が機械に拡散し、魂が機械と別の経路を取り結ぶことを学習して習得するだろう。麻痺者は、機械とのインタフェイスを介して、失われた魂を自ら発見することになるだろう。サンドラ・アッカーマンもそんな展望を見通している。「脳とコンピュータのインタフェイスの目標は、失われた機能の代理（surrogate）を産出することではなく、失われた機能を別の機能に実際に置き換えることである」(11)。要するに、神経工学的に人間を救済しようとするなら、生体系――機械系――情報系の混交は不可避で必要不可欠になる。サイボーグ化こそが治療と治癒の道になるのである。この先走った展望に照らして現時点で言いうることを確認しておこう。

第一に、生体と機械のインタフェイスの理論的意味についてである。脳神経系理論の最大の難問は、多種多様な〈念〉が発するバイタル・サインが、どのように脳神経系内部でコード化されているか、それをどのようにメカニカルなシグナルに変換することができるかということであるが、この問題の立て方は、機械的に実装可能な理論モデルを探求している限りは、機械の計算にすべてを委ねるアプローチになっている。これに対して、生体と機械のインタフェイスにおいては、バイタル・サインの忠実なシグナル化は必要なくなっている。そこそこのシグナル化が行なわれ、そこそこのフィードバックが行なわれるなら、残りの課題は生体の潜在的「計算」能力に委ねられるからである。しかも、このアプローチにおいては、人間と機械の物性や形態を真剣に考慮しなければならないし、その意味で、人間と機械の物質としての潜在能を擁護しなければならない。病者の立場に立つことにならざるをえなくなるのである。[12]

第二に、再び強調するが、学習と習得の必要性についてである。端的に言うなら、余命が十分にある麻痺者においてでなければ、脳神経系に対する神経工学的アプローチも、幹細胞アプローチも意味を持つはずがない。[13] とするなら、それが子どもであれ大人であれ、〈難病患者〉の救済こそが、脳神経諸科学と神経倫理学においても最大の課題となる。この際、言葉も身振りもあてにできない場合を念頭に置くなら、徹底的に意味論的言語主義を振り捨てて事にあたる必要がある。バイタル・サインを非言語的シグナルとして受け止める経験は、その方向を予示しているのである。「入院患者が植物状態を脱却するまで」診療するという方針で運営されてきた医療施設で働く看護師の証言を引いておく。

病院の片隅に眠っていたのを拾い上げられた、すくい上げられたんじゃないけれども、そういう意味合いがある。患者救済、家族救済っていうのも、一番大きな理由だったらしいんですよね。一生たぶん、リハビリとかコミュニケーションというものは、もうできないのだとみなされたまんま、一生終える、病院の片隅で終えていくような患者さんをひとりでも救おうと……その人の残っている、出したいと思っているところを出させてあげられるような関わりをするためにこのセンターはある……。[14]

第三に、メカニカルなシグナルからの出力としての運動についてである。リベットの実験における準備ポテンシャル変位とその諸原因をバイタル・サインとして拾い出すことができるとして、あるいは、マクルーアらの実験における行動選好を準備する脳局所変化をバイタル・サインとして拾い出すことができるとして、そしてそれをメカニカル・シグナルに変換して機械に出力できるとして、その出力された動きが、ベータ波を検出してパソコン画面上に出力されるカーソルの動きにしても既にそうなっているが、手の通例の動きと同型の動きへと行儀よく納まるはずはない。学習と習得の結果として、出力された動きを行儀よい動きへとコントロールできたとして、それが現在の初歩的な機械の運動のレパートリーに行儀よく納まるはずもない。生体系――機械系――情報系の混交体が実現するであろうことは、欠如した生体機能の単なる復旧・再現・回復ではなく、別の機能の創造でありその意味での恢復なのである。そんな未来を予示するジョン・ホッケンベリーの経験を引いておこう。

障害のある人びとは、人類史の相当の期間、ただ死んできた。あるいは、死ぬにまかされてきた。いまでは、そんな人びとは、医療技術のおかげで人生を全うしている。かれらが人生を全うするにつれて、人間性の定義は広がり始めてきた。私が思い出すのは、旧ザイールのキンシャサの街角で出会った一人の若者のことである。彼は私と同じく脊髄損傷であった。そんな彼は、伝奇物語にでも出て来そうな天蓋で覆われた、手でペダルを漕ぐ自転車／車椅子／RV複合機を乗り回していた。彼は私のところにやって来て、私の車椅子に感嘆してくれた。そして、脳－身体のインタフェイス問題に対する彼の解決を褒めるように私を促した。私たちには共通の言語はなかった。しかし、直ちに彼は、私の身体と車椅子がどのようにして継ぎ目なく併合しているのかを見て取った。このような機械－身体の統合は、私の経験の医学的／悲劇的な側面だけに注目するような人びとの眼にとっては、概して不可視のままなのである。もっと完璧な仕方で彼は車椅子と融合しているのが私には見えた。実際、どこで彼の身体が終わり、どこで溶接管の仕掛けが始まるのか、見分けるのはほとんど不可能であった。私の感嘆に対して彼が感謝していることが伝わってきた。[15]

麻痺者は生ける脳神経系において〈念〉を発している。麻痺者自身が自らに「起きよ、歩け」と命じている。麻痺者の救済のためには、麻痺者のそのバイタル・サインが機械によってメカニカル・シグナルとして感じ取られなければならない。同時に、麻痺者自身が、機械が発する「起きよ、歩け」という命令を感じ取らなければならない。麻痺者自身が、残された生の時をかけて、メカニカル・シグナルをバイタル・サインに転じなければならない。そのための探求は始まったばかりである。苦々しいことも起こっているし起こらざるをえないにしても[16]、新たな『マタイによる福音書』が書かれ始めたことは確かである。

第二章

来たるべき民衆

科学と芸術のポテンシャル

奇形の身体、病気の身体

捻じ曲がった身体がある。外からあてがわれたユークリッド座標系を基準にすると、有らぬ方向に延びる曲線に沿って、その体軸と四肢が捻れている身体である。外部観察者の眼で見ると、個体発生と形態形成の過程で間違いを生じてしまった異常で異様な身体である。アルマン・マリー・ルロワ『ミュータント』があげる事例から拾うと、結合性双生児の身体、無頭蓋児の身体、内臓逆位者の身体、多指症者の身体などである。(1)

しかし、観点を変えるなら、事態は全く違った相貌を帯びてくる。捻じ曲がった身体は、個体発生と形態形成の過程では正しく然るべき仕方で捻じ曲がった身体である。ドゥルーズの用語を導入して言いかえる。個体化の場、前個体的で非人称的な場、超越論的な場から見るなら、すなわち、個体発生と形態形成のトポロジカルな空間に内在的な座標系を基準とするなら、正しい線たる直線に沿ってその体軸と四肢が伸張した身体である。だからこそ、ミュータントの身体は、いかに短い期間であっても、生きられうるものになるし、現に生きられるものになっている。

では、そんなトポロジカルな空間は、どこに存在するのであろうか。当の身体の内部のどこに存在するのであろうか。あるいは、当の身体の外部のどこに存在するのであろうか。その空間の存在性については、理念的で潜在的でリアルな多様体であると幾度となく語られてきた。それはその通りである。また、理念的で潜在的でリアルな多様体は、現実的存在者と本性的に区別されるとこれまた幾度も語られてきた。それもその通りである。だから、その空間を現実的存在者において探し出そうとする問いの立て方は、あたかも超越論的な場を経験的なものにおいて探し出そうとしたり前個体的な場を既に個体化された存在者において探し出そうとしたり存在論的差異を無視して存在そのものを存在者化したりするような、哲学的な常識を全く弁えない馬鹿げたやり方であると語られてもきた。しかし、ドゥルーズとガタリは、まさにその馬鹿げたやり方を追究したのである。何故か。ドゥルーズとガタリは、講壇学者の立場にではなく、多様で多彩な身体を生きて病んで死んでゆく民衆の立場に立っていたからである[2]。

生まれながらの捻じ曲がった身体が、事故や病気のために、さらに捻じ曲げられることがある。それもまたトポロジカルな空間に内在的な座標系からするなら正しく然るべき仕方で起こったことが実現したことなのだが、そうではあるが、決定的に違うのは、いまや身体は生き難いものになるということである。そんな身体は、苦痛や不調や失調などのさまざまな症候を発する。それら症候は現に経験され現に生きられる。とするなら、病人の身体は、超越論的な場を非情に通り過ぎたはずのトポロジカルな出来事を、症候を介して感覚し経験していることにならないであろうか。とするなら、そのとき症候の経験は超越論的な場のシーニュになる。では、そのシーニュの意味は何であろうか。そのシーニュが指し示す方向は、どこに向かうのだろうか。ドゥルーズとガタリは、その方向を「来たるべき民衆」と呼ぶことになるだろう。何故か。それが本稿の課題となる。

DNAコードの導入――『アンチ・オイディプス』（一九七二年）

『アンチ・オイディプス』は、病人個人の治癒を目的としている。もちろん、治癒といっても、精神分析的でも心理的でも医学的でもない別の仕方の治癒を目的としているが、個人としての病人に照準を合わせていることは変わらない。そして、病人といっても、『アンチ・オイディプス』は、身体の病人よりは精神の病人に照準を合わせている。したがって、『アンチ・オイディプス』においては、超越論的な場に相当するものは「無意識」と捉え直されるにしても、無意識から例えば分裂病者の精神が生い立つという図式が下敷きにされることになるから、それは個体化（individuation）の場としてではなく個人化（individualisation）の場として捉えられていると解することができる。[3] しかし他方、『アンチ・オイディプス』においては、超越論的な場に相当するものは「器官なき身体」とも定式化されるわけであるから、身体の病人の治癒も目的とされていると解することはできるが、無意識の場と器官なき身体の関係、個人化の場と個体化の場の関係、要するに、精神を生産する場と身体を生産する場との関係が定まり難いこともあって、身体の病人の治癒の方向は曖昧になっている。いずれにせよ、『アンチ・オイディプス』の視界は病人個人に限定されている。無意識について検討してみる。

フロイトが無意識においてすべては個体群（population）の問題であると語ったとき、フロイトはダーウィン主義者、ネオ・ダーウィン主義者であった。（AO 333/ 下 125）

無意識の中には個体群・集団・機械しかない。（AO 337/ 下 130）

ここで注意すべきは、無意識の中にあるとされる個体群・集団・機械は、基本的には精神の病人の内部で蠢くものを指しているということである。というのも、『アンチ・オイディプス』の無意識は、「遺伝子革命」を、親子の関係性について新たな見方を提示した革命として受け止めて形成されたものであるからである。

> 正確に言えば流出物（flux）の伝達があるのではなく、コードや公理系のコミュニケーション、流出物を情報化する結合のコミュニケーションがあることが発見されたとき、遺伝子革命が起こったのである。（AO 328/ 下 118）

両親が子どもを生むことは、流出物を伝達することではない。父の代理物たる精液を母の代理物たる卵子に伝達することではない。そうではなくて、伝達されるのは、DNAコードとその解読公理系であって、そこには、男性性と女性性が記銘されることはあっても、いかなる父親性も母親性も記銘されてはいない。[4] だから、子どもが生まれることは、両親から子どもが何ものかを引き継ぐことではなく、両性からDNA情報の配分を割り振られることである。こうして、親子関係は再生産とは捉えられなくなる。すなわち、親たるべきものの再生産、父親たるべきものや母親たるべきものの再生産とは捉えられなくなる。DNAコード解読を核心とする「遺伝子革命」そのものが、アンチ・オイディプス的な革命なのである。[5]

『アンチ・オイディプス』は生殖（génération）と無意識の関係についてやや曖昧な議論を展開するが（AO

327/下 117)、その要点は、生殖は「無意識の自己生産」に服しているということにある。すなわち、無意識とは、DNAが自己複製・組換・変異を繰り返す場のことであって、この無意識が親においても子どもにおいても差異を生み出しながら反復するという描像がとられている。[6] 他方、DNAの場である無意識は、DNAがそこで作動するところの受精卵由来の個体化の場とも重なり合うので、無意識と器官なき身体は区別し難くなってくるわけであるが、ともかく、精神の病人は、その前個体的・非人称的な場の上で個人化されるという描像がとられることになる。したがって、無意識ないし器官なき身体の中の微小物・個体群・集団・機械とは、たしかに親子関係の間に拡がるものではあるが、基本的には個人内部の蛋白質の機構群を指していると解することができる。

正確に言えば、パラノイア患者と分裂病者は、社会体の上ではなく、純粋状態の器官なき身体の上で作動する。こうして、まるで、臨床的な意味でのパラノイア患者は、集団現象の想像上の誕生にわれわれを立ち合わせ、しかもこのことを顕微鏡的な次元においても行なうかのようである。器官なき身体は、宇宙卵、巨大分子のようなものであり、そこでは、虫、細菌、小人国の人物、極微動物、ホムンクルスが、それぞれの組織、それぞれの機械・細紐・ロープ・歯・爪・挺子・滑車・石弓を伴って犇いている。(AO 334/下 126-127)

では、このような描像において、精神の病人の苦しみはいかなる位置を占めるのであろうか。精神の病人の治癒の方向は、どこに求められるのであろうか。

分裂者の旅が、一定の巡回路から離れていかに可能であろうか、ある大地なくしていかに可能であろうか。しかし、逆に、その一定の巡回路が、精神病院・人工的措置・家族という余りに既知の大地を再形成しないなどといかに確信するのだろうか。われわれはいつも同じ問いに戻ってくる。分裂者は何に苦しんでいるのか、言葉にならぬ苦しみを担う分裂者は何に苦しんでいるのか。（AO 381/下192）

病人は、生き難い精神と身体を抱え込んで、そこから逃れ去ることのできる「脱領土化」を求めている。しかし、『アンチ・オイディプス』で繰り返されるように、脱領土化と再領土化を切り離すことはできない。病人個人に限定された観点から言い直すなら、病人は生きている限り領土化を免れ得ないからには、病人は脱領土化そのものを希求することはできないのである。「脱領土化、それをそれ自体として捉えることは決してできない」（AO 377/下192）。これに対して、分裂分析に可能なことは、「脱領土化の機械的指標を追求する」（AO 378/下187）こと、病人個人の内部において脱領土化の機械的指標を発見することである。そして、そのことだけが、病人個人に別の仕方で治癒をもたらすと信じられているのである。だから、『アンチ・オイディプス』における受難としての病気に対する態度は、基本的にはストア派的であると評してよいだろう(7)。二つの箇所を引いておく。

われわれが要求するのは、徹底的な軽さの権利、徹底的な無能力（incompétence）の権利であり、精神分析の治療室に入る権利、そして、〈あなたのところは臭い〉と言う権利である。（AO 400/下220）

何故、芸術と科学に助け（invocation）を求めるのか。この世界では、科学者と技術者は、芸術家さえもが、科学と芸術そのものが、既成の主権に強く奉仕しているというのに（たとえ資金供給の構造によるものでしかないとしても）。それは、芸術がそれ自身の偉大さ、それ自身の天才に到達すると、ただちに芸術は脱コード化と脱領土化の連鎖を創造するからである。この連鎖が、欲望機械を創設して作動させるのである。（AO 442/下 284）

芸術の脱コード化と脱領土化の効果は、病人個人において発揮されるものとして期待されている。例えば、善き芸術に触れることによって、病人は自然に専門家権力の臭いに嫌気がさしてくることを期待されているのである。全く正当な期待であるが、しかし各種の療法や各種の非療法が奏効したり奏効しなかったりする個人史の累々を顧みるなら、「われわれはいつも同じ問いに戻ってくる」。病人は何に苦しんでいるのかと。たしかにその際に『アンチ・オイディプス』は繰り返し科学と芸術に賭けてはいた。「ここまでわれわれを読んできた人びとは、われわれに多くの非難を向けたいかもしれない。芸術のポテンシャルを、そして、科学のポテンシャルさえをも、余りに信じていると」（AO 454/下 302）。しかし、『アンチ・オイディプス』のこの信仰は、「ミクロ物理学的なものと生物学的なものが区別されない領域」（AO 340/下 135）である個人化の場を、病人の内部に定位する限りでは、それほど強いものではなかったと言えるだろう。(8) こうして、ドゥルーズとガタリは、「病人の新人種」（AO 381/下 193）について再考を迫られたはずである。

遺伝子工学と進化論の導入――『千のプラトー』(一九八〇年)

『アンチ・オイディプス』から『千のプラトー』への変化の一つは、遺伝子工学と進化論が導入されたことである。そのことの最大の意味は、病人の一生を越えて、病人の出生前の過去と病人の死後の未来が射程に入ったということである。蘭と雀蜂をめぐる名高い叙述で確認しておこう。

蘭が雀蜂の似姿になる。これは蘭による蘭の脱領土化である。雀蜂はその似姿に惹かれる。これは雀蜂による蘭の再領土化である。ところが同時に、雀蜂はその再領土化を通して蘭の再生産機構に組み込まれるから、雀蜂は自己を脱領土化してもいる。ところがさらに、雀蜂は蘭の再生産機構に組み込まれることによって花粉を獲得するから、雀蜂は蘭の再生産機構を再領土化してもいる。こうした脱領土化と再領土化の絡み合い、「蘭の雀蜂－生成、雀蜂の蘭－生成」が、「リゾーム」である。このリゾームが「逃走線」をなす。つまり進化の線をなすのである。銘記すべきは、進化は蘭と雀蜂の死屍累々を経るということである。

> 進化の図式は、樹木と祖先子孫(descendance)という古いモデルを放棄するように促されているのかもしれない。一定の条件の下では、ウイルスが生殖細胞に結合されて、ウイルスそのものが複合種の細胞遺伝子として伝達されることもありうる。さらに、そのウイルスが逃れ出て、別の種の細胞に入り込んで最初の宿主由来の「遺伝情報」をもたらすこともありうるだろう。……進化の図式は、分化の度の低いものから分化の度の高いものへ進む樹状的祖先子孫のモデルに従って作られるだけではなく、異質なものに直接に作用し、既に分化した一つの線〔系統〕から別の線へと飛び移るリゾー

ムに即して作られることになろう。(MP 17/22-23)

この箇所への註で「遺伝子工学」が参照されているようにこの進化の図式は、遺伝情報が系統を越えて跳び移るということを、現に遺伝子工学が実行し始めたことに由来している。[9] とするなら、『アンチ・オイディプス』における無意識と器官なき身体は、個体の間にも系統の間にも拡がって存在するということになる。こうして、個体化の場は個体の内部に限定されるのではないことになり、個体発生について考え直さなければならなくなる。

> 形態のタイプは、ますますもって個体群・群集・コロニーから出発して理解されなければならない。発生の度合は、速度・比率・係数・微分関係において理解されなければならない。これは二重の深化である。これがダーウィン主義の根本的な成果であり、地層上での個体－環境の新たなカップリングを含意する。(MP 63/68)

個体発生は形態を創出していくわけだが、個体群の中において選別されることを通して個体の形態のタイプは定まっていく。その選別の力は、決して単純なものではなく、生死に関わる諸力、増殖や生殖の速度や比率、突然変異の率などによって決定される。他方、個体に視界を限っても、個体発生における「中間的環境」(MP 68/72) こそが、内部環境と外部環境を媒介しながら発生の度合を規定して形態を作り上げてゆくからには、個体化の場を単純に個体の内部と外部に振り分けられないのである。[10] こうして、個体−環境−個体群−中間環境の複合においてこそ個体は生まれて病んで死んでゆくことになる。では、いつも戻らざるを得ない「同じ問い」にはどう答えられることになるのであろうか。注意すべきは、『千のプラトー』は、精神の病人を列挙するにしても、身体の欠損や過剰に照準を合わせていることである。つまり、精神の病は、身体が生き難いものになっていることの症状として捉え返されているのである。

CsO。身体が器官を持ちすぎて器官を捨てたがるか、あるいは、身体が器官を失うときに、CsOは既に始動している。その長い行列。ヒポコンデリーの身体。その器官は破壊されてしまい、破壊は既に終わって、もう何も通り過ぎない。「X嬢は、もう脳も神経も胸も胃も腸もなく、解体された身体には皮膚と骨しか残っていないと断言する。これは彼女自身の表現である」。パラノイアの身体。そこで器官は絶えず誘導によって攻撃されるが、絶えず外部エネルギーによって修復されもする（「彼は長い間、胃も腸もなく、肺の大半もなく、食道は裂け、膀胱もなく肋骨も砕けながらも生きてきた。彼は自分の喉頭の一部を食べたこともある。そんな具合だが、いつも神の奇蹟が、破壊されたものを新たに再生したのだ……」）。（MP 186/173-4）

さらに「分裂症の身体」、「麻薬中毒の身体」、「マゾヒストの身体」があげられ、「同じ問い」が立てられる。「どうして、針で縫われガラス状になり緊張状態になり吸い込まれてしまう身体のこの悲痛な一群があるのか。CsOは、喜び・恍惚・舞踏にも満ちているというのに。なのに、どうしてこんな例があるのか、どうしてこんな例を通過する必要があるのか」(MP 187/174)。

ところで、精神の病人が生き難いものとして想像する身体、例えば、胃のない身体、膀胱のない身体、肺が自然には作動しない身体、そんな身体の行列は機械や技術によって現に生きられている。科学のポテンシャルのおかげで、その程度の「神の奇跡」は既に起こっているし、その程度の「再生」は実行可能になっている。(11)『千のプラトー』が発する以下の一連の指令語はそれなりに答えられている。

あなたの器官なき身体を見出せ、器官なき身体を作るのを学べ、それこそが、生や死の問い、若さと老いの問い、悲しみと喜びの問いである。(MP 187/174)

われわれの内のファシストのような癌の CsO ではなく、また麻薬中毒者・パラノイア患者・ヒポコンデリー患者の空虚な CsO でもない CsO をいかにして制作するのか。(MP 247/232)

われわれにそれが出来るなら、われわれが自らの逃走線を発明しなければならない。そして、われわれは、実際に人生において逃走線を引くのでなければ逃走線を発明できない。(MP 247/232)

科学技術はそれなりに逃走線を引く。それでも、いずれ病人は苦しんで死ぬからには、やはり「同じ問い」が戻ってくる。逃走線には必ず死が伴うからである。こうして不可避的に、「絶望」をめぐる問いが忍び込んでくる。「どうして逃走緑には特殊な絶望が伴うのだろうか」(MP 251/236)。不可避的に、「犠性」をめぐる問いも忍び込んでくる。「君のために、また、他人のために、何を犠牲にして抽象線を引こうとしているのか」（MP 249/233）。こんな問いに答えるべく、進化論と遺伝子工学に対する信仰が導入されるのである。それが、『千のプラトー』の「10　一七三〇年——強度になること、動物になること、知覚しえぬものになること……」である。

われわれは、人間を横切って押し流し、動物にも人間にも等しく影響するような極めて特殊な動物‐生成の実在を信じている。（MP 290/274）

蘭‐雀蜂の生成のブロック、人間‐動物の生成のブロック、そして、人間‐動物‐細菌‐ウイルス‐分子‐微生物のブロックは、自然においても科学技術の介入にあっても、有性生殖とは別の仕方で増殖する。それは、再生産ではなく、一回ごとに再開される増殖である。そして、その生成のブロックに巻き込まれる限りでの生物は、単なる個体とは区別されることになる。それは、「例外的な個体」、「変則者」であり、「脱領土化の先端」を示し、「個体でも種でもない」（MP 297-299/281-283）。「主体の個体性とは混同されない第三の個体性」、「明確に形態化される主体の個体化とは全く異なる個体化」（MP 310/292）である。こうして、個体発生と形態形成の過程においても、発生や分化が古典的な仕方で問題にされるのではなく、まさにトポロジカルな空間での此性・度合・強度・速度が理論的に問題にされることになる。そこでは、「人物・主体・事物・実体の個体化とは全く異なる個体化の様式がある」（MP 318/300）のであり、「たとえその時間が抽象的には等しいときでも、生命の個体化は、生命を送ったり生命に耐えたりする主体の個体化と同じではない」[12](MP 319-320/301)。

『千のプラトー』においては、あの「同じ問い」は、生成のブロックに巻き込まれる「第三の個体性」から脱領土化の逃走線が引かれ、個体の死を越えて、「来たるべき民衆〔民族〕」(MP 426/397)を作り出せるかという問いに引き継がれる。器官なき身体を作り変えるという課題は、病人個人の臨床の問題にとどまるものではなくなっている。その課題は、未来における新たな民衆への進化を作り出すためには、現在のこの病人個体の中間環境に潜在する器官なき身体をいかに科学技術的に作り変えるかという問題に引き継がれる。科学技術と自然力を駆使して病人を変則者たる第三の個体性へと変成させ、もっていかに新たな増殖法で新たな個体群を形成するかという問題に引き継がれる。こう言いかえてもよい。病人は、この身体を何とか生きるにしても必ず生きられなくなって死んでゆく。そして、現在の病人が抱える「同じ問い」は、未来の病人が身をもって答えることになると見切られたのである。『千のプラトー』によれば、まさにそのことが病人の孤独な苦しみの意味することなのである。

芸術の絶対的特権――『哲学とは何か』(一九九一年)

あの「同じ問い」に対して来たるべき民衆をもって答えること、この見地をドゥルーズは最後まで手放さなかった。[13]「内在――ひとつの生……」から引いておく。

内在とは何か。ある生……超越論的なものの指標として不定冠詞を理解しつつ、ディケンズほど見事に、ある生とは何かを語った者はいない。極道が一人、皆が侮辱し相手にしない悪漢が一人、瀕死状態に陥って運ばれてくる。介抱にあたる者たちはすべてを忘れ、瀕死者のほんの僅かな生の兆しに対し、一種の熱意・尊敬・愛情を発揮する。皆が瀕死者を救おうと懸命になるので、悪漢は昏睡状態の底で、何かやさしいものがこんな自分の中にも差し込んでくるのを感ずる。しかし、だんだんと生に戻るにつれ、介抱に当たった人びとはよそよそしくなり、悪漢は以前と同じ下劣さ、意地悪さに戻ってしまう。この男の生と死の間には、死とせめぎあうある生のものでしかない瞬間がある。(DRF 361/298)

幼子はみな似たり寄ったりで、幼子には個体性はほとんどない。しかし、幼子たちには、諸特異性が、ある笑み、ある仕草、ある渋面が、主観的特徴のない出来事がある。純粋な力能である内在的な生が、痛みや弱さを通じた至福でさえある内在的な生が、乳児たちを横切っている。(DRF 363/299)

瀕死の極道に垣間見えるような、僅かな生の兆し、生と死の間で死とせめぎあう生の兆し、それは幼子に垣間見えるような内在的な生であるが、これを受肉して生き抜くことは、結局のところ、「もちろん、人生全体は崩壊の過程である」からには(LS 180/上 268)、「消尽した者」は「仮借ないスピノザ主義」以外を採れないからには(E 57-58/7-8)、未来の民衆に託されることである。この世界のわれわれに為しうることは、内在的な生を新たな仕方で受肉するであろうもののために個体化の場を、科学技術的に作り変え芸術的に創作することであり、そして、古い生き物でしかないものとして死んでゆくことである。『哲学とは何か』は、こんな末期の眼で人生を見返して未来を見通す老人の書物である。

非‐スタイルの地点、すなわち、人が「しかし、私が人生全体で行なってきたことは何であったのか」と最後に語ることのできる地点。老年が、永遠の若さをではなく、反対に、最高の自由、純粋な必然性を与えてくれる場合がある。この純粋必然性においては人は生と死の間の恩寵の時期を享受し、人生の年代を貫く一本の矢が未来へ投ぜられるために、機械の部品のすべてが組み合わされる。（QPh 7/5-6）

生と死の間に位置する老人にとっては、未来の個体化の場である内在的な生は「カオス」として現われてくる。そこは、もはや生き延びられない「死者の国」（QPh 190/287）である。だから、老人がそれなりに死ぬまで生きていくためには、老人をカオスから保護するオピニオンが必要にもなるが（QPh 137-138/205-206）、それでも「老人の幻覚に襲われた眼」（QPh 13/14）に映ずるだけのものかもしれないが、死者の国を生き延びて死者の国からこの世界へ帰還しても生き延びることのできる「ゾンビ」が幻視されもする。そんな老人の幻視を可能的なものとして創作するのが、芸術である。「芸術はカオスと闘うのだが、それは、最高に魅惑的な人物を通じて、最高に魅力的な風景を通じて、カオスを感覚可能なものにするためである」（QPh 192/291）。すなわち、芸術は、ペルセプト（被知覚態）とアフェクト（変容態）を創作してカオスを感覚可能なものにすることによって、ゾンビを生きられうるものとして提示するのである。[14]『哲学とは何か』では特に絵画に焦点があてられる。先ず、通例のごとく、絵画がその表面に何ものかを立ち上げることが着目される。

カンバスが持続する限り、若者はカンバス上で微笑むだろう。女のようなこの顔の皮膚の下で血が脈打ち、そして風が枝を揺すり、一群の男が出発しようとしている。小説の中や映画の中で、若者は微笑みを止めるかもしれないが、然るべき頁や然るべき場面に向かえば、また微笑み始めるだろう。芸術は保存するし、自己を保存するこの世界で唯一のものである。芸術は、石・カンバス・化学塗料などの支持材やマテリアルよりも長くは持続しないが（事実問題）、保存し自己を保存する（権利問題）。少女は、彼女が五千年前にとったポーズを維持している。その身振りは、それを為した少女にもはや存在してはいない。空気は、それが去年のある日に有した振動・息・光を維持している。空気は、その日の朝にその空気を吸った者にもはや依存してはいない。（QPh 154/231）

絵画は、微笑やポーズを保存しながら自己を保存する。この保存されるものが、「ペルセプトとアフェクトの合成態」ないし「感覚のブロック」である（QPh 154/232）。絵画は、絵画の表面において、感覚のブロックを保存する。芸術家はこの合成態がそれだけで立っている（tenir）ようにするのだが、そのためのさまざまな技法に留意しなければならない。例えば、モデルに比べて幾何学的にありそうもない形態を作り出すこと、物理的に不完全なもの、器官が異常なものを作り出すことなどであり、芸術家は「崇高な誤謬」（QPh 155/233）を方法的に駆使する。そして、この崇高な誤謬のおかげで、芸術家は、僅かな描線だけで、「酷使されて衰えた年寄りのロバ」を立ち上げることができる。とするなら、未来の光景と生物も立ち上げることができるはずである。「セザンヌが風景について語るように」、絵画においては人間も山と同等に光景の一部として存立するが、それが、人間がいなくなる未来において、人間が進化したその姿形であるのかもしれない。

感覚、すなわち、ペルセプトとアフェクトは、それ自体で妥当する存在者であり、あらゆる体験を越え出る存在者である。人間なるものは、石の中に、カンバスの上に、語に沿って、捉えられるものである限りにおいては、それ自体がペルセプトとアフェクトの合成態であるのだから、ペルセプトとアフェクトは人間の不在において存在すると言えるだろう。(QPh 154-155/232)

芸術で起こっていることは、「諸力を召集すること、単色ベタ塗りを諸力で満たしそれに諸力を担わせること、不可視の諸力をそれとして見えるようにすること、幾何学的見かけの形状を立ち上げること、ただし、力でしかない形状を打ち立てることである」(QPh 172/258)。特に抽象絵画は、力動的な点・線・面によって、ペルセプトとアフェクトの合成態を創作するから、抽象絵画が創作される平面は、「ある抽象的なベクトル空間としての創作平面」(QPh 177/266) である。宇宙にも開かれるこの抽象空間において、抽象芸術は新たなペルセプトとアフェクトを創造するのである。こうして、「世界を満たし、われわれにアフェクトし(影響し)、われわれを生成させる感覚不可能な諸力を、感覚可能にする」(QPh 172/258)ことによって、抽象絵画は世界を変える準備をする。

これだけでは想像力の飛翔にとどまるかもしれないが、現代芸術は物質と感覚のブロックとの相互浸透を表現するに到っている。現代芸術においては、「もはや感覚がマテリアルの中で実現されるというのではなく、むしろマテリアルこそが感覚の中へと移行する」(QPh 183/275)。現代芸術においては、マテリアルが前景化している。支持材・素材・材料・生地を集積したり隆起させたり折り畳んだり削り取ったりすることによって、「マテリアルが感覚の中へと移行する」。しかも、現代芸術においては、マテリアルが摩耗したり傷んだりするなら、マテリアルが立ち上げている感覚のブロックも疲弊したり痛んだりすることになる。マテリアルの物性の変様が感覚のブロックの変様に効いてくるのである。したがって、現代芸術は、身体において、とりわけ脳において起こっていることを表現するに到っていると言わなければならない。実際、身体のマテリアルが傷むとき、われわれは、脳が〈芸術的に〉創作する痛みの感覚ブロックを経験する。脳のマテリアルが磨耗するとき、われわれは、脳が〈芸術的に〉創作する疲弊の感覚ブロックを経験する。そしてもちろん、脳の平面は、抽象的で力動的な点・線・面によって構成されている。脳そのものが、現代抽象芸術なのである。そして、現代芸術作品は自己保存するモニュメントであるが、それは過去にではなく未来に向かうものである。その意味において、現代芸術は「来たるべき民衆を要請する」(QPh 166/250)。

モニュメントは、何か過ぎ去ったものを記念したり祝ったりするのではなく、出来事を受肉する持続的な感覚を、未来の耳に託すのである。絶えず繰り返される人間の苦悩、何度も創り出される人間の抗議、常に再開される人間の闘争を、未来の耳に託すのである。苦悩は永遠であり革命は勝利しても続かないからには、すべてが無駄であるのだろうか。しかし、革命の成功は、革命そのものにしか宿らない。正確には、革命が為されるそのときに革命が人間に与える振動・重圧・開放にしか宿らない。そして、この振動・重圧・開放が、常に生成するモニュメントを合成するのである。あたかも、新たな旅人が一個の石を持ってくる石塚のようなものである。（QPh 167/251）

われわれは、とりわけ老人と病人は、世界を通り過ぎてゆく旅人である。そして、老人と病人はモニュメントである。しかも、未来に向かう一個の捨石たるモニュメントである。そのことを教えるのが現代芸術である。未見の感覚のブロックを創作する現代芸術が、新たな仕方で物を見て感ずる「来たるべき民衆」を素描するように、脳のマテリアルの傷みや磨耗によるペルセプトとアフェクトに痛み疲弊しているわれわれは、そのペルセプトとアフェクトを易々と生きる「来たるべき民衆」を素描している。もちろん、われわれは素描して終わるだろう。革命のモニュメントを一時的に担うにとどまるだろう。われわれは未来の旅人に何かを託さざるをえない。どうしてだろうか。われわれの肉体は柔らかすぎるし、われわれの感覚ブロックは脆すぎるからである。われわれのマテリアルは、移ろいゆく感覚のブロックを一時的に創造するとしても、自己を保存する芸術作品にはなれないからである。どんなに痛みに苦しんでも、その痛みは時に癒されるし時に死んで終わるが、われわれは痛みの感覚のブロックを立ち上げるモニュメントになることはできないからである。芸術作品になることなく、マテリアルとしての肉は、カオス的死肉に落ち込んでゆく。

肉は芸術にとって十全であるかという問いは、こう言い換えられうる。肉は、ペルセプトとアフェクトを担いうるのか、感覚の存在を構成しうるのか、あるいはさらに、肉の方こそが、担われなければならないし、生の別の力能へ移行しなければならないのではないか。(QPh 169/254)

では、脳のマテリアルは、肉を担う生の力能を有するのであろうか。そんなことはあるまい。脳のマテリアルもカオス的死肉に落ち込んでゆく。しかし、芸術作品が、より正確には、カオスに抗して芸術作品を創造する創作平面が一つの人生より事実上も権利上も長続きする程度には、脳の平面も一つの人生よりは長く存続するかもしれない。これが『哲学とは何か』の最後の展望である。

今、われわれにとって最も重要な問題は、脳で接合する三つの平面相互の干渉の問題である。(QPh 204/308)

すなわち、第一に、芸術家が概念や関数について純粋感覚を創造するときの「外在的な干渉」、第二に、概念的人物や部分観測者が感性的な形状に滑り込むときの「内在的な干渉」である。これら二つの干渉は、その都度、芸術作品を多彩で多様なものにするとともに、脳の作品をも多彩で多様なものにするが、その干渉効果は一時的なものにとどまるだろう。しかし、重要なのは、第三の「局所化不可能な干渉」である。脳の平面がカオスに立ち向かう場は、そもそも哲学・芸術・科学を可能にする場であり、非哲学・非芸術・非科学のゾーンである。とすると、カオスに直面する脳の平面においては、哲学・芸術・科学が非哲学・非芸術・非科学の形で相互干渉していると考えられる。

三つの非は、脳の平面との関係においてはまだ区別されるのだが、脳が潜っているカオスとの関係においてはもはや区別されない。脳がカオスに潜っていることにおいて、こう言えるだろう。カオスから、芸術が名付けるような、また哲学と科学もそう名付けるような、「来たるべき民衆」の影が引き出されるのだと。民衆 - 群集、民衆 - 世界、民衆 - 脳、民衆 - カオス。(QPh 206/310)

幼子が人生に乗り出すそのときに構成し始める脳の平面、老人が人生から立ち去るそのときに喪失し始める脳の平面、これこそがカオスから生命を保護する平面であり、そこを哲学・芸術・科学が通り過ぎ、そこでペルセプトとアフェクトが移ろいゆく平面である。われわれは、束の間の人生において、芸術の創作平面において、また、それが人生より長い限りにおいて、脳の平面において、来たるべき民衆の影を垣間見る。

ネズミの断末魔や子牛の殺処分は、思考の中で現前するがままにとどまる。憐憫によってではない。人間と動物が交換されるゾーンとしてである。そのゾーンでは、何ものかが相互に移行する。これが、哲学を非 - 哲学とともに構成する関係である。生成は常に二重であり、この二重の生成こそが、来たるべき民衆と新たな大地を構成する。非 - 哲学が哲学の大地と民衆になるためには、哲学者は非 - 哲学者にならなければならない。(QPh 105/157)

結局のところ、哲学者が非 - 哲学者になるには老人にならなければならないし老人にならざるをえない。動物の死に震撼し続ける思考へ、動物の死と人間の死が識別し難くなるゾーンへ移ろいゆくのでなければならない。つまり哲学者も死ななければならない。「民衆は、おぞましい苦痛の中でしか創造されえない」(QPh 105/157-158) からには。

参考文献

ドゥルーズ

PS = *Proust et les signes*, PUF, 1964; éd. augmentée, 1970 (『プルーストとシーニュ——文学機械としての〈失われた時を求めて〉』宇波彰訳、法政大学出版局、一九七四年／増補版一九七七年)

LS = *Logique du sens*, Minuit, 1969 (『意味の論理学』小泉義之訳、河出文庫、二〇〇七年)

CC = *Critique et Clinique*, Minuit, 1993 (『批評と臨床』守中高明他訳、河出書房新社、二〇〇二年)

ID = *L'île déserte et autres texts*, Minuit, 2002 (『無人島 1953-1968』宇野邦一他訳：『無人島 1969-1974』稲村真美他訳、河出書房新社、二〇〇三年)

ドゥルーズ＝ガタリ

AO = *L'Anti-Oedipe*, Minuit, 1972 (『アンチ・オイディプス』宇野邦一訳、河出文庫、二〇〇六年)

MP = *Mille plateaux*, Minuit, 1980 (『千のプラトー』宇野邦一他訳、河出書房新社、一九九四年)

QPh = *Qu'est-ce que la philosophie?*, Minuit, 1991 (『哲学とは何か』財津理訳、河出書房新社、一九九七年)

第三章

傷の感覚、肉の感覚

その後は、叫ぶ人はもう誰もいなくなるだろう。耳に栓をする人もいなくなるだろう。（サルトル）

痛みの心理化と社会化

脳神経系に関する科学的な知見が積み重ねられているが、それらは概ね、分子レベルの事象に関する知見である。各種の脳イメージング技術によって得られている所見にしても、それらの画像は生理レベルの事象の代理として眺められており、そこからさらなる科学的探究が進められるなら、分子レベルの事象として捉え直されるべきものとして受けとめられている。このように、脳神経系に関する科学的な知見は、とにもかくにも分子レベルの事象についての知識であると観念されており、あくまでその先において、それらの知識は生理レベルの事象の知識としてまとめあげられるだろうと展望されている。したがって、脳神経系に関する科学知識は、さしあたりは生理的な概念へともたらされるべきものであるということになる。例えば、「情動」系の諸概念は、そのような位置を占めるべきものとして練り上げられるべきであろう。

ところが、二〇世紀後半の時代精神にあっては、脳神経系の科学的知見は、直ちに心理化され心理現象として受けとめられてしまう。例えば、大脳皮質の一定の分子的な事象は、直ちに心理的な現象と何らかの関係におかれるべきものとして受けとめられてしまう。因果関係であれ相関関係であれ随伴関係であれ付随関係であれ、あるいはまた重ね描き関係であれ並行関係であれ同一関係であれ、ともかく何としてでも心理的な現象に関係を付けられるべきものとして受けとめられてしまう。もちろん、両者に何らかの関係や無関係はあるだろうが、生理的レベルの概念化も経ることもなく、また、心理的レベルの日常的用語の概念化も疎かにされたまま、とにもかくにも関係を語りたがる欲望が蔓延している。そして、同じく二〇世紀後半の時代精神にあっては、そんな粗暴な心理化の動向は、社会化の動向によって引き継がれてしまう。心理的な現象には社会的な要因が作動しているが故に、心理的な現象は常に既に社会化された事象でもあるというわけである。このように、脳神経科学の進展は直ちに心理（学）化され臨床心理化されては、暫くして社会（学）化されることの繰り返しである。この動向を突き動かす欲望は何であろうか。簡単な答えを書き付けておくなら、心理化・社会化することによって事象に対する人為的介入や権力的操作が容易くなると信じたがっているし信じられているからである。この欲望と信憑が張り渡す状況の下では、はじめから心なるものは、介入可能で操作可能なものとして設定されているのである。これが二〇世紀後半からの歴史的アプリオリであり、その下で、脳神経科学の探求が駆動されもし、その知見が心理化され社会化されている。意識のハードプロブレムなるものをめぐる流行もその一齣にすぎない。そして、痛みは、そんな心理化と社会化が最も欲望されている事象であると言えよう。痛みが心理現象や社会事象であるなら、人為的に操作可能になるはず、と信じられているのである。

相も変わらず心身二元論を越えるなどということを学問的スローガンに掲げ続けて、二〇世紀後半の心理（学）化と社会（学）化の動向を代弁し続けている医療社会学分野の、ギリアン・ベンドロー／サイモン・ウィリアムズの論文を取り上げてみる。[1]二人の議論はこうである。痛みの理論は、生物医学によって支配されてきた。そのために、研究においても診断や治療においても、痛みの神経生理的な面だけが注目されてきた。そのために、痛みの経験は、神経生理的なシグナルのシステムへと切り詰められて経験はそれとしては無視されてきた。しかし、二人によるなら、痛みは生命と文化が交錯するところに位置している。だから、痛みは、社会学的な探求の対象となるべきものである。この探究が成功するためには、痛みの医療化を止めなければならない。すなわち、心と身体の二元論にもとづいて痛みを感覚(sensation)へと切り詰めて、痛みを合理的・客観的に測定可能で操作可能なものと見なしてしまうことを止めなければならない。なぜなら、そもそも痛みは日常的な経験、日常生活に埋め込まれた経験であるからである。痛みは、たんに生物医学的で医療的な問題ではなく、社会学的・現象学的にアプローチされるべき問題なのである。

これは何度も繰り返されてきた言説であるが、実に奇妙な言説である。この社会学的・現象学的アプローチなるものは、痛みを神経生理的事象や感覚に還元することはなく、痛みの心的・社会的側面を何らかの意味で区別してそれとして強調するのであるから、それこそ心身二元論そのものであるのにそのことがまったく抑圧されて自覚されていない。そのアプローチは、心身二元論を乗り越えると称しながら、まさに当の二元論の位置をずらすことによって、神経生理や感覚から切り離された心なるものを、生命と文化の交錯点として、ひいては文化や社会や政治経済の諸関係の束として設営して、それを学的介入の拠点に仕立て上げてきた。そして、そんな言説によって、心なるものが、教育・福祉・臨床・行政・統治の対象として構成されてきた。おそらく人間の条件に根ざしているが故にでもあろうが、この動向は強力である。この動向は、例えばホスピスを制度化するほどの力＝権力を有しているのである。[2]

痛みの経験が日常的な経験であるのはその通りである。そして、痛みは、体のどこかが痛いという経験だけではなく、発汗や悪寒などの経験でもあり、不快感や悲しみの経験でもある。痛みは、感覚的経験であるだけでなく、生理的で身体的な経験であり、情動や情念の経験でもあり、認知や記憶の経験でもある。要するに、いわば全人的な経験であると言われてよい。したがって、この経験知から出発するなら、痛みが起こっているときに脳神経系のいたるところが何らかの反応を引き起こし引き起こされていることは科学的探究を始める前から分かり切っていることである。また、脳神経系の任意のところに作用する薬物が痛みそのものに何らかの変容を引き起こすことも分かり切っていることである。科学的知見そのものは、この経験知を前提として開始されているからには、この経験知そのものには何も付け加えない。では、この日常的経験知にあって、心なるものが入ってくる場所があるだろうか。その点は後で論ずるとして、いま確認したいことは、心なるものを設定することを通して、そこに心理的・社会的影響を及ぼすならば痛みの経験を変容させることができるという信憑と欲望が絶えず生み出されてきたということである。ベンドロー／ウィリアムズに言わせるなら、「認知プロセスや高次中枢神経系プロセス、すなわち、注意、不安、予期、過去の経験などが、痛みのプロセスに対して強力な影響を及ぼす」というのである。「痛いの、痛いの、飛んでけ」という慰めの言葉は、痛みを「強力」に和らげるというのである。

心のゲート・コントロール

この二〇世紀後半の痛みの心理化と社会化の動向を最も駆動した神経科学的研究は、ロナルド・メルザック／パトリック・ウォールのゲート・コントロール説であると言ってよいであろう。二人の共著を参照して、ゲート・コントロール説の概略を確認しておこう。

この説は基本的に、脊髄後角の神経機構がゲート（関門）として働いて、末梢神経線維から中枢神経系への神経インパルスを増減させると提唱している。したがって、体性感覚入力は痛みの知覚や痛み反応を起こす前に、ゲートで修飾作用を受ける。感覚入力の伝達がゲートでどれほど増減を受けるかは、太い神経線維（Aβ線維）と細い神経線維（Aδ線維とC線維）の活動にどれだけ相対的な差があるか、また、脳からの下行性インパルスによってどれほど影響されるか、によって決まる。ゲートを通過する情報量が臨界レベルを超すと、痛みの経験と痛みの反応に関係する神経領域が活性化される。(3)

この説で注目されたのが、脳からの下行性インパルスが感覚入力の増減に影響を及ぼすというところである。二人が指摘するように、「注意、不安、予期、過去の経験といった認識過程、あるいは「より上位中枢神経系の関与する過程」は、痛みに対して強い影響を及ぼす」ことは経験的に確かであると言ってよいだろう。そして、二人によるなら、「脳幹網様体とくに中脳の網様体は、脊髄の伝達細胞を経て伝えられる情報に対して、強い抑制性制御を及ぼす」し、「大脳皮質全体、特に前頭葉からの線維は、網様体へ投射している」ことからして、「認識過程」の少なくとも一部は、「ゲート・コントロール機構を介して脊髄における伝達に影響をおよぼすことは明らかである」とも言ってよいだろう。ところが、この概念モデルにいうところの、「中枢性制御過程」は直ちに心理化されて心理現象であると解されていく。実際、二人は次のように書いている。

痛みの質と強度は、各個人の独特の過去の経歴、痛みをひきおこす状況に対してその個人が付与する意味、その時の「心の状態」によって影響される。身体から脳へと上行して行き、脳自体の中を伝播して行く神経インパルスの現実のパタンを決定する上で、これらすべての要因がある役割を果たしていると、私達は信じている。このようにして痛みは、将来への希望のみならず個人の現在の考えや怖れなど、全体として個人の関数になる。(4)

まさしく心身二元論そのものである。しかも、心の側も身体に因果的効力を及ぼすとする相互作用論である。それによって、個人の「希望」「考え」「怖れ」といった心的状態に対して働きかけることが、当の個人の痛みの質と強度を変えることができるはずであるという信憑が生み出されてきた。もちろん、二人も主張するように、「くつろぎ療法、バイオフィードバック、催眠」などの「技法」は、痛みの質と強度を変えるであろう。それは経験的にも明らかである。ところが、二人がそうであるように、そうした技法は、実に安直に「心理的」技法と語られてしまう。あるいは、何も分からぬまま曖昧に「心身的」「心因的」と称されてしまう。やがて、それは「社会的」と形容され、さらには「スピリチュアル」

とも形容され、個人の心なるものがまさにゲート・コントロール機構として構築されてきたのである。

痛みの経験に立ち帰ってみよう。痛みに心理的側面や社会的側面があるとしよう。つまり心理的にも社会的にもその質と強度が影響される面があるとしよう。しかし、だからといって、その面が容易く操作可能になるとは限らないはずである。純粋な心的状態と見なされる「希望」「考え」「怖れ」にしたところで、純粋な社会的側面である言語表現にしたところで、それを人為的かつ能動的に変化させることは決して容易ではない。心を変えることが体を変えることより容易かどうかは定かではないのである。だから、痛みを心理化・社会化する理論は、そもそも心の重みをなんら捉えていないと言った方がよい。そして、ヴァレリー＝グレイ・ハードキャッスルが指摘するように、神経科学的知見からしても、侵害受容に由来する痛み感覚システムと下行性の痛み抑制システムの両者を、痛みの多様な経験を分析するためにも明確に区分しておいた方がよいのである。

ゲート説の支持者たちは、まるで任意の心理的出来事や任意の大脳皮質領域が感覚の知覚に影響を及ぼす力能があるかのように書いている。メルザックが「ニューロマトリックス」と呼ぶところのニューロンのそんな巨大なネットワークは、脳そのものをはみ出しており、われわれ自身の身体的なものの感覚を負うものになってしまっている。……しかし、多数のフィードバックループがあって別の種類の痛みの経路もあるにもかかわらず、少なくともイメージング研究が教えるように、脳のすべての領域が痛み情報に対して感受性があるわけではないのである。活性が不在だからといって、その領域が痛み情報に対して感受性がないということを結論できないにしても、その種の研究からして、大脳皮質の全域が痛みの知覚に影響を及ぼすとする主張者たちは立ち止って考えてみた方がよい(5)。

そして、ハードキャッスルは、国際疼痛学会の疼痛定義にも見られる動向について、こう論評を加えている。

> 近年の典型的な精神医学者は、患者の痛みを評価するとき、四つの大きな要因に眼を向けている。すなわち、侵害受容、感覚、苦しみ、行動である。最良の臨床医なら、認知的次元、情動的次元、行動的次元に加えて、痛み知覚に対する歴史的、環境的、間人格的な影響にも注意を向けるのである。かれらの信ずるところでは、痛みの経験全体を理解するには、主体の生理、主観的経験、行動応答、心理身体的環境を理解する必要があるのである。……これに私は同意しない。痛み感覚の四つの次元は区別されるべきである。……われわれは、ほとんど常に、痛みの一つの側面だけを経験するのである(6)。

神経科学的探究の方向として四要因の区別をどうすべきかについては議論が残るものの(7)、少なくとも、神経科学的見地からしても、痛みの心理化や社会化に対しては慎重でなければならないのは明らかであろう。

痛みの感覚化へ

そこで、痛みの感覚についてあらためて考え直すために、分析哲学の古き良き時代のジョージ・ピッチャーの議論を参照する。(8) なお、ピッチャーは、痛みの心理化や主観化に抗するその自らの立場を、痛みの知覚（perception）説と呼称しているが、知覚概念には認知的なものも含まれて解されることが多いので、ここではピッチャーのいう「知覚」を「感覚」に置き換えて理解しておきたい。ピッチャーは、論文冒頭でこう書いている。

私は、どうしようもないほど正道を踏み外していると当初は見られてしまうに違いない立場を信奉している。すなわち、痛みの知覚についての直接実在論を信奉しているのである。私は、通常の場合、痛みを感じることは、完全に客観的な物理的身体的事態を（直接に）覚る（aware）ことであると主張する。

ピッチャーによるなら、痛みを感じるとは、もちろん文法的には、「何かを」という目的格に立ち「痛み」と言語化されている何かを感じることなのであるが、その何かとは、あくまで身体的な事態なのであって、それは決して心的な対象（mental object）の類ではない。ところで、痛みの議論にしばしば見受けられることであるが、ピッチャーのように主張するとしても、「痛み」という語がいわば遊び齣になってしまってどこか落ち着きがわるくなる。そのため、例えば、感じられている痛みは、ピッチャーが言うところの身体的な事態と同じなのか否か、両者が何らかの仕方で区別されるなら両者の関係はどうかと問い質されることになる。ピッチャーの言うように、痛みの感じは、身体的な事態を直接に覚えることであるとしても、そのとき「痛み」なる語は後者の身体的な事態に対する指示的なレッテルに相当することになるが、それはそれで落ち着きがわるくなる。というのも、「痛み」なる語にはそれこそ多種多様な心理的・社会的・文化的な負荷がかかっており、それが「痛み」なる語の意義として内包されていることも確かであるので、今度は、その内包的な意義と身体的な事態の関係が問い質されることになるからである。そして、ここに心理化・社会化の動向が介入してくることになる。とはいえ、感じられる痛みを心的な対象に還元することはいかにも無理である。無理ではあるのに、ともかく痛みは心理的で主観的な現象であると思われている。すなわち、「(a) 痛みは心的な(あるいは、ともかく非物理的な)個別的なこと(particulars)であり、(b) 痛みの覚えは、物理世界の内部にあるいかなるものとも同一ではないところの主観的な「感覚–内容」の覚えである」と深く深く信奉されている。どうしてだろうか。ピッチャーによるなら、そこには三つの事情が働いている。

(1)痛みには、私秘性が、ないしは、各人のものであるということがある。

(2)痛みには、感じられることが存在であるという性格がある。痛みが続くのは感じられている限りでのことである。感じることのできない痛みがあると語ることや、誰も持っていない痛みがあると語ることはナンセンスである。

(3)痛みの経験と痛みの報告には(いわゆる)訂正不可能性がある。

あらかじめ確認しておきたいことは、痛みについてしばしば指摘されてきたこれらの性格は、喉の渇きや腹の飢餓感などの内部感覚にも認められることであるし、運動感覚や体性感覚などの身体感覚一般にも認められることであるから、いささかも痛みに特異な性格ではないということである。もちろん、これを確認したからといって議論に決着がつくわけではないが、一般に内部感覚や身体感覚の中でとくに痛みが取り上げられるのはそれこそ心理的で社会的な原因が働いているためであるということは自覚しておいた方がいいだろう。ともあれ、ピッチャー自身は、当時の議論状況もあって、こう議論を進めている。痛みには上記の三つの性格があるということを理由として、痛みは視覚などの知覚から区別されるべきであるとされているが、痛みと視覚を類比的に見なすことが十分に可能であるから痛みを知覚として見直すべきである、と。そこでピッチャーは、痛みの概念は、ひと目・ちら見（glimpse）の概念に似ていると主張していく[9]。実際、ひと目・ちら見は、痛みと同じ性格を有している。ちらっと見られるものは、ちらっと見られるときにだけ存在している。「ちらっと見られていない」限りでのちらっと見られるものは、存在するとは認められない。ちらっと見られるものは、ちらっと見る人に私秘的であり、しかも訂正不可能である。しかし、だからといって、ちらっと見られたものについて、それを心的であるとか主観的であると言うことはできない。ちらっと見られたものは、客観的で物理的な存在者である。したがって、痛みの情動的側面や情念的側面を殊更に強調してそれを心理化・主観化するのは間違えている。痛みとは、耳の冷たさを感じることや胃がゴロゴロするのを感じることや喉の渇きを感じることと同様に、身体の感覚的知覚の一例なのであって、身体の変容の感じなのである。もちろん、この直接知覚説を採用しても、痛みの経験そのものは多彩であるので、さまざまな困難や反論が思い浮かぶ。ピッチャーは幾つかのものを検討しているが、ここではそのうちの二つだけを参照しておく。

第一に、知覚における錯覚論法の意義と機能に関わる論点である。視覚の場合には錯覚や幻覚があると認められているが、痛みの場合には必ずしもそうではない。あるいは、幻影肢の痛みの錯覚性をどう解するかが論争点となってしまう。いずれにせよ、錯覚の意義と機能を理由として、視覚と痛みを類比的に取り扱うことはできないとされることが多い。そこでピッチャーは、関連痛（referred pain）とは、例えば内臓の不調が原因で発生する痛みであるのに、その原因の所在から離れた場所の背中などに痛みを感じることであるが、その場合、背中そのものに不調はないのであるから、その背中に感じられる痛みは、ちょうど視覚における錯覚に相当することになると論じて、錯覚という点でも視覚と痛みを類比的に扱うことができると主張している。ここも知覚の因果説をめぐる論点が畳みこまれているところなので簡単に決着を付け難いのであるが、少なくとも、痛みの経験に錯誤がありうると語ることは十分に可能であり、したがって痛みを主観化することなく感覚に分類することに理がありうると解することができよう。実際、関連痛や幻影肢の論点は、視覚や聴覚における隔たり・奥行き・源泉定位の論点と類比的であり、そのことさえ確認しておけば十分である。[10]

第二に、同一説に関わる論点である。痛みの感じが身体的状態の感じであるとするなら、痛みは当の身体的状態と同一であるということになってしまわないか、それでは痛みの経験の情動的・情念的側面だけでなく心理的・認知的側面などが理論的に取りこぼされてしまうことにならないかという論点である。同一説と呼ばれることを過剰に怖れているピッチャーの議論を参考にしながらも、以下のように考えておきたい。あなたがナイフで指を切られて痛みを感じたとせよ。短期的な痛みであれ長期的な痛みであれ、その痛みの感じは、ナイフに似てはいない。ナイフの鋭さにもナイフの切りつけ運動にも似ていない。だから、痛みの感じを、ナイフに切られたという意味での受動性をもって、受動的・受容的な経験と捉えるのは間違えている。痛みは、切りつけられたことや切りこまれたことの経験ではないのである。そうではなくて、痛みの感じは、ナイフで切りつけられた指に生じる傷を感じることである。傷の原因は、ナイフの運動である。精確には、ナイフの運動を受けとめるのに切開をもって応じるようなそのような物性を有する肉体である。これに対して、痛みの原因は、あくまで傷である。傷という出来事、傷を発生させる生体の生理的出来事である。炎症物質や神経伝達物質の「ハリケーン」である。さらに言うなら、生体修復の出来事として感じられる「ハリケーン」である[11]。言語化するなら、「指が痛む(痛い)」「傷が痛む(痛い)」のである。だから、痛む主体、痛みを感じる経験的主体は、指なのであって、発語主体たる「あなた」や「私」ではない。「あなた」や「私」は、たしかに「私は指が痛い」「私は指において痛みを感じる」と発話することができる。しかし、痛いのは、痛むのは、あくまで指である。このことが素直に認められなくなっているのは、視覚における奥行きや聴覚における音源定位の論点と類比的な論点が絡んでいるからである。つまり、とくに二〇世紀後半の時代精神にあっては、感覚器官は情報装置化され、その情報が中枢に到達することをもって感覚が成立すると考えられているために、その中枢が当の情報を元手にいかにして感覚を遠方の物体や近くの指先に投射するかについて満足な説明もないままに、その中枢が直ちに心理化・主観化されて設営される心理的主体なるものが痛みを感じていると語られているにすぎないのである。しかし、痛みの経験に徴してみるなら、痛みの感じとは傷の感じであり、まさに傷口が痛みを感じているとしか言いようがないはずである。したがって、同一説と呼ばれることを怖れることなく、痛みの感じは、傷という出来事と同一であると、傷という出来事は感じられる限りで存在すると言うべきである。あるいは、それでも残る二元性については、心／身体の二元性としてではなく、出来事／物質の二元性や感覚出来事／知性概念の二元性として思考するべきである。

なお、補足するなら、二〇世紀後半の哲学にあって、痛みの機能は、それはおそらく機能主義の本義ではなかろうが、書記機能や発話機能のこととしても受けとられてきた。そして、痛みの機能の典型は、「痛い」と書き留めることや「痛い」と発話することと捉えられてきた。つまり、他人に読まれたり聞かれたりすることを暗黙の前提とする言語活動として捉えられてきた。この通説的な談論が、痛みの心理化と社会化と医療化を介しての心のコントロールの時代にまことに相応しいものであることはいまや明らかであろう。痛みの経験とは、誰よりも何よりも医療専門家に訴え出ることであるというわけである。もちろん、以上の通説的な談論は、「痛み」なる用語の社会言語学としては妥当であるのかもしれない。しかし、そうであればこそ、痛みの経験で、最初に思い浮かぶ言語実践は、少なくとも私の場合は、「どうしてこんな体になってしまったのか」という呪いの言葉であり、同時に、誰とは定かでない誰でもない者に向けての「どうにかしてくれ」という拝みの言葉であると言っておきたい。要するに、痛みの言語的機能を考えるにしても、他人に助けを求めて処方を依頼する手前の段階がそれとして思考されるべきなのである。

痛みを感覚化する方向で捉え直すとき、つまり痛みを痛覚として捉え直すとき、あらためて触覚と痛覚の関係が問い直されることになる。とくに、痛覚を触覚とは別の感覚と捉える説と痛覚を触覚の一部と捉える説を、この二分法そのものの由来も含め歴史的にも科学的にも再検討する必要がある。そこで、本章では、痛覚をそれとして明示的には論じていないアリストテレスの『魂について』を参照しながら予備的な考察を行なっておきたい[12]。

アリストテレスは、『魂について』を通して「苦痛」に言及する稀な箇所である第三巻第二章において、こう論じている。聴覚の固有の対象は音であるが、余りに高い音や余りに低い音は聴覚によって音として聞き取られることはなく、むしろその「度を越したもの」は聴覚そのものを損なってしまうことがある。とするなら、聴覚の固有の対象たる音とは、聴覚が聞くことのできる限りでの音とは、高さと低さとが一定の比をなしている限りでのものであるということになる。音とは感覚可能な可聴域にある限りでのものであり、感覚不可能な可聴域外のものは音ではない。聞かれる限りで音は存在し、聞かれない「音」は存在しないのである。ところで、アリストテレスは、感覚可能な可聴域にある音の高低の比について、「感覚されるものが純粋で混じり気がない状態でも、一定の比を構成するに至るときは、たしかに快いのである」とする。そして、その構成ないし混合の比を、協和音に比してもいる。では、このように快を規定するとき、不快はどう規定されるだろうか。そのとき、少なくとも二つの場合が考慮されなければならない。すなわち、聞かれている音の比が不協和音の比に比せられるような場合と、聞かれえないもののために聴覚そのものが損なわれる場合である。ところが、アリストテレスは、どうやら後者の場合を不快に含めたくはないようなのである。そして、アリストテレスは、この論脈において苦痛に言及している。「感覚とは比なのである。そして感覚される性質が度を越すと苦痛を与えたり損なったりする」とである。ここを念頭に置いて、第二巻第一一章の触覚論を読んでみる。

アリストテレスは、触覚に関して二つの問いを立てている。第一に「触覚とは複数の感覚群なのか、それとも単一の感覚なのか」ということ、第二に「触れる能力のための感覚器官とは何であるのか。それは肉（または肉をもたない動物では肉に類比的なもの）なのか、それともそうではなくてむしろ肉は中間の媒体であり、第一義的な意味での感覚器官はそれとは異なる内部の何かなのか」ということである。

先ず「触れられるもの」とは、「熱と冷、乾と湿、硬と軟」である。このとき、各組の二項にせよ各組同士にせよそれらはまったく異質であるということを理由として、触覚は例えば熱感覚と冷感覚の複合であるとか、例えば温覚と圧覚の複合であるとか考えられるかもしれないが、事はそう簡単には決まらない。たしかに、熱／冷は「反対関係」にあるかもしれないが、聴覚はその固有の対象は音であり、同時に音の高／低、大／小、滑らかさ／粗さなど、「反対のもの」を聞き分けている。聴覚にとっての音は、それら反対のものの「基体」をなすものなのである。とするなら、触覚の固有の対象は、熱／冷、乾／湿、硬／軟の基体をなすものであって、それ故に触覚は単一の感覚であるかもしれない。たしかに、触覚の基体をなすものはそれとして言語化されて名指されてはいないのだが、触覚はその何ものかの感覚であると考えられるかもしれない。とするなら、聴覚が「度を越したもの」によって損なわれる場合があるように、触覚はその何ものかの「度を越したもの」によって、すなわち、「触」れているのに触れていると感覚することのできないまま「触」れられてしまっているものによって損なわれることがあるかもしれない。触覚は、まさに可触域の外のものによって損なわれることがあるかもしれない。それはともかく、触覚に固有の「基体」があるかもしれない。

そこで、アリストテレスは、触覚の経験を重視する。われわれは、同じ場所で、少なくとも感覚的には場所を識別不可能な仕方で、熱と湿を同時に感じることがある。われわれがその同じ場所によって反対のものを感じているなら、その同じ場所は同じ感覚器官として捉えられるべきではないのかとも考えられよう。この文脈で、その場所を構成する肉が問題になる。触覚と肉の関係が問題になるのである。アリストテレスはこう論じ進めている。仮に、われわれの眼・耳・鼻に、生まれながらにして空気が付着しているとせよ。仮に、特定の物質に関して透過性のある透明な空気袋が、同じ仕方で生まれながらに生体の一部として眼・耳・鼻を覆うように生えているとせよ。そのとき、われわれは「音も色も匂いも感覚するのはある一つのものによってであり、さらに視覚、聴覚、嗅覚がある一つの感覚であると考えてしまったであろう」。しかし、アリストテレスによるなら、仮にそうであったとしても、その空気袋は、「われわれの身体」から区別される「中間の媒体」として捉え返されるはずである。そして、アリストテレスは、肉をまさにそのような中間の媒体として捉え返す。たしかに、われわれの肉を空気や水によって構成されたものとして捉えることはできない。「魂をもつ身体が空気あるいは水だけで構成されているということは不可能だからである。つまり何か固いものが存在しなければならない」。その固いものとは、基本要素の土である。したがって、肉は、生まれながらにして何らかの感覚器官に付着して発生してきた土による構成物であると捉え返さなければならない。とするなら、経験的に触覚は同じ一つの場所において反対のものが感じられる一つの感覚に思われる場合もないではないが、本当は、中間の媒体である肉を通して感覚する複数の感覚であると捉え返さなければならない。とすると、アリストテレスにあっては、肉は、内的な触覚器官の外部に位置する媒体であるということにもなる。「肉と舌が本来の感覚器官に対する関係は、空気と水が視覚や聴覚に対するのと等しく、肉や舌は空気や水のそれぞれに相当すると思われる」というわけである。

ここで注目すべきは、アリストテレスは、それがどこにあるにせよ、肉より内的な触覚器官を身体の中にあるとしていることである。脳の中には置いていないのである。そして、アリストテレスは、一般に感覚器官は「可能的にその対象に類似したあり方をした身体の部分である」と規定するので、触覚の感覚器官も身体の一部であり、可能的に熱くなったり冷たくなったりするものであって、基本的には熱と冷の「中間的状態」にあるものであるとする。そして、触覚の感覚器官は、物体の基本性質たる熱／冷などの「度を超過した性質」を感覚するのである。では、何処で度を超過する状態が生じているのであろうか。中間媒体たる肉においてであろうか、あるいは、内的な触覚感覚器官そのものにおいてであろうか。第二巻第一二章では、植物が触れられるものから作用を受けて現に熱くなったり冷たくなったりしても熱／冷を感覚することがないのは植物が「中間的状態」をもつことがないからと説明されていることからするなら、要するに、熱／冷の過剰分の基準となる恒温性を保持する状態がないと説明されていることからするなら、度を越した状態は肉で生じると解することができよう。とすると、触覚は、肉における反対性質の比の感覚であると解することができるし、触覚の感覚器官は「中間的状態」を維持する限りでの肉のことであると解することができよう。

ここまで来て、苦痛への言及箇所に立ち帰ることができる。「感覚とは比なのである。そして感覚される性質が度を越すと苦痛を与えたり損なったりする」。触覚とは、肉における反対のものの比である。そして、触覚によって感じられる性質が度を越すと、触覚器官において苦痛を感じられたり触覚器官そのものが損なわれたりする。一言でいうなら、痛みとは、肉の調和を非調和へもたらしかねない状態、可触域の外なるものが肉を損ねかねない状態についての、そこに接続する中間的状態の肉における感覚であることになろう。[13] 痛みは、肉による肉の変容の感覚として捉え直されるべきなのである。

肉の（脱）発生の感覚

痛みは、概念的に捉えるなら、傷の感覚であり肉の変性の感覚であると言えよう。言いかえるなら、肉の修復の感覚、肉の変性（degeneration）の感覚、約めるなら、肉の（脱）発生（(de) generation）の感覚である。そして、痛みは、経験的に捉えるなら、これは他の感覚と同じことであるが、中枢で感じられているのではなく、傷や肉において感じられている。さらに言うなら、傷が感じ、肉が感じている。このように痛みの概念と痛みの経験が成立しているからこそ、科学的に神経経路が探求され概念モデルが作成され、さらには中枢からの投射が持ち出される。そしてこの文脈で、関連痛などがあらためて科学的な謎として浮かび上がってくるのである。その上で、本章で予備的に考えてみたかったことは、そのような科学的な知見を、当初の痛みの概念と経験へと差し戻すにはどうしたらよいかということであった。そのことが考えるに値することであるのだと認められるなら、二〇世紀後半以来の痛みの心理化や社会化の動向は退けられなければならない。ネッド・ブロックは、意識現象の社会構築説についてこんなことを書いている。

私は、文化的構築説が不整合であるなどと述べたことは一度もない。その説は、人間の意識現象がその近くのカブトムシからの距離次第であるとする説や、ピーナッツは火星からのスパイであるとする説と同じく整合的である（これは誇張のつもりで書いてなどいない）。こうした説と同じく、意識現象は文化的構築であるとする説は整合的であるが馬鹿げているのである。そうして、……たとえ、社会構築説の整合性は、意識現象が脱構築されうる可能性との整合性を含意するということが正しいとしても、そんな主張を吟味する必要がないのは、もしピーナッツが火星からのスパイであるとするなら可能な限り多くのピーナッツを食べるべきであるという主張を吟味する必要がまったくないのと同じことである。(14)

そして、ブロックが言うように、「文化現象は、癌を演出すること（produce）や癌のコースに影響すること（affect）はあっても、いささかも癌を構成すること（constitute）はない」し、「創造すること（create）もない」。ここにおいて、構成や創造とは、修復や変性であり、ひいては劣化や老化のことである。痛みは、そんな肉の過剰な生成変化の感覚であり、その観点から、二〇世紀後半に大いに論じられた機能主義・物理主義などをめぐる論争を、肉に相当するものの「基体」の出来事の感覚をめぐる議論として捉え直す必要があろう。

第四章

静かな生活

新しいことは起こらないこともありうる（アレント）

うつ状態の人は、何をしているのか。アレントの用語を使うなら、思考している。そして、ある意味では労働している。うつ状態の人は、何をしていないのか。再びアレントの用語を使うなら、仕事をしていないし活動をしていない。本章は、うつ状態をアレントの用語で記述し直すことを通して、うつ状態を人生の一面へと返してやるための試論である。あわせて、うつ状態の病理化と医療化を人生の一齣におさめておくための試論である。

何からひきこもるのか

家にいるとする。家のない場合は別に考えるとして、家があって家にいるとする。どこにも出かけないまま長いあいだ家にいると、家にひきこもっているということになる。では、どこに出かけないのがどれくらい長くつづけば、家へのひきこもりがそれとして成り立つのだろうか。

老人には、体力が衰えて家の外に一歩も出ない人がいる。一日のうち小一時間ばかり家の周りを歩くだけの人もいる。暖かなときにだけ公園に出向く人もいる。老人は滅多に外に出かけなくなって家の中で過ごすことが多くなるものだが、とりたてて家にひきこもっていると言われることはない。ましてや、施設の中でだけ余生を過ごしても、施設にひきこもっていると言われることはない。もちろん幼児についても、家や施設にひきこもっているとは言われない。

ところが、壮年・青年・少年が老人や幼児と同じような暮らし方をすると、家にひきこもっていると言われる。いわゆる専業主婦も、相当の時間を家で過ごしているわけだが、家事を行なわなくなると家にひきこもっていると言われることになる。どうして老人や幼児以外の人間が老人や幼児のように暮らすと家にひきこもっていると言われるのだろうか。ここでは、典型的なうつ状態のケースとしてイメージされているものを念頭に置いて進めることにしよう(1)。

典型的には、会社や学校に出かけないのが長くつづくと、家にひきこもっているということになる。では、そのとき人は、何をしていないことになるのだろうか。もちろん会社や学校に出かけることをしないのであるが、会社や学校へ出かけて行なうはずのことのうち何をしないことになるのだろうか。アレント『人間の条件』における行動ないし活動（action）の三つの分類、すなわち労働・仕事・活動への分類を参照してみよう。

> これら三つの活動性とそれに対応する条件はすべて、人間の実存の最も一般的な条件である誕生と死、出生と可死性に深く結び付けられている。労働は、個体の生存だけでなく種の生命も保障する。仕事とその生産物、人間の人工物は、死すべき生命の無益（futility）と人間的時間の儚い（fleeting）性格に一定の永続性と持続性を授ける。活動は、それが政治体を創設し維持することに携わる限りは、記憶の条件、つまり歴史の条件を創造する。また、活動だけでなく労働と仕事も、他所者として世

界に誕生する新来者の絶えざる流れを予期し考慮して新来者のために世界を提供し維持する課題を担う限りは、出生へと方向付けられている（rooted, orientiert）。しかしながら、三つの活動性のうち、活動は、出生という人間の条件に最も密接に結合している。すなわち、新来者が何か新規なことを始める能力、つまり活動する能力を所有しているからこそ、誕生に内属する新たな始まりを世界の中で感じさせることができるのである。進取（initiative）の始メルという意味において、活動の要素が、それゆえに出生の要素が、人間のすべての活動性に内属している。その上、活動がすぐれて政治的な活動性であるからには、可死性ではなく出生が、形而上学的思想から区別される政治的思想の中心的な範疇となるであろう。(2)

会社や学校で行なわれることは、すぐれて仕事である。会社や学校での活動の目的は、成果・業績・功績・成績を作り出すことである。それらは、自分の死後にも残されると信じられるところの生産物や工作物として残されることもあるし、書類やコンピュータに記録されてデータとして残されることもある。そして、アレントによる仕事の特徴づけからすると、そんな仕事からひきこもるということは、人生の無益と儚さを忘れさせる活動からひきこもるということである。だから、仕事から離れて家にひきこもると、仕事によって誤魔化してきた人生の無益と儚さに直面するようになる。誤魔化しが効かなくなって人間の可死性に直面するようになる。そして、可死性は形而上学的思想の中心的な範疇であるから、人は何ほどか形而上学的になる。

アレントの意図に反すると見えるかもしれないが、会社や学校で行なわれることは公共的で政治的な活動でもあると言うことができる。むしろそう言うべきである。多くの人にとって、会社や学校は、公共的な空間であり記憶と歴史の場所であり新来者を迎え入れるべき場である。多くの人にとって、活動や言葉を通して複数の人間の間に現われ出る場は、結社や集会でも学界や業界でもなく会社や学校である。そして、実は家庭もそうである。家庭は専業主婦にとっては公共的で政治的な活動である家事の場である。だから、活動から離れて家にひきこもると、新来者に何ものかを継承することによって誤魔化してきた人生の無益と儚さに、人間の可死性に直面するようになる。政治的思想は捨てられ形而上学的思想がせり出してくる。

難しいのは、労働の位置づけである。ひいては家事と労働の関係である。家にひきこもる人は、個体の生存のための活動からはひきこもっていない。食事を準備し食事を摂り、便所に行って排泄し、居所を幾分かは変えて睡眠を取る。死のうとしているのではなく生きようとしているのではあるから、労働しているのである。ところで、種の生命の保存のための活動、性的活動や生殖活動は典型的なイメージにおいてはどうなっているのであろうか。そこは定かではないが、おそらくは、種の生命の保存のための労働や家事によっても個体の生存の無益と儚さを誤魔化すことはできなくなっているであろう。人は生存に汲々としながらも可死性に直面せざるをえない。汲々とせざるをえないからこそそうならざるをえない。そのとき形而上学的思想も捨てられることになる。

要するに、家へのひきこもりとは、仕事、活動、労働の一部からのひきこもりである。その始まりの契機はさまざまであるが、それは、可死的な人間の人生の無益や儚さを誤魔化すためのものからのひきこもりである。

何にひきこもるのか

家にひきこもる人は、おそらく、さまざまな感情にとらわれている。感情は、自らの活動に伴って経験されることであるというよりは、自らの活動や無為に伴う何ごとかによって受動的に被ることである。だから、アレントにならって、家にひきこもるというそれなりに能動的な活動性から、感情などの受動的経験を区別しておくことにしよう。ここで留意すべきは、そもそも家は受動的経験を強化する場所であるということである。

十分に発達した私生活の親密さは、近代が勃興しそれに付随して公共圏が衰退するまでは知られていなかったが、主観的な情動と私的な感情の規模全体を常に著しく強化し豊かにする。この強化は、常に、世界と人びとのリアリティについての確信を犠牲にして起こることである(3)。

まして家にひきこもると、ますますその傾向を強めるはずである。あるいは逆に、普段の無関心や冷淡さを極度なものにするはずである。そうした心理現象は、ときに「魂の深刻な混乱、躁病者の多幸感や憂鬱症者の鬱状態(4)」に彩られながら「魂の生活」を構成するが、家へのひきこもりとは、この魂の生活へのひきこもりである。ところで、アレントは、魂の生活の場、魂の座を探し求める論脈において、魂は内臓器官に似ているとしている。

魂は、そこでわれわれの情念、われわれの感情と情動が起こるところであるが、この魂は、出来事

(happenings, Ereignisse) の多かれ少なかれ混沌とした寄せ集めである。そして、われわれが出来事を引き起こすのではなく、われわれは出来事を被る (受動スル) のであり、苦痛や快楽がそうであるように、出来事がとても強烈になる場合には、われわれを圧倒することもある。魂の不可視性は、われわれの内臓器官の不可視性に似ている。われわれは、内臓器官の機能や無機能に気づくが、それを制御することはできない(5)。

この類比の基礎は、魂が経験する情動の度合いが、内臓をはじめとする肉体の変様の度合いによって測られることに置かれていると言うことができる。悲しみの度合いは、眼球が湿る度合いや眼頭が熱くなる度合いによって測られる。悲しいから泣くのでも泣くから悲しいのでもなく、悲しみの経験は涙腺組織の変様の経験そのものである。このとき、人生の無益や儚さは、魂が経験する種々の情動と折り重ねられて区別がつかなくなる。例えば、苦しみや悲しみと混同されていく。

こんな状況において、人生の無益や儚さを誤魔化して人生をそれなりに肯定できるようになるためには、家の中で日増しに増強される情動を消し去るに如くはないと思われるようになる。そして、人生の目的は幸福にあると信じられ、幸福になれば人生を肯定できると信じられると、当の幸福を情動の欠如として求め、さらには、当の幸福の代替として情動の欠如そのものを求めるようになる。例えば、幸福の代替として苦痛の欠如が追い求められる。アレントによるなら、そこに薬物の効用がある。薬物は一時的に苦痛を消し去る。その苦痛の欠如が幸福として観念され人生の肯定として観念されるわけである。ところが、薬物の効用は一時的なものでしかない。薬物は常用しなければならなくなる。アレントは、こんな風に書いている。「ドラッグ依存は、普通、ドラッグに習慣性となる属性があるので非難されているが、私には、あるタイプの軽めのやや頻繁なドラッグ依存は、おそらく、その激烈な多幸感に伴う苦痛からの解放を一度快楽として経験したのを繰り返したいという欲望によるものと思われる」[6]。こんな具合であるから、家へのひきこもりにおける魂の器官の経験は、歴史貫通的に何時の時代にも病理化され医療化されると言うこともできる。その限りで、誤魔化しが与えられるからである。

では、家にひきこもる人は何をしているのか。精神の生活を送って思考しているのである。そもそも思考は、現象世界からのひきこもりを要する。「精神の活動性には大きな違いがあるが、現象するがままの世界からひきこもり、自己に折り返すという点ではみな共通である」[7]。では、自己に折り返すとはどこへ折り返すことなのであろうか。家のない人も精神の生活にひきこもることはあるのだから、家にひきこもるという見方では不十分である。「思想に特殊な重みを授ける「どこでも」ということは、空間的に言えば、「どこにもない」ということである。普遍的なもの、見えない本質のなかで動き回っている思考する私は、厳密に言えば、どこにもいない。思考する私には、語の強い意味において、家がない（homeless, heimatlos）」[8]。しかし、この「私」は人でもあるからには、どこかにいる。では、この思考する人は、どこにいることになるのか。その固有の居場所はどこになるのか。もちろん会社や学校ではない。公園や食堂でもない。家や施設でもない。かといって、超感覚的で形而上学的な別世界でもない。思考する人の居場所は、世界の内部にあるが世界の中で現象しない場所、世界の中の物として知覚される場所ではないがそれでも秘かに経験される場所である。その精神の生活が営まれる場、精神の座は、「精神の装置（apparatus, Werkzeuge）」[9]である。魂へのひきこもりとは精神へのひきこもりでもあり、精神へのひきこもりは精神の装置へのひきこもりである。

アレントのいう精神の装置とは、明らかに脳のことである。脳もまた内部器官の一つであり、それ固有の生命機能を働かせるものである。その働きにおいて、脳は、いわば道具や器具として人間のさまざまな活動に寄与するはずのものである。とりわけ知覚運動系を働かせるものである。ところが、精神のひきこもりにおいては、脳は脳の生存の維持だけに配慮するかのようになる。そんな脳の自己保存の内的経験が思考なのである。そして、「われわれの精神の装置は、現在の諸現象からひきこもることはできるが、現象には連動したままである[10]」がために、思考する人のいくつかの異様な外見的な姿形、精神の生活のいくつかの異様な相貌が現象することになる。

思考は「乱れている（out of order）」。それは、生活して生き続けるという事業に必要な他の活動性をすべて止めてしまうからというだけではなく、通常の関係性をすべて転倒してしまうからでもある。すなわち、われわれの感官に近くて直接に現象するものが今や遠くになり、隔たっているものが現実に現前するようになる。私が思考しているときは、私は現実にいるところにはいない。そのとき私は、感覚対象によってではなく、他の誰にも見えないイメージによって取り囲まれている。まるで私はお伽の国へ、見えないものの国土にひきこもったかのようである[11]。

人は、うわの空になる。心、ここにあらずになる。そうして世の秩序を乱すとともに、己の秩序も乱れていく。そして、精神の生活を送る人は思考している。思考しながら生きている。何のためにそんなことをしているのか、何のためにそんな状態を続けているのかと問われると、思考するために思考しており、思考するために生きており、思考しながら生きるために生きていると答えられる。脳が脳の生存の維持へと収斂するように、人生は思考のための思考へと収縮する。

古代ギリシア人も古代ローマ人も中世キリスト教徒も、要するに誰であれよく知っていることである。政治的活動と政治的思想の栄えある時期の一つであった大学闘争の最中にも、日和見としてよく知られていたことである。ところが、思考に逃れて時間が長くなると、今度は人生に直面することになる。あるいは老人はそこによく堪えられるようになっているのかもしれない。あるいは人によってはどうしたことか長きにわたってそれに堪えられるのかもしれない。しかし、多くの人は、それにいつまでも堪えることができない。うわの空で生き続けることには途方もないエネルギーを要するようにさえ思えてくる。ともあれ、思考することも人間の条件の一つであるからには、思考に逃れるそのことの社会的な価値や意味を云々しても仕方がない。そこも誰であれ秘かに弁えていることである。

思考の奴隷労働

思考は何も産み出さない。思考は貧しくて不毛である。思考と思考の間には何の関係も、論理的関係も因果的関係もない。思考は思想でも言葉でもない。この限りで、思考と労働の類似性に注意してみよう。

頭脳（head, Kopf）の活動性とされるだろう思考は、おそらく生命が終わるときにだけ終わっていく点では労働に似ているが、労働よりも「生産性」が低い。労働が永続的な痕跡を一つも残さないとすれば、思考は触知できるものを何も残さない。思考はそれだけでは決して対象へと物質化されない。知的仕事に携わる人が自分の思想を明示したいと望むときには、他の仕事とまさに同じく、両手を使い手技を獲得しなければならない。言いかえると、思考と仕事は、決して同時に起こることのない二つの異なる活動性である。思考する人が自分の思想の「内容」を世界に知らせたいときには、何よりもまず思考することを止めて自分の思想を記憶しなければならない。[12]

思考は、思想として記憶され活動や言葉として表出されることがある。その生産性は著しく低いが、世界内部の物として生産されることがある。ところが、それでもって人生を誤魔化すことはできない。政治的思想も形而上学的思想も、どんな活動も言葉も、可死的な人生の無益と儚さを誤魔化すことはできない。

活動と言葉(speech, Sprechen)の「生産物」は、ともに人間関係と人間事象の網の目を構成する。活動と言葉の「生産物」は、そのままの状態では、他の物が有する触知性を欠くだけでなく、消費のために生産されるものより持続性がなく無益である。その「生産物」のリアリティは、人間の多数性に全く依存している。つまり、それを見聞きし、したがってその証言をできる他人が常に居合わせていることに依存している。それでも、活動することと言葉を話すこと(speaking)は、やはり人間の生命を外部に表示することである。……活動と言葉と思想は、それ自体では何も「生産」せず何ももたらさず、生命そのものと同じように無益である。……活動と言葉と思想がとにかく世界に残るために経なければならぬ物質化は、そのための代償である。その場合、「生ける霊」から生い立ち、束の間は「生ける霊」として実在した何かの代わりに、「死せる文字」がいつでも取って代わる。(13)

ここで誤解してはいけないが、死せる文字より生ける霊の方が価値的に高いというのではない。死せる文字は、生ける霊を誤魔化しきることはできない。大した代償にならないのである。そして、生ける霊はといえば、あくまで無益で儚い。要するに、仕事や活動から思考へ逃れたのであるからには、その思考を仕事や活動に転化しようとしたところで思考から逃れられるはずもない。人間関係、人間事象、その網の目、死せる文字の累積、そんなものから思考へ逃れたのであるからには、人間の複数性や公共性を持ち出したところで思考から逃れられるはずもない。精神的生活と活動的生活の間には深い溝がある。アレントにしても、両者の間を架橋しようなどとはしていない。種々の名目を立てて両者の間を架橋しようとすることにしても、所詮は仕事や活動の一齣でしかないからである。そこで、精神の生活は一時的で間歇的であることに留意して人生の時間を見直してみるために、労働の側から事情を見ることにしよう。

労働の時間は、自然本性的には、天体の円運動に淵源する自然界の循環運動、春夏秋冬の循環、昼夜の循環を基礎とする時間である。労働する人間は、季節のリズムや昼夜のリズムでもって己を律する。労働は「情け容赦のない反復」(14)であるわけだが、そうであるからこそ「労働の活動性に固有の経験」がある。

労働の「恩恵や喜び」は、生きていることのまったき至福を人間が経験するための方式である。われわれは、その至福をすべての生き物と共有する。そしてそれは、人びとが、自然の定められた循環の中に満足して留まり揺れていくことができるための唯一の方式である。昼と夜、生と死が交替しながら続くように、それと同じく無目的で幸福な規則性でもって、人びとは、労苦しては休み、休んでは労苦し、労働しては消費し、消費しては労働する。労苦と困難に対する報酬は、自然の繁殖性に存している。すなわち、「労苦と困難」によって己の分を果たした人にとっては、その未来の子どもとその子孫たちにおいて自然の部分に留まるという静かな確信に、その報酬が存するのである(15)。

労働する人間の生命は不毛で無益である。労働する人間は、どんなに自己の生存の維持に汲々としても、どんなに自然界のリズムに従って己を律しても、いつか必ず死ぬ。循環的時間が積み重なる自然界の時間のうちに、人生はそこにそぐわぬ線分を引いてしまう。そんな人間にとって、どうして繁殖が人生の不毛と無益を誤魔化してくれるかといえば、己の死後にも新たにこの不毛で無益な人生に乗り出す子どもが生まれ育つという認識でもって、己の人生全体が世代交代という種の循環的時間の一期間としておさまるように見えるからである。人間は、自然界のリズムに従うことによって終には己の人生そのものを同じように律することができるとの静かな確信をいだけるのである。ところが、そうは簡単ではない。「農民は安らかに死ぬ」(トルストイ『日記』)わけでもない。ソナタの解剖を事とする人と同じことであって、農民だからといって静かな確信をいだけるわけではない。富を積み上げて労働の労苦から解放されても、そうはいかない。

苦しい消耗と快い回復という定められた循環を離れては、幸福は長続きしない。この循環のバランスを崩すものは何であれ、生きていることから由来する基本的な幸福を滅ぼしてしまう。例えば、消耗の後でも回復ではなく惨めさが続くような貧困と悲惨は、生きていることの幸福を滅ぼしてしまう。あるいは、消耗に倦怠が取って代わり、必然の挽臼、消費と消化の挽臼が無力な人間の身体を情容赦なくすりつぶして死に至らしめるような、そんな巨万の富と努力なき生活も、生きていることの幸福を滅ぼしてしまう。(16)

貧しいときにも豊かなときにも循環は崩れて幸福は長続きしない。循環にぴったりと嵌まるときにも幸福は長続きしない。世代の循環に埋め込まれた可死性に直面することで、かえって倦怠に陥っていく。労働する人間も、思考の「麻痺」(17)に陥っていく。これは、歴史貫通的な人間の条件であると言えるだろう。人間は根本的なところで奴隷たらざるをえない。少なくとも、人生の一時期、人生の一面において、そうならざるをえない。

無世界性の経験に対応する、あるいはむしろ、苦痛のときに起こる世界喪失に厳密に対応する唯一の活動性が労働である。そこでは、人間の身体は、その活動性にもかかわらず、自己自身に投げ返され、自分が生きていることにだけ集中し、自分の機能する循環運動を越えることも、そこから解放されることもなく、自然との新陳代謝に閉じ込められたままである。[18]労働スル動物は、自分の身体の私事の中に閉じ込められ、誰とも共有できず誰にも完全には伝達できないニーズの実現にとらわれている限りは、世界から逃げているのではなく世界から追い出されている。家の中への追放と奴隷状態が、一般に近代以前の全労働者の社会的条件であったという事実は、主として人間の条件そのものの故である。生命は、他のすべての動物種にとってはその存在の本質そのものであるが、人間にとっては、その生来的な「無益への反発」のために重荷となる。この重荷は、いわゆる「より高潔な欲望」のどれ一つにもこれと同じ緊急性がないので、それだけに重たくなり、実際、生命の基本的ニーズとして必然的に強制するものとなる。奴隷状態が労働階級の社会的条件となったのは、それが生命そのものの自然的条件であると感じられたからである。「生命ハ隷属デアル」(セネカ)。[19]

思考する人間は、この労働する人間に似ている。そして、思考する人間は、奴隷に似ている。むしろ、労働の大半が仕事や活動に変貌し、いたるところに公共的な照明が注がれる現代において、人間の奴隷的条件を身をもって経験しているのは、精神にひきこもって思考する人間だけであるとさえ言えるだろう。ところで、精神のひきこもりの病理化と医療化とは、己の代わりに労働してくれる奴隷を所有する唯一の機会を与えることである。それは唯一の疾病利得であるとも言えるのであるが、精神のひきこもりは、それにもかかわらず奴隷労働に似てしまう。この思考の奴隷状態は、病理化と医療化によって可視化されながらも、それとしては不可視のままである。実際、病理化と医療化がどんなに進んだところで、入院期間を除けば、あるいは入院期間においてさえも、それが占める時期は人生のほんの一部でしかない。思考労働に隷属する人生の期間のほとんどは世に現われ出ることはない。定義上そうであるし、歴史貫通的にそうであるし、おそらくは自然本性的にそうである。まさにそこで自由が問い質されることになる。

奴隷社会では、奴隷の生活が「生命は隷属である」という事実を日々証言していたから、必要の「呪い」は依然として生ける現実であったが、この条件はもはや明白なものではなく、それが現象しなくなったために、それに気づいて記憶することはとても難しくなっている。その危険は明らかである。人は、自分が必要＝必然に従属しているのを知らなければ、自由ではありえない。人の自由は、自分を必要＝必然から解放しようとする決して成功できない試みの中でだけ獲得されるからである。そして、この解放への最も強い衝動が「無益への反発」から由来するのは本当であろうが、その「無益」が安直になって努力を要さなくなるにつれて、この衝動も弱まっているようである。[20]

アレントも繰り返し書いているように、人は、子ども時代のいつか、一度は世界に乗り出して活動を始めたからこそ、その後も人生を歩むことができてきたわけだが、これもアレントが繰り返し示唆しているように、その始原の事実はいささかもこれからの人生に目的や意味を与えるものではないし、これからの人生を別の新たな仕方で始めさせる理由や動因になるものでもない。人生の無益への反発から発する自由、すなわち政治的自由や市民的自由にしても、思考の隷属状態からの解放を可能にするものではない。そんな自由は、どう規定されようがここでは無力である。そして、必要＝必然への隷属状態における自由については、誰もそれを知らない。

終わらない思考、始まらない活動

思考には終わりがない。思考には、それを停止させる原理のようなものが含まれてはいない。思考は死でもって終わりになるしかない。思考こそが生命に最も近しい活動である。

思考の活動性は、生命そのものと同じくらい情容赦なく反復的である。そして、思想に意味があるかどうかという問いは、生命の意味の問いと同じく、答えられない謎である。思考の過程は、人間の実存の全体に深く浸透しているので、その始まりと終わりは、人間の生命そのものの始まりと終わりに一致する。(21)

精神の生活は、「観照を最高のものとする伝統」における観想的生活にあたるものだが、「最高」とは世界的＝世間的＝世俗的価値基準では測りえないとの意味であるからには、その「最高」は「最低」でもありうる。精神の生活は、思考である点で「最高」であり、ただの生命である点で「最低」である。しかも精神の生活は、生命への隷属状態である。いずれにせよ、世俗的な価値基準でもって裁断したところで詮無いことである。

冒頭に引用した『人間の条件』の一節に立ち返ろう。労働は種の保存でもって人生を誤魔化している。仕事も活動もそれぞれの仕方で誤魔化している。ところが、思考にはそれがない。思考を活動や言葉に表出することはそんな誤魔化し方の一つではあるが、その「活動と言葉の無益を救う救済手段」であるポリスにしても、「驚くほど急速に衰退する」[22]。ポリスであれ、会社や学校であれ、地域コミュニティであれ、政治集団であれ、仲間集団であれ、「共に活動し、共に語ることから生まれる人びとの組織」である「出現の空間」[23]は、驚くほど急速に衰退する。しかも、人は否応なしに各種の出現の空間から退出させられるし、それらが自分の死後に存続するかどうかも怪しい。人生が儚いどころではない。人生の儚さを誤魔化すためのものこそが儚い。

アレントによるなら、労働する人、仕事する人、活動する人には、それぞれの「苦境」があり、それぞれに「救済」がある。労働する人は世界性・耐久性によって、仕事する人は活動・言葉・意味によって救済される。救済は「それぞれの活動性の外部からやってくる」。ところが、アレントによるなら、活動の苦境の場合、「活動を始める過程の不可逆性と不可予言性に対する救済」は、活動以外の能力からではなく、活動そのものの潜在能力である「許しの能力」と「約束を守る能力」からやってくる[24]。許しは、当初の意図を越え出た過去の活動の結果や効果を裁定可能なものにすることによって、また、約束は、予期を越え出るかもしれぬ未来の活動の結果や効果を統御可能なものにすることによって、人が活動を始めるにあたって抱かざるをえない苦境から人を保護してやる。ところが、思考の隷属状態に滞留して何の活動も始めることができないという現在の苦境に対する救済は論じられていない。自発的な自由が論じられても、自発的な自由が発動しない苦境に対して当の自発的な自由が救済となるかどうかも論じられていない。一見すると、アレントの書き物には、救済にあたりそうな用語を見つけることはできる。「出生」「意志」「反省」「判断力」「勇気」「教育」などである。しかし、アレントは、それらがこの救済の力を持つなどと書くことはない。思考の隷属状態は一時的なものにとどまらざるをえないという経験知を書き付けているだけである。なぜか。そもそも人間には、可死的な人生の無益と儚さから己を救済するような能力はないからである。

自由とは何か新しいことを始める精神的才能（endowment）であるが、この新しいことは起こらないということも同じくありうるということをわれわれは知っている。(25)

精神も思考も不可視のものである。不可視の精神と思考については、形而上学的で超感覚的な思弁を費やすのではなく、世界内部的で身体内部的な器官に即して隠喩的に議論してみなければならない。これがアレントの方法であったが、静と動の比喩を用いるなら、精神の生活は静かな生活である。静かな生活は不動の生活である。そこで、その不動なるものを動かすものは何かと問うことができる。静かな生活を主導する脳は、普段は、他から動かされることなく他を動かすものであり、他から動かされることなく自発的に自らを動かし始めるものである。その脳が脳を動かすことだけに傾注するや、いかにして脳を動かして脳をして他を動かし始めることになるのかと問うことになるが、その答えは得られない。脳以外に不動の動者の座はないからである。静かな生活の場である脳には、静かな生活を動かす原理は内在していない。

思考する人は、「過去と未来の間隙」において、「あたかも、自ら瞬間を引き伸ばし、そうすることによって、ある種の空間的生息地を産出しうるかのようである[26]」。思考する人は、空間的には脳に、時間的には「滞留スル今」にひきこもっている。そこは、「嵐のさなかでの静寂さ[27]」である。嵐が襲って来れば、あるいは嵐が過ぎ去れば、あるいは適度の雨風が吹き込めば、あるいは適度な陽光が差し込めば、要するに空間と時間に変様が起こるなら、静かな生活もいくらかはそのリズムを変えるかもしれない。それもまた人間の条件である。

参考文献

本章で引用するアレントの文献は以下の通りである。

『人間の条件』志水速雄訳（ちくま学芸文庫、一九九四年）
The Human Condition（The University of Chicago Press, 1958/1998）（略号 HC）
Vita activa oder Vom tätigen Leben（Piper, 1967/2002）（略号 VA）
『精神の生活』（上・下）佐藤和夫訳（岩波書店、一九九四年）
The Life of Mind（Harvest, 1978）（略号 LM）
Vom Leben des Geistes（Piper, 1979）（略号 LG）

第Ⅱ部
制度／人生

第一章

生殖技術の善用のために

生殖技術と遺伝子操作技術の現在と未来をめぐって、さまざまな意見が表明され、さまざまな立法措置や規制措置がとられてきた。しかし、こんな時代の流れとは別の観点から、事態が再考される必要がある。私は、新技術をめぐる楽観的な展望などいささかも真に受けていないが、同時に、そのリスクをあげつらい安全性基準だけを押し立てる批判も一面的すぎると受けとめている。むしろ、生殖技術と遺伝子操作技術については、それを将来いかに善用できるか、そのために現在いかなる態度をとるべきかを考えぬくべきである。以下、各種の生殖技術の意義を簡単に述べた上で、遺伝子操作技術をめぐる通念に対して若干の批判を提出しておきたい。

体外受精技術

この技術の意義は、愛と生殖をきっぱりと分離したこと、とくに肉体的愛と生殖をきっぱりと分離したことに求められる。いま、体外受精技術で妊娠・出産にいたった一組の男女を考えてみる。二人は、通常の夫婦とどこが違うだろうか。二人の肉体的関係が生殖と切り離されていること、言いかえれば、二人の肉体的関係が、子どもを生むためにではなく互いの愛を表現するために取り結ばれていること、違いはこれだけである。その上で、この違いそのものについて考え直してみる。

通常の夫婦が避妊を行なえば、肉体的関係は生殖から切り離される。とすると、愛と生殖はすでに避妊技術によって分離されていたのであり、体外受精技術はそのことをあからさまに示しただけであるということになる。それだけではない。通常の夫婦が直接に子どもを生むことを目的として肉体的関係を取り結ぶことは、一生を通しても、ほんの数えるほどしかないはずである。通常の夫婦の通常の性生活そのものにおいて、避妊技術の有無にかかわらず、愛と生殖は分離している。とすると、どういうことになるのか。体外受精技術を介した愛と生殖は、通常の愛と生殖から逸脱したものと見なされているが、その見方は間違えていることになる。体外受精技術は、人類史の長きにわたって通常の男女において起こってきたことを、あからさまに示しただけである。体外受精技術は、愛と生殖に関しては何も変えてはいないのである。にもかかわらず、どうしてことさらに体外受精技術による生殖が異例であるかのように騒がれたのか。

私の見るところ、そんな騒ぎが起きたのは、婚姻と異性愛に関して隠しておきたいことがあるからである。その一つは、婚姻においては、男女間の愛と、子どもを生む欲望ないしは子どもに対する愛が、完全に分離しているということである。「あなたを愛しているから、あなたとの子どもがほしい」「子どもがほしいから、あなたと結婚した」は、理由になっていないということである。もう一つは、生殖から切り離されている点で、男女間の肉体的愛は、男男間の肉体的愛や女女間の肉体的愛と、何の違いもないということである。もはや、通常の夫婦においてさえ、異性愛と同性愛の区別も、性愛なる言い方もまったく無意味になっている。このことを直視するのを避けるために、体外受精技術が異例と見なされてきたのである。

ところで、体外受精技術による生殖は、漠然と不自然な生殖であると見なされている。もちろん技術が介在するという点では不自然であるが、これとは違う見方も可能である。そもそも、どうして動物は生殖するのだろうか。おそらく漠然と、動物は生殖本能をもち、それに突き動かされ、生理的に引きずられるようにして、肉体的関係に入り生殖すると思いこまれている。しかし、動物が交尾するとき、その交尾の結果として子が生まれることを予見しているだろうか。結果として子が生まれることを予見して交尾しているだろうか。とてもそうは考えられない。仮に本能に導かれているとしても、動物が本能によって導かれていくのは、交尾までであって、決して生殖まででではないはずである。とすると、動物が肉体的関係を取り結ぶにいたるのは、生殖を目的としてというよりは、交尾を目的として、すなわち、交尾に伴う情動を目的としてである。いわば快楽だけを求めて肉体的関係に入り、その意図せざる副次的な効果として生殖が起こってしまうのである。しばしば、動物学者は、生殖に結びつくはずのない肉体的関係を動物が取り結ぶというありふれた事実に困惑しているが、動物においてこそ愛と生殖は分離していると考えれば、そこには何の不思議もなくなることも指摘しておきたい。

こう考えると、人間と動物の違いはどうなるだろうか。人間は、動物とは違って、肉体的愛と肉体的欲望が、その結果として生殖を実現することを知ってしまった動物であるということになる。だからこそ、人間は、愛と生殖の関係について、絶えず憂慮し絶えず介入せざるをえない。そして、避妊技術と体外受精技術が愛と生殖を完全に分離するとしたら、それはむしろ、長きにわたった不自然な愛と生殖の関係を、まさに不自然な介入によって、何ほどかは自然に引き戻すことであると考えることもできる。

この議論の正誤は別として、次のことだけは明らかである。体外受精技術の意味をきちんと考えたいなら、異性愛や婚姻をめぐる通念や、人間と動物の異同をめぐる通念を疑うことから始める必要があるということである。そのことを抜きにしては、生殖技術の評価は定まりようがない。

配偶子・受精卵保存解凍技術

この技術の意義は、親子関係を変えたこと、より正確にいうと、別の親子関係、別の家族関係、別の世代関係を切り開いたことに求められる。それはさまざまなオルタナティヴを可能にしたのである。一例をあげておく。

男Aが精子を、女Bが卵子を提供する、技術者Tが体外受精などを実行する。生じた受精卵Eを女Cが着床させ妊娠・出産する。そして男女を問わず大人N人（N≧1）が子どもEを養育する。

このとき生殖はいつどこでどのように進行したのか。誰が生殖を行なったのか。Eは誰の子どもになるのか。誰がEを求めていたのか。簡単に決まることではない。トラブルが起きて当然である。これは、人類が経験したことのない新しい生殖方式だからである。それでも確かなことは、子どもEから見るなら、「親」は、技術者Tを含めて、最低四人いるということである。言いかえるなら、子どもEを養い育てる責務を、技術者Tも含めて、最低四人の大人が負っているということである。したがって、私は、子どもEの立場に立って、既存の人間関係を組み換えるべきだと、思っている。

ところで、上の事例におけるA、B、C、Tの年齢や人数や属性を変更してみるとわかるように、配偶子・受精卵の保存解凍技術は、まったく別の親子関係・家族関係・世代関係を可能にしている。現在、このことはトラブルと見なされ、さまざまな法やガイドラインによって規制がかけられている。もちろんトラブルは起こってきたし、これからも起こるだろうが、私はそれは歓迎すべきことであると思っている。今後、人びとはそんなトラブルのなかで模索しながら、新しい別の人間関係を築いていくはずである。規制ばかりを唱える専門家とは違って、そんな人びとに対して私は深い信を置いていると言っておきたい。

ここでも技術についてきちんと考えるためには、親子関係・家族関係・世代関係をめぐる通念を考え直す必要がある。例えば、この技術は、生みの親と育ての親を明白に分離するからには、通例の親子関係において生む役割と育てる役割が乖離するとしても、いまやそこに不思議はないことになる。むしろ、あらためて、例えば、どうして生んだからには育てなければならないのかを再考することが迫られているのである。児童遺棄や児童虐待についても、この観点から再検討する必要があるだろう。ここでは、すこし関連する小咄を記しておく。

男Aと女Bが愛し合っている。ある日、女Bが、かねてよりファンだった金城武との子どもがほしいと思いつく。かつてなら、そのためには、金城武との肉体的関係が必要だった。つまり不倫や二股が必要だったが、いまでは肉体的愛や肉体的関係抜きで、女Bは金城武との子どもを妊娠・出産することができる。このとき、男Aは女Bに対して、いかなる態度と行動をとるべきだろうか。たぶん、男Aはとにかく反対しようとするだろう。自分にその子どもの養育義務はないと指摘するだろう。この間の生殖技術をめぐる議論を聞き覚えているなら、それは優生社会に繋がる悪しき自己決定であると反対するだろう。

私は、この男Aはどこか欺瞞的であると感じている。というのも、男Aは、女Bが自分とは無関係に生殖を実行すること、女Bが自らのヘゲモニーによって愛と生殖を分離させることに耐えられないだけではないだろうか。そのことを誤魔化すためにだけ、男Aは養育義務解除や優生批判を持ち出しているのではないだろうか。

いずれにせよ、私の見るところ、生殖技術の意義のひとつは、男性から女性に生殖のヘゲモニーが移動したということにある。だから、生殖技術に対する異論の多くは、男の防衛意識の現われであると見たほうがよい。この観点から、近年の施策や議論を再検討する必要があるだろう。

クローン技術

この技術の意義は、生殖において男性を無用にしたことに求められる。男性と女性の差異は、結局のところ、有性生殖との関係で捉えられてきたが、その生殖において男性が無用になったのである。この限りにおいて、性的差異と性的関係は消滅した。とくに男性なるものは消滅したのである。

クローン技術による生殖はこうなっている。女性から取り出した卵細胞、これの細胞核を除去する。この除核卵細胞に、体細胞から抜き出した細胞核を埋め込む。こうして作成された細胞（クローン胚）を、女性に着床させ妊娠・出産にいたる。

容易に気づかれるように、これは、男性が関与しなくとも、女性たちだけで実行可能な生殖方式である。体細胞核を提供するのは、男性である必要がないからである。また、これも容易に気づかれるように、女性一人で実行可能な生殖方式である。女性Aが、自分の卵細胞を取り出し除核する。そこに自分の体細胞から抜き出した細胞核を埋め込む。そのクローン胚を自分の子宮に着床させ妊娠・出産する場合である。言うまでもないが、生まれてくる子どもは必ず女性になる。したがって、女性のすべてがクローン技術で生殖を実行するなら、あと百年もすれば男性は文字通り消滅することになる。

このように、クローン技術は人間の生殖を根底から変える未曾有の技術である。それだけではない。卵細胞や体細胞核は、何も人間のものに限られる必要はない。それが動物由来の卵細胞や体細胞核であっても、ひょっとすると子宮に着床し妊娠・出産にいたりうるかもしれない。その結果、新種や雑種の生物が生まれるかもしれない。体外受精技術、各種細胞保存解凍技術、クローン技術は、人間だけではなく生物一般の生殖を根底から変えうる、言葉の本来の意味において画期的な技術である。

したがって、クローン羊ドリーが誕生したとき、理由はどうあれとにかくクローン技術を規制せねばならぬと大半の人びとが感じたのも無理はない。しかし私はクローン技術に何の違和感もいだいてはいないし、むしろ歓迎している。それについては『生殖の哲学』で論じたので、ここでは次の点だけを指摘しておく。男性があれこれの理由をつけてクローン技術に反対するのは、生殖の場面から男性が除外されるのを拒むためでしかないと見たほうがよい。

遺伝子操作技術

ここまではすべて子どもを生むことに関わる技術である。それらは新たな生殖方式を技術的に切り開いただけではなく、社会的・文化的にも新たな人間関係の可能性を切り開いた。これに対して、遺伝子操作技術は、子どもを生むことを前提とした上で、胚の段階で、子どもの形質を人為的に操作し改造しようとする技術である。これをめぐってもさまざまな議論が提出されている。大筋では、以下のステップで議論が進められている。

①生後の人間個体の体細胞遺伝子治療については、その影響は一代限りにとどまるので、それが病気治療を目的とするのであれば許されるだろう。

②生後の人間個体の生殖細胞系列に対する遺伝子操作については、世代を越えて影響を及ぼしうるから、それは規制ないし禁止されなければならない。

③生殖技術によって作出された各種胚細胞（体細胞と生殖細胞に分化する以前の段階の細胞）について、遺伝子治療・操作・改造が許されるか否かについては、慎重に検討されなければならない。

④仮にそれが許される場合があるとしたら、着床前遺伝子検査によって、いわゆる遺伝性の病気を発現する可能性があるとわかった胚細胞について、将来の発病を予防するために、当の胚細胞の遺伝子を操作し改造する場合であろう。もうひとつ許される場合があるとしたら、人間の誰もが望みうること、人間の誰もが同意しうるようなこと、例えば、老化を遅らせ長生きすること、これを実現するために、胚組胞の遺伝子を操作し改造する場合であろう。すなわち、病気予防と長命化といった目的のためであるなら、胚細胞の遺伝子操作は許されるだろう。

⑤それらが許されるとしたら、着床前遺伝子診断が不可欠な作業になるが、その場合、ある胚細胞が重度の病気や障害を、しかも技術的には治療不可能で予防不可能な病気や障害を発現する可能性があると知られる場合も起こりうるからには、その場合の対応を決めておかなければならない。これについて

は、中絶の正当化事由の範囲を逸脱することにはなるが、実質的には体外受精技術の行使において減数手術は容認されているのだから、重度の病気や障害を発現しうる胚細胞については、これを廃棄しても許されるだろう。

⑥能力増強や形質改変、例えば、筋力増強や皮膚色改変や顔貌改変を目的とした胚細胞の遺伝子操作は、その結果生まれ育った子どもが、当の操作に同意しない可能性などを予想することができるから、規制ないし禁止されなければならない。

私自身は、④に対しては異論をもってはいない。ここで私が強調したいことは、④と⑤は一塊の議論として提出されることが多いが、真剣に④を主張するのであれば、決して⑤を主張することはできないということである。加えて、真剣に④を主張するのであれば、②と⑥を主張することはできないということである。

現在、ハンチントン病の発症を予測可能にする遺伝子が特定されている。ある胚細胞の遺伝子検査をすると、生後大人になって、どの時期に、どの程度の発症にいたるのかを予測できるとされている。ところが、ハンチントン病の治療法も予防法もないとされている。だからということで、このような場合には、胚細胞の廃棄が許されると論じられている。

しかし、何のために私たちは生殖技術や遺伝子操作技術を使用するのだろうか。病気の治療と予防のためであったはずだ。ならば、当然にも、ハンチントン病の予防と治療のためにも技術を活用すべきはずである。では、そのために、現段階ではどうすればよいのか。絶対に確かなことは、胚細胞に遺伝子操作を一回施すだけですべてが解決することなどありえないからには、ハンチントン病の可能性のある胚細胞を廃棄してはいけないということ、その胚細胞を養い育てなければならないということである。しかも、ハンチントン病が成人において発病するからには、胚の発生過程だけではなく、個体の人生にわたって遺伝子発現などを調べ上げる必要がある。これは科学技術的に途方もなく困難なことであり、どう手をつければよいかさえわかってはいないことであるが、現段階でも絶対に確かなことは、将来の分子レベルでの新しい予防法と治療法の開発のためにも、ハンチントン病の可能性のある胚細胞を育て上げなければならないということである。

さらに強調しなければならないが、これはハンチントン病などのいわゆる重度の病気に限らず、遺伝的素因のあるとされる癌や糖尿病についても同じことが成り立つ。また、老化を阻止し長命化を目指すとしても、すこし考えれば気づかれるように、老化・病気・短命のさまざまな要因を見きわめ、分子レベルでの治療法と予防法を開発するためには、とにかくすべての胚細胞を生かさなければならない。

単純化して言っておきたいが、ハンチントン病の秘密が解明されなければ、人間の長命化など望むべくもないのである。必要な変更を加えるなら、同様のことは②と⑥に関しても成り立つ。筋萎縮症の秘密が解明されなければ、また、その治療法と予防法が開発されなければ、体力増強など望むべくもないのである。病人と障害者の肉体に教えを乞い深く学ぶのでなければ、通常のものと見なされる病気の治療と予防など夢のまた夢である。

生殖技術と遺伝子操作技術のポテンシャルを真に開花させて善用するためには、すべての胚細胞をこの世に迎え入れなければならないし、既存の人間関係をそれにふさわしいものに組み換えなければならないし、すべての人間とすべての生物が新たな関係を結び直さなければならないのである。

第二章

性・生殖・次世代育成力

その分離と結合

性は大人と大人の関係であり、生殖は男女二人の大人と来たるべき子どもとの関係であり、育児ないし次世代育成は大人と現存する子どもとの関係である。このように、性と生殖は明確に分離しているし、生殖と次世代育成も明確に分離している。誰かと性的関係を取り結ぶこと、誰かと生殖にあたること、誰かと次世代育成を事とすること、これらは全く別のことであり、概念的には明確に分離している。そして、性と生殖と次世代育成は、現実にも様々な仕方で分離している。不可思議なのは、性・生殖・次世代育成が分離しており殊更に結合する謂われはないのに、多くの場合に結合してきたということである。ここに解明すべき謎がある。

生殖に焦点をあてて事態を捉えてみる。現在までのところ、生殖関連技術によってその可能性は開かれているものの女の単為生殖は実現していないので、生殖には男女の肉体や生殖細胞が関係することが必要不可欠である。しかも、胎盤の機能を他で代替する可能性については理論的に思い描くことさえできないので、女が妊娠・出産することが必要不可欠である。そして、生殖における女の役割に定位して、性・生殖・次世代育成を結合するための簡便な道の一つは、同じ一人の女性が、誰か男を愛し、その男と子どもを生み、その子どもを育てる役割を担うことであるとされてきた。それに対応して、男はそれぞれの局面で何らかの役割を担ってきた。これまで人間は、性・生殖・次世代育成を結合することによって人間社会を維持してきたわけであるが、女が三つの役割を順序良く担うことをあてにしてきたのである。したがって、性・生殖・次世代育成が分離しているにもかかわらず結合していることの謎は、とりわけ女に負荷された力の分析によって解明されるべきことになる。

では、女が、そのライフコースにおいて性・生殖・次世代育成を順番に担うようにしてきたものは何であるのか、その何ものかは、人間社会の誕生以来働いてきた強力なものであるはずだが、それはいかなる力なのか。大筋では、強制的異性愛（compulsory heterosexuality）の力であると答えられてきた。

異性愛の強制性

異性愛の強制性に関しては、その意味を少なくとも二つに区分することができる。現実には入り混じっているにしても、概念的には二つに区分することができる。

リベラルフェミニズムは、男女の政治的・経済的・社会的不平等を解消して男女が対等平等になる男女同権社会・男女共同参画社会を実現することを目標としてきた[1]。そして、リベラルフェミニズムは、異性愛の強制性ついては、男女の政治的不平等を基礎として、男が女に対して性の場面で行使する支配・権力・暴力のことであると解してきた。だから、リベラルフェミニズムは、男女の政治的不平等を解消して男女の対等平等を実現するなら、異性愛の強制性も解消されると見なしてきた。だからこそ、現に自らが異性愛者として性的関係を取り結んで生殖と次世代育成にあたることを肯定してきた。このようなリベラルフェミニズムに対して異を唱えたのが、レズビアニズム（レズビアンフェミニズム）である。アドリエンヌ・リッチとキャサリン・マッキノンを取り上げる。[2]

リッチは、こう論じていた。[3] リベラルフェミニズムは、男女が平等になったならば、あるいは、男女が平等になったとしても、大半の女は異性愛と異性婚を選択すると想定している。支配関係無き理念的状態においても、あるいは、支配関係無き理念的状態においてこそ、女は男を選好すると想定している。これに対して、リッチは、リベラルフェミニズムがそんな想定をしてしまうところにこそ、異性愛の強制性が働いていることを見て取る。さらに、リッチは、「純粋な平等世界」では誰もが異性愛と同性愛を随時・随意に選択してバイセクシュアルになるといった類の想定も退ける。そして、明示してはいないが、男女の性差を消し去るユニセックスという理念や男女の性差を過小視する多種多様なセックスという理念も退けたはずである。リッチからするなら、「純粋な平等世界」も〈虹の世界〉も、女が女として女を選好するレズビアニズムを無みするものであり、レズビアニズムを無みする異性愛の強制性を看過するものである。

そんな考え方は、女たちが性を経験している現実を曇らせて感傷化する。（……）そんな考え方は、女を選択した女は、男が抑圧的であり情動的に役立たずであるからそうしたにすぎないと想定している。そんな想定をしていては、抑圧的な男、そして／あるいは、情動的に満足すべきものではない男との関係を追い求め続ける女がいることを説明し損なう。

女が女を選択するのは、良い男がいないからではない。良い男がいたとしても、女は女を選択する。他方、女が男を選択するのは、悪い男を良い男と見間違えているからではない。悪い男であっても、女は男を選択する。どうして、そんなことになるのかが解明されるべきなのだ。ところが、リベラルフェミニズムは、女が悪い男を選択するのは、女が強制されているか女が騙されているためであるとしか捉えないために、また、女が女を選択するのは悪い男を忌避して良い男の代わりに女を選択しているとしか捉えないために、男全員が良い男になったなら女はますますもって男を選択すると考えてしまう。〈虹の世界〉論者は、リベラルフェミニズムと同じ現状評価に立った上で、女が（悪い女であれ良い女であれ）女を選択することと、女が男を選択することを二つの無差別な選択肢として並置することによって、女が（悪い男であれ良い男であれ）男を選択しないということ、女が（悪い女であれ良い女であれ）女を選択するというそのことの意味と意義を蔑ろにする。この文脈でリッチは性と生殖の結合を問題化していく。

何故、種の存続、妊娠の手段、情動的／エロス的関係は、これほどまでに厳重に一体化してきたのか。そして何故、かくも暴力的な拘束が、女が全面的に情動的にもエロス的にも男に忠誠を誓い服従するために必要とされているのか。

ここで「種の存続」は生物学的バイアスのかかった表現ではあるが、それを次世代育成を通した人間社会の存続と読み替えてもいいだろう。「妊娠の手段」とは男女の性行為のことであり、「情動的／エロス的関係」とは、ここでは異性愛の欲望と快楽のことである。リッチは、異性愛の強制性を「暴力的な拘束」と言い表わしているわけであるが、それは政治的強制性に尽きるものではない。リッチにとって、異性愛の強制性とは、男女の性行為が情動的でエロス的であるというそのことである。そしてまた、異性愛を核として生殖と次世代育成が編成されているというそのことである。リッチにとっては、異性愛と生殖は女の肉体にとって本質的かつ内在的に強制的であって、リベラルフェミニズムはこの点を見過ごす点で不十分なのである。(4)

次に、マッキノンにおいて注目に値するのは、男女の不平等が男女の差異に先行すると見なされていることである。だから、マッキノンにあっては、男女の差異と男女の関係が対等平等になることは原理的にありえないことになる。そして、男女の不平等をして男女の差異に転化し、ひいては男女の性的差異と男女の性的関係に転化する装置が、ポルノグラフィーと名指される。

ポルノグラフィーは、性の不平等をセクシュアリティに転化し、男性支配を性的差異に転化する。別の言い方をするなら、ポルノグラフィーは不平等を性に仕立てて、そのことで性を享受可能なものとし、不平等をジェンダーに仕立て、そのことで不平等を自然なものに見せかける。(5)

では、ポルノグラフィーに先行するところのこの本源的で一次的な男女の不平等とは、いかなる不平等であるのだろうか。マッキノンの議論には様々な論点が混在しているが、そこから政治的不平等をめぐる叙述とポルノグラフィーに負荷された過大な機能を外してしまうなら、マッキノンの言う「力の不平等」とは、「誰が誰に何をするかが許されるか(6)」を決定するコードのことであると解することができる。

すなわち、本源的で一次的な不平等とは、男が女の肉体に対して行なっても当然であり許容可能であると見なされる行為態様を定めるコード、逆に言うなら、女が男の肉体によって行なわれても当然であり許容可能であると見なされる行為態様を定めるコードのことである。要するに、男女間の性行為そのものが、本源的かつ一次的に不平等であると言われているのである。

このことは、マッキノンのレイプ論においても確認することができる[7]。マッキノンによるなら、人工中絶をめぐってプロチョイス派もプロライフ派も共通の想定を隠し持っている。両者はともに、レイプによる妊娠については無条件に中絶を容認するが、その正当化事由については、レイプにおいては女が性行為をするか否かの選択の自由を完全に奪われたからであるとしている。つまり、両者はともに、例外的に暴力的で犯罪的な事例を除けば、対等平等な男女の性行為は可能であるし、レイプや婚姻内性行為における強制性を排することができるなら、女は男との性行為に関して選択の自由を行使していると想定している。両者はともに、対等平等な男女の性行為は非強制的なものになると想定している。しかし、マッキノンはそうは考えない。男と女が自由に選択して行なう性行為そのものが、男の肉体に女の肉体が服することを強制するものに初めからなっているのである、だから、マッキノンからするなら、異性愛の「親密圏」こそが本源的で一次的な不平等と強制の場であり、そこにポルノグラフィー的な装置が介在することによって、他の一切の強制性が派生してくるといった具合なのである。プロチョイス派やプロライフ派が想定するごとく、性的差異と異性愛が本源的かつ一次的に存在していて、それがポルノグラフィー的な装置によって歪められて異性愛の不平等性や強制性が派生してくるというのではない。そうではなくて、性的差異と異性愛そのものに不平等性と強制性が内在しているのであって、そこからポルノグラフィー的な装置が派生し、暴力的で犯罪的な行為態様が派生してくるのである。

このように、リッチやマッキノンにとって、異性愛の強制性とは、フェミニズム一般が問題化する政治的強制性に尽きるものではなく、フェミニズム一般が理念として想定する異性愛そのものに内在する強制性のことである。この点において、フェミニズムとレズビアニズムは全く観点を異にすることが強調されなければならない。レズビアニズムは、フェミニズムの一ヴァージョンなのではない[8]。そして、私の見るところ、性と生殖と次世代育成の関係を分析する上で、フェミニズムよりはレズビアニズムの方に学ぶべきことが多いのだが、そこを考える前に、性と生殖と次世代育成を結合する「伝統的」見解を見ておくことが有益である。

異性愛の罪責性

G・E・M・アンスコムの「避妊と貞節」(一九七二年)を取り上げる[9]。これは、当時の「プレイボーイ哲学」に対抗して、「時代精神を憎悪する教会の真理」を宣揚する講演の記録である。アンスコムは、避妊を承認してしまうなら教会の秘蹟たる婚姻の意義が失われ、教会の伝統的性道徳全般が崩壊してしまうと警鐘を鳴らす。

ご承知のように、仮に避妊しての性行為に内在的に誤ったところが無いのだとすると、また、仮に避妊しての性行為が一般的になって子をもうけることはないということになったとすると、このプレイボーイ哲学の道徳に対する反対論を考えるのは難しくなるでしょう。というのは、姦淫と不貞に反対するための根拠は、子どもをケアする父母に対して子どもを授けることになるような典型的な設定に類したものである場合にだけ性行為は正しいというところに存するからです。仮に子どものことを除外しても正しいことになってしまえば、また、仮にあなた方が性行為を生殖行為のタイプ以外の何かに転じてしまうなら（もちろん私は、すべての性行為が生殖的だと言っているのではありません。すべてのドングリがオークになるわけではないのと同じことです。しかし、性行為は、行為の生殖的タイプなのだと言っているのです）、そのようにあなた方が性行為を変えることができてしまうなら、どうして性行為が婚姻関係に限られるべきであることになるでしょうか。（……）どうして、「婚姻」が両性の二人に限られるべきであることになるでしょうか。[10]

避妊しての性行為を本章では〈生殖擬態行為〉と呼んでおくが、アンスコムがこの生殖擬態行為に拘泥するその姿勢は、実はレズビアニズムと共通していることに注意しておかなければならない。

たしかにアンスコムの言うように、すべてのドングリがオークになるわけではない。そこで問われるべきは、オークにならないドングリは、オークに成長し損なっただけの余計者であるのかということである。同様に、問われるべきは、生殖擬態行為は生殖の単なる失敗例なのかということである。私の見るところ、生殖擬態行為は生殖を目的としてはいないというだけではなく、生殖擬態行為が性行為として成立して初めて生殖が成立する。生殖が生殖擬態行為に先行するのではなく、いかに奇怪に聞こえようとも、ドングリがオークに先行する仕方で生殖擬態行為は生殖に先行する。だからこそ、婚姻男女にしても生殖に必要な回数以上に生殖擬態行為を繰り返すし、婚姻男女においてこそ性は生殖に比して過剰になっている。「生殖行為のタイプ」「行為の生殖的タイプ」がそれとして成立しているのではなく、生殖擬態行為が上位のタイプとなって、そのトークンの一つが生殖行為であるといった具合なのである。アンスコムも、この生殖擬態行為の第一次性を感知している。不毛な生殖擬態行為の第一次性があからさまに現実化してしまうなら、それは欲望と快楽を伴う性行為でもあるからには、婚姻男女の性行為は、婚姻制度の外で男や女が取り結ぶ多種多様な性行為、とりわけ倒錯的な性行為と区別がつかなくなる。アンスコムが生殖擬態行為には「内在的に誤ったところ」があると言うのは、先ずはこの差別的な観点においてである。

仮に避妊しての性行為が許されるなら、ノーマルな挿入が許されないときや推奨されないときに（あるいは、どんな場合であれ、趣味に従って）、相互の自慰行為、不適切な器具への挿入、ソドミー、姦淫を行なうことに対して反対することができるでしょうか。ここで、両者の差異を作り出すものは、刺激が喚起される身体的行動のパターンではありません！　ところが、仮にそうしたことのすべてが正しいのなら、同性愛的性行為において何か間違いを見出すことは不可能になるのです。私は、あなた方が避妊を正しいと考えるならあなた方は他のことを何でも行なうだろうと言っているのではありません。全くそんなことを言いたいのではありません。世間体を重んずる慣行は続くでしょうし、古くからの偏見はなかなか死なないものです。とはいえ、私は、あなた方はああしたことに抗する堅固な反対論を失うだろうと言っているのです。（……）生物学的に言うなら、性行為は、器官がその役割からして生殖的と名付けられるように、まさに生殖的行為です。人間的に言うなら、性的行為の善さと要諦は、婚姻に存するのです。[11]

しかし、アンスコムが求める「堅固な反対論」は、「プレイボーイ哲学」登場以前から予め敗北を宿命付けられていた。当たり前のことであるが、生殖も生殖擬態行為も婚姻男女に限られたことなど歴史的に一度として無かった。アンスコムにしても、そんなことは承知していたはずである。とすると、生殖と生殖擬態行為は婚姻関係内部に限られるべきであると主張して見せる伝統的道徳は、差別的な動機に発しているとしても、同時に何か別の動機をもって主張されてきたと見る方が理に適っている。私の見るところ、アンスコムが何としてでも婚姻男女の性行為を正しいもので善きものであると主張したいのは、婚姻男女の性行為の方が異常で倒錯的ではないかという恐れを抱いているからにほかならない。講演記録では明示的に語られてはいないものの、アンスコムが、異性愛の性行為には「内在的に誤ったところ」があるとする原罪論を意識していなかったはずはない。すなわち、異性愛の性行為そのものに罪責性がある。しかし、神が〈生め、殖やせ、地に満ちよ〉と命じたからには、異性愛の性行為が生殖行為である限りにおいて罪は許される。異性愛の性行為が、生殖に結実する可能性を有する生殖擬態行為であるなら、その罪は辛うじて許されるかもしれない。ところが、避妊を容認する思想が蔓延するや、生殖擬態行為は単なる性行為の一例に還元され、原初の罪責性を露わにする。これが、アンスコムを駆動する動機であったはずである。[12]

こうして、異性愛の罪責性を照射するアンスコムの議論と、異性愛の強制性を照射するレズビアニズムが交錯して共鳴していることが明らかになる。リッチは対等平等な男女間にも働く強制性を感知し、マッキノンは合意する男女間にも働く強制性を感知し、そして、アンスコムは生殖を離れた男女間に宿る罪責性を感知していた。この強制性と罪責性は、フェミニズムが指摘する政治的強制性とは全く異なっている。レズビアニズムは原罪論の現代版なのである。

ラディカルフェミニズムが提出する議論の一つに、女が男に同意する過程に対して外部から秘かに作用する要因を指摘することをもって、その同意過程と同意対象に強制性が宿るとする論法がある。これは行為一般に適用可能な極めて一般的な論法であって特に発見的な価値を持つものではないが、[13]ゲイル・ルービンも異性愛に関しては同様の論法を採用している。

性に関わる法の大半は、同意された行動と強制された行動を区別していない。レイプの法だけにその区別が含まれている。レイプの法は、私の見解では正しくも、異性愛の行動は自由に選択されたり力づくで強制されたりするという想定に基礎を置いている。（……）このことは、他の大半の性規制にはあてはまらない。ソドミー法は、禁じられる行為は〈自然に反する忌まわしい嫌悪すべき犯罪〉であるとの想定に基礎を置いている。参与者の欲望がどうであろうと、犯罪性が行為そのものに内在しているわけである。[14]

前半は凡庸な指摘だが、後半はそうではない。ルービンが指摘するように、性規制の法と道徳は、異性愛以外の性行為に関しては、それが合意に基づくか否かに関わらず、それが対等平等な人格間の行為であっても、当該の性行為そのものに反価値性が宿っていると判定している。これに対して、リッチとマッキノンもアンスコムも、異性愛の生殖擬態行為そのものに反価値性が宿っていると判定しているのである。この観点からするなら、異性愛は、「参与者の欲望がどうであろうと、犯罪性が行為そのものに内在している」「自然に反する忌まわしい嫌悪すべき犯罪」であることになる。マッキノンは、性倒錯を規制する法の論理を、異性愛に転用したと見ることもできるのである。

こうして、フェミニズムのレイプ批判の論法の一つを捉え直すこともできる。それによるなら、女の被害者化可能性、女の肉体がレイプの対象となる可能性が、異性愛の強制性の実質をなしている。このことを男の側から言い直してみるなら、男の加害者化可能性、男が異性愛レイプの行為主体となりうる肉体を受肉しているというそのことが罪責性の実質をなすことになる。そして、この事態は、政治的強制性や暴力的犯罪性とは区別して捉えられる必要がある。問題にされていることは、レイプなどが現実には起こらない理念的状況においても、異性愛には〈被害者無き犯罪性〉が宿っているということだからである。[15] 別の例をとるなら、男も女も、殺害と被殺害を可能とする肉体を受肉している。かかる質料性の肉体を受肉しているというそのことが、殺害と被殺害の可能性の条件となっている。これが殺害の相の下で眺めた肉体の罪責性であり、ある人びとにとっては強制性なのである。もちろん、かかる肉体を受肉していることは、悪しきことだけではなく、様々な善きことの可能性の条件となっている。だからこそ、肉体の罪責性と強制性は、道徳的な善悪を超えた価値評定であると解さなければならないし、自由・平等・友愛・非暴力性・親密性によって贖われることも祓われることもないと解さなければならないのである。そして、その罪責性と強制性は死と死別に関連している。

異性愛は生殖と結合しても強制性を有するなら、また、異性愛は生殖から分離すると罪責性を示すなら、異性愛と生殖をともに離れることが唯一の道になるはずである。モニク・ウィティッグを想起しておく。

性なるカテゴリーは、「自然なるもの」として、（異性愛）社会の基礎にある関係を支配しているカテゴリーである。そして、性なるカテゴリーを通して、人口の半分を占める女は「異性愛化」される（女を作ることは、去勢された男を作ること、奴隷や動物を飼育することに似ている）、異性愛的経済に服従させられる。実際、性なるカテゴリーは異性愛社会の産物であって、異性愛社会は女に対して、「種」の再生産という厳格な責務を、すなわち異性愛社会の再生産という厳格な責務を課すのである。女に課される「種」の強制的再生産は、搾取のシステムである。[16]

レズビアンは、性のカテゴリー（女と男）を超える唯一の概念である。それによって指示される主体（レズビアン）は、女ではないからである。経済的にも政治的にもイデオロギー的にも女ではないからである。（……）私たちは、アメリカの逃亡奴隷が奴隷制から逃げ出して自由になったのと同じように、自らの階級からの逃亡者である。[17]

死別と次世代育成

この逃亡は、異性愛からの逃亡であり、同時に生殖と次世代育成からの逃亡であった。さて、にもかかわらず、レズビアンの中には、生殖と次世代育成にあたる者がいる。異性愛時代に生んだ子どもを引き続き育てるレズビアン・マザーがいるし、様々な制度と技術を利用して次世代育成を事とするレズビアン・マザーがいる。[18] これは三つのことを意味している。第一に、レズビアン自身が、（異）性愛・生殖・次世代育成の結合を断ち切って、異性愛を経ずとも、生殖と次世代育成にあたることのできる道を切り開いてきたということである。このことの歴史的な意義は大きい。第二に、レズビアン自身が、新しい生殖の方式を活用したということである。これは生殖技術の専門家独占を打破する点でも歴史的な意義は大きい。第三に、レズビアン自身が、新たな形で（同）性愛・生殖・次世代育成を結合させたということ、あるいは、生殖擬態行為をスキップして（同）性愛と次世代育成を直結させたということである。ところが、このことは、異性愛の強制性からの逃亡ではあっても、生殖（擬態）と次世代育成の強制性からの逃亡ではない。とするなら、レズビアン・マザーの現存が示唆することは、異性愛であれ同性愛であれ、性的なもの全般を、生殖や次世代育成へ結合する強制性が働いているということではないであろうか。そこを見越したかのように、次世代育成力をめぐる近年の言説は、奇妙に中性的になっていることに留意しておいてよい。原ひろ子はこう書いている。

「次世代育成力」という言葉には、「男性による」とか、「女性による」という対立を超えて、人びとが共に考え、共に尊重しあいながら共に生きていこう、そして死んでいこう、そしてさらに次世代へものごとを引きついでいこうという願いがこめられている。[19]

ここで、「共に」考え尊重しあい生きることには、共同生活だけではなく性的共同性も含まれているだろう。「対立」を超えた共同性には、異性愛だけでなく同性愛も、そして多種多様な性愛も含まれているだろう。少なくとも、そう受け止められるだろう。他方、原は、そんな「共に」の願いは、「そしてさらに」次世代育成の願いに関連し結合するかのように書く。ごく自然に、そう書いてしまえるのは何故か。そこを初期のレズビアニズムは問うていたはずである。逃亡する単独者たらんとするその志を引き継いで、ローラ・パーディはこう書いている。

初期の第二派フェミニズムの存在価値の一つは、婚姻と家族の批判であった。（……）この一〇年から二〇年の間、フェミニズムは別の課題を強調してきた。セクシュアル・ハラスメント、職場での衡平、ポルノグラフィーといった課題である。そうして、婚姻と家族に対する批判はほとんど忘れ去られたようだ。今ではフェミニストも、社会の大勢と変わらず、レズビアンを含む女すべてが、ペアをなして子どもを持つこともあると想定しているようだ。昔の批判は今でも生きているとする者は、いささか古風に見えるだろうし、古びた陳腐な課題にいささか固執し過ぎているように見えるだろう。そうではあるけれども、友人たちが家族と仕事を調整するために苦闘する生活を送るのを見るにつけ、大半の女にとって経済状況は悪化しているのを見るにつけ、現在のフェミニズムは新しくてより成熟した理論に本当になっているのか、それとも、現在のフェミニズムは社会の大勢には脅威となるはずの根本的課題を埋葬しているだけではないのかと訝しくなるのだ。[20]

人間の幸福が、あるいは、女の幸福が、生殖と育児を必要とするかどうかは、興味深い問いであり、フェミニズムが十分に立ててはこなかった問いである。私の信ずるところでは、子どもを持つことは幸福な人生に必須ではないし、現状で子どもを育てることは、満足よりは苦悩を呼び込んで当然であると考えるべき十分な理由がある。(21)

この「古びた陳腐な課題」は解消したのであろうか。その課題は、性愛について、婚姻と家族について「純粋な平等世界」や〈虹の世界〉を宣揚することによって、また、次世代育成の別の社会的制度の存在を宣揚することによって解決できるものなのであろうか。そもそも、「共に」の願いに寄生するような次世代育成の願いにこそ、何らかの強制性と罪責性が内在しているのではないだろうか。「共に」を殊更に宣揚することの無い単独者にしても、言うまでもなく共に生きているし共に生かされているわけであるが、その人生は孤絶の様相を帯びざるをえないのも確かであって、そうではあっても、あるいは、そうであるからこそ、単独者の人生は自足しうるし、その意味で満足しうるし幸福でありうる。おそらく、孤独に死ぬことさえも、自足のあり方の一つである。いわゆる独身者や単身者たち、いわゆる孤独死を迎えるであろう見捨てられた者たち、いまや友愛・情愛・親愛と同等とされた性愛から除外され排除されているように見える孤立した者たち、そんな単独者たちに、「ものごと」を引き継ぐべく生殖と次世代育成にあたる個人的な理由が果たしてあるだろうか。そんな単独者たちに向かって、次世代育成の社会的分担を求めることは何を意味するだろうか。

見過ごしてならないことは、親密な「ペア」はそれとして自足し難いということである。あるいは、そう見なされているということである。「ペア」には生き別れと死に別れがあるからである。「ペア」は、単独者以上に過剰に死と死別を怖れている。原ひろ子は、「共に」生きるとは書いても「共に」死ぬとは書いていない。原は、「共に」死なないからこそ、「共に」生きる願いが次世代を育成する願いに結合するかのように書いてしまう。「共に」生きることが不可避的に招き寄せる死別、そこを埋め合わせるのは次世代しかないという思い、これこそが、性・生殖・次世代育成を結合する強制性なのではないか。〈一人では生きてはいけない〉とする強制性、〈次世代へ「ものごと」を引き継がなければ死んではいけない〉とする強制性、いかなる共生の形態であれ「ペア」をなして次世代育成へと進むライフコースを必修（compulsory）とするような強制性が働いているのではないか。それはまるで、死と死別という罰が待ち受けている不毛な性行為や生殖擬態行為の罪を、生殖擬態と次世代育成によって贖って祓っているかのようである。そして、強調しておきたいことは、そんな強制性と罪責性に依拠して初めて、異性愛・婚姻・家族の政治的強制性が機能してきたし現に機能しているのではないかということである。

中性的に語られる一つの真理、すなわち〈人間は必ず死ぬから人間は人間を生む、あるいは、人間は人間を生むようになっているからこそ人間は必ず死ぬようになっている〉と語られる真理は、人間社会を存続させてきた力を言い当てているように見えるわけだが、現実には、女のライフコースに負荷された力を介して人間社会を存続させてきた力を中性的に言って見せているだけのものである。この点に無批判な言説は「古びた陳腐な課題」を隠蔽しているのだが、そうではあるが、性・生殖・次世代育成を結合する力の強制性は、女と男の性的肉体性に宿るだけではなく、死を宿命とする人間である限りの男女の肉体性に根ざしてもいる。だからこそ、その力は不可思議なほどに強力であり、その強制性は「純粋な平等世界」においても〈虹の世界〉においても祓われることはないのである。これが罪責性であるとするなら、それは男女に性化する限りでの人間の運命であると言えよう。

性・生殖・次世代育成の分離と結合に関しては、少なくとも思想的には、フェミニズムとレズビアニズムはその歴史的使命を終えたと言ってよい。それらは、異性愛の特権性を否定し新生殖方式を活用することによって、性一般と次世代育成をダイレクトに結合する道を開いた。そこにも依然として強制性と罪責性が宿っているのだが、そこを感知し経験し思想化して、新たな次世代育成の仕方を思考して実践する能力と資格を有するのは単独者たちだけである。性・生殖・次世代育成の新たな分離と結合の仕方を探求する課題、自足した人生と次世代育成を結合する課題は、そんな単独者たちに引き継がれるのである。

第三章

社会構築主義における批判と臨床

健康と病気は言説にすぎない？

健康と病気の社会構築主義は、引用符付きの「健康」と「病気」だけでなく、引用符抜きの健康と病気も、社会的に構築されたものに還元する。場合によっては、引用符抜きで、健康と病気は言説にすぎないと言い放つ。健康と病気が言説にすぎないとしたら、生老病死は随分とシンプルになるだろう。しかし、幸か不幸か、「健康と病気は言説にすぎない」といった類の言説もまた、社会的に構築されたものにすぎない。となると、社会構築主義の元気な断定はひどく虚しいものに見えてこないだろうか。

社会構築主義は、健康なるものや病気なるものがリアルな事象として先在して、それを正しく写し取る言説やモデルがあるわけではないとする。次いで、社会構築主義は、言説やモデルの真偽問題に関心は払わないと断りを入れて、真理性を自称する言説やモデルが社会的に構築される次第にだけ関心を払うと宣言する。そして、いつのまにか健康と病気は生命現象であることをやめて社会現象に仕立て上げられる。こうして、健康と病気に関する現状の言説やモデルに全面的に真なるものがあるとはとても考えられないから、健康と病気は言説にすぎないと断言しても間違いにはならないことになる、しかし、どうなのであろうか。社会構築主義は、言説やモデルに先立って、あるいは、言説やモデルと無関係に、健康なるものや病気なるものがリアルに実在するか否かについて判断を下すものではないと解してやるとしても、健康と病気のリアリティはどうなってしまうのかという疑念は決して払拭されない。

以下、健康と病気に主題を絞って、社会構築主義の功罪を検討していきたい、その際には、健康と病気が生起する次元、すなわち、生老病死が生起する次元を、それとして見定めておく必要がある。私は、言語性や社会性との関連はさておき、そうした次元がリアルな事象として、「主観的に」と一応言っておくが、経験されることを前提としておく。予め注意したいが、私はその次元が社会的に構築されていないと主張したいのではない。そうではなくて、その次元は、社会構築主義が指摘する意味で社会的に構築されているのではないと主張したいのである。まず、議論の補助線として、生権力論と生政治論を導入しておく。

生権力と生政治

フーコーの『性の歴史I』とウィルソンの社会生物学以降、生権力と生政治という用語はさまざまな使われ方をしてきた。そのために、用語法においても、分析方法においても、生権力論と生政治論は混乱した状態になっており、現状では、特定の見解を標準と見なすことは不可能である。そこで、生権力と生政治に関して本章での基本線を定めておく。

フーコーは『性の歴史I』第5章で生権力に次のような規定を与えている。「生命を経営・管理する権力」「生命を経営・管理し、増大させ、増殖させ、生命に対して厳密な管理統制と全体的な調整を及ぼす権力」「生きさせるか死の中へ廃棄する権力」とである。その後で、フーコーは、「生に対するこの権力」

には二つの生政治の極があるとする。一つが個別的な「規律」「身体の解剖政治」であり、もう一つが集団的な「調整する管理」「人口の生政治」である。したがって、それが叙述の順序か、論理的な順序か歴史的な順序かは別として、まず生権力があり、次に生政治が来るという構図を取り出すことができる。予め生権力が作動し、これが二つの極に政治化されるという構図である。

私の見るところ、フーコーの生権力論の着想の源は、飼育者としての人間が家畜に対して行使する権力にある。飼育者は家畜の生命を経営・管理し、増大・増殖させ、管理統制・全体的調整を及ぼす。飼育者は家畜を生きさせるか死の中へ廃棄する。高病原性鳥インフルエンザ感染の怖れがあるということで、何の議論も何の躊躇もなく、一切の政治化や倫理化の配慮もなされずに、大量の鶏が処分されたことを想起しておきたい。この生権力は、法的な権利でも政治的な作用でもない[1]。生権力は、法的な外皮や政治的な外皮を一切纏わずに行使される剥き出しの力である。これについて二点ほど注意しておきたい。

第一に、飼育者の生権力は、権利＝法の彼方、政治の彼方、その限りで、善悪の彼岸において行使される。もちろん人間は、その剥き出しの生権力に、神話・宗教・文化・倫理などのさまざまな外皮を被せてきた。要するに社会的に構築してきた。そのために、外皮に頼ることなくしては、生権力を行使することは実質的に不可能になっている。しかし、こう考えておきたい、着衣を着せるためには裸体で予め生存していなければならないのと同様に、社会的に構築する生活が始まって維持されるためには、その基礎として生権力が予め作動していなければならない。両者の順序と関係は錯綜しているが、確かなことは、着衣が裸体に先行するとは考え難いのと同じように、社会的に構築される生政治が生権力に先

行するとは考え難いということである、

第二に、ここが本章においては重要になるが、生権力が作動するためには生命の力が必要である。当然のことだが、野生動物に家畜化に適応する諸能力がなければ、家畜化など成功しようがない。また、家畜化されても、家畜が生きているのでなければ、生権力は作動しようがない。さらに付け加えるなら、病気になる能力、老化する能力、死ぬ力があるのでなければ、生権力は作動しようがない。飼育者の生権力は、動物の生命の力を当てにし、それを活用し開発・搾取することで作動する。[2]

アガンベンの議論からも、生権力と生政治を区別する構図を取り出しておくことにする。

「剥き出しの生を政治の圏域に含みこむということが主権権力の――隠されているとはいえ――そもその中核をなしている」(Agamben 1995=2003: 14)。「剥き出しの生を生産するということは、主権にははじめから備わっている能力である。」(Agamben 1995=2003: 120)。「二〇世紀の生政治のもっとも特徴的な性格……もはや、死なせるでも生かすでもなく、生き残らせるというのが、それである。生でも死でもなく、調節可能で潜在的には無限な生き残りの生産が、現代の生権力の主要な性能である。それは人間において、有機的な生を動物的な生から、非‐人間を人間から、回教徒を証人から、蘇生の技術によって機能を維持された植物的な生を意識的な生から、限界に達するまで分割することである。その限界は、地政学の最前線のように本質的には可動的であり、科学の技術と政治の技術の進歩にしたがって移動する。生権力の最大の関心は、人間の身体のうちに、生物学的な生を生きている存在と言葉を話す存在、生命と生活、非‐人間と人間の絶対的分離を生産することである。つまりは、生き残ることを生産することである」(Agamben 1998=2001: 209)。

生権力は、ビオスとゾーエーの境界線を生産する。この意味で、生権力は、境界線の彼方で生き残るゾーエーを生産する。[3] アガンベンによると、このゾーエーは、法の外の例外状態に置かれる、殺すことは許されるが、その死には何の意味も与えられない、死んだも同然の生である。このゾーエーを生産し排除し包摂する生権力は、政治一般の隠された基礎である。

戦時体制は、一定の集団から市民権を剥奪し、人ではない人間、たんなる生物としての人間を生産する。それらビオスから切り離されたゾーエーを排除して包摂するのが各種収容施設である。注意したいのは、ゾーエーの生産は、人体実験の資源を確保するためでもなければ、優生政策を推進するためでもないということである。そうであれば、ゾーエーの生産は、初めから政治化されていることになるし、生権力にはある種の政治的な合理性や合目的性が内在していることになるが、そういうことではない。あるいは、収容所での出来事の理解不可能性や表象不可能性を堅持すべきであるとするなら、そのように捉えるべきではない、生権力がゾーエーを生産することによって、それを基礎として初めて、あれこれの政治目的が付与されるといった具合なのである。例えば、生権力は予め「人権の彼方」で行使される権力であり、生権力が行使されたその後で人権の政治が始まる。また、「生きるに値しない生」とはビオスに値しないゾーエーということであるが、この規定は、予めビオスとゾーエーの境界線が生産され、ゾーエーがゾーエーとして生産され排除され包囲されていることを前提としている。同様に、「〈生きるに値しない生〉は生きるに値する」といった反論も、生権力の生産を前提としている。ここから引き出されるべきことは、だからその類の反論も生権力に加担しているということであるというより、生権力を政治化する相互に抗争する複数の方式があるということである。

以上のように、生権力と生政治を区別することによって、生権力を基礎として、それをどのように政治化するかについての争いがあると考えることができる。すなわち、生権力をどのように社会的に構築するべきかという問いを立てることができる。ゾーエーからある一つのビオスを立ち上げること、「ゾーエーにほかならないビオス」「剥き出しの生の内に全面的に移された生の形式」を構成するという課題が立てられることになる（Agamben 1995=2003: 255）。

とすると、何よりも問われるべきは、生権力と生命力がダイレクトに関係する特異な場所を、どこに見出すかということである。次いで問われるべきは、そのような特異な場所をどのように政治化するかということである。私の見るところ、人間が人間に対して生権力を行使する最も明白な場面は、病人の肉体に対する場面である。このことは個人の経験においては歴然としていると思われるので触れておきたい。

私が癌を告知されたとする。癌であると述語付けられるのは、あくまで私のこの肉体であって、私の主体や人格ではない。癌になるのは、肉体であって、主体や人格ではない。だからこそ、癌と告知されるや、私は自分の人となりの一切が無効になったと感じざるをえないし、権利や義務の主体として為しうることや為すべきことは何も無くなったと感じざるをえない。病気になることはビオスからゾーエーへの脱落である。もちろん、このことは病人役割として社会的に構築されているし、ゾーエーも実は既にビオス化されている。それでもなお、私が癌を告知されるや、私は社会的衣服を剥ぎ取られ剥き出しにされて放り出されたと感じざるをえない。そのとき、当て所なく放り出されるというよりは、生権力が作動する何処かに放り出されることになる。そのことを社会構築主義などの近代的思想は暗々裏に怯えているように見えるが、私には必ずしも悪いこととは思えない。いずれにせよ、病人がビオスから脱落するゾーエーであると認めるとして、問われるべきは、どのようにゾーエーを社会的に構築するべきなのかということである。(4)

健康と病気の社会構築主義の達成について

健康と病気の社会構築主義の検討に移る。以下、disease と illness の周知の区別を使わないで進める。私の見るところ、生物医学モデルが社会的に構築されているという指摘は間違いではないが、その指摘だけでは、人間の生老病死の本質を取り逃がすことになる。健康と病気の経験は本質的に直接的で純粋な経験であると私は考えているし考えざるをえない。健康と病気の経験をめぐる観念が社会的に構築されていることは疑いないにしても、私が問い返してみたいのは、どうして人間の生老病死の本質に直面するのを避けるためであるかのように人びとは生老病死の観念を社会的に構築してしまうのかということ、どうして社会構築性の指摘だけでは批判にも臨床にも届きはしないはずなのに社会構築主義はそのように装いたくなってしまうのかということである。ただし本章では、もう少し社会学に引き寄せて、グレコとともに問いを立てておきたい。

「批判の価値にコミットすることは、診断のオルタナティヴや臨床のオルタナティヴを目指すことと両立可能なのであろうか。社会学者にとって、また、臨床的諸学にとって両者のどちらかの役割を選ばなければならないのだろうか。「批判」を生産することと「健康」を生産することの関係を認識する複数のやり方があるのだろうか」(Greco 1998: 4)。

問いを個人関係に転じて言いかえるなら、医者を批判することで病人は健康になれるか、医者の批判と病人の治癒の関係はどうなっているのかということである。

些か侘しい議論になるが、健康と病気の社会構築主義の達成に関して簡単に検討する。社会構築主義は、それなりに見事に、症状の学的な位置価が時代的に変化してきたこと、病気の概念に隠喩や価値判断が紛れ込んでいること、症候群の名称が意図的に構築されてきたことなどを解明してきた。順次検討してみる。

①たしかに症状の学的な説明方式は時代的に変化する。しかし、そのことは症状そのものの歴史性や社会構築性を示すわけではない。私たちは「胃が痛む」と語る。社会構築主義が指摘してきたように、「胃」なる用語を駆使するこの語りは歴史的社会的に構築されているし、それは「胃」をめぐる主体化と隷属化を誘導する。そこで器官中心的な語りを捨てて「鳩尾が痛む」と語るにしても、「鳩尾」なる用語に関しても同じことが指摘されるだろう。そこで身体準拠的な語りを捨てて「痛む」とだけ語るにしても、社会構築主義を徹底させるなら、再び同じことが指摘されるだろう。とすると、「痛む」という言葉なくしては、「痛む」の社会構築性なくしては、私たちは痛むのを経験することは不可能であることになる。「痛む」なくして痛むことはないことになる、ここまで来ると、哲学的には一考に価する話になるが、講壇社会科学としては矩を越えた話になると言わざるをえない。

そもそも社会構築主義はその解明を通して何を目指しているのか。たぶん「胃の痛み」を批判することによって胃の痛みを臨床したいのである。たしかに「胃の痛み」は脱構築されて解消するが、鳩尾の痛みは残る、「鳩尾の痛み」が脱構築されて解消しても、それでも痛みは残る。そこで社会構築主義は、「痛み」の批判的脱構築を介して痛みの解消を目指すかというと、そうはしない、痛いものは痛いからだ。

どこに問題があるのか。第一に、症状の経験と社会性の絡まり合いには幾つかの水準があること、社会構築性の度合に差異があることを無視するところである。とりわけ、痛む経験と「痛む」なる言葉の絡み合いは、歴史貫通的で通文化的という意味において人間に本質的な条件であろうが、その重みを無視するところである、要するに、社会構築主義が批判せんとする社会構築性の深度は浅いのに、その批判は深い深度に及ぶかのように見せかけている。あるいは、そんな誤読を期待しているのである。第二に、病気の生物医学モデル以外の可能性を考えようとしないところである。もしかしたら、真のモデルが別にあるかもしれないし、やはり「胃が痛む」と語るべきではないかもしれないのだ。そもそも病気とは症状の主観的な経験以外のことではあるまい。その症状を操作可能にするために、生物医学は病因を構成する、しかしそれは病気の経験を構築することではなく、病気の経験の操作的で因果的な説明を構成することである。要するに、症状の学的説明方式の構築性を指摘したところで、症状そのものの構築性を指摘することにはならない。

②たしかに病気概念には社会的なものが介在しており、病気概念による記述は決して中立的で一義的なものにはならない。これは癌という病名ないし概念がさまざまな文脈で何を意味するかを考えても自明である。このことは癌についての生理学的な記述や分子生物学的な記述についてもあてはまることである。癌遺伝子なるものが次々と釣り上げられているが、それらは、癌細胞という異例な細胞の研究によって見出される遺伝子であるにしても、通常の細胞の活動に必須の遺伝子であり、「癌」遺伝子と呼称すること自体が不当である。ここでも、いわば異常が正常を暴いているわけだが、異常によって暴か

れるところの正常なるものの一部を、異常の素因と称すること自体に、さまざまな隠喩や価値判断が紛れ込んでいる。

しかし、その上で、問われるべきは、病気の客観的な記述はいかにして可能になるかということではないだろうか。病気の経験が症状の主観的な経験以外のものでないとして、そのことを生物医学の知見も繰り込みながら、客観的に記述するような言説やモデルを作り出すことが大切なのではないだろうか。

そこで、社会性が零度の病気の状態、剥き出しの自然過程としての病気の経緯を想定してみる。いわば野生動物が辿るであろう死にいたる病の自然史である。問題は、そのさまざまな調子に彩られた生老病死の過程を、どのように言い表わすかということである。とりわけ、病気という肉体の変容過程を、いかなる出来事として記述して個別化し同定するかということである。この問題は、社会構築主義対本質主義論争の出来事版であるが、少し別の角度から考えてみる。パーキンソンによる「自然史」記述の一部を取り上げる。

「次に経験した症例は路上で偶然遭遇したものである。ずっと市長事務所の使用人として過ごしていた六二歳の男性で、約八～一〇年前からこの病に罹っている。上下肢とも相当にふるえており、言葉もとぎれとぎれであり、身体全体が前こごみで小刻みに揺れている。歩くときはほとんど足の前側の方だけで歩き、杖がなければすぐ転ぶ。病気はいつとはなしに始まったが、その原因は不規則な生活、特にひどい飲酒癖の結果だと患者は確信していた。彼は遠方の教区の貧民収容所の住人であり、病気が治らないことをかたく信じている様子で、医学的な治療をすべて拒んだ。」（豊倉 2004: 92）

引用文は何ごとかを記述している、しかしそれはどこか恣意的で相対的な記述に見える。病気の正体を言い当てているとはとても思えない。どうしてだろうか。病因論や分類論が時代的に制約されているからだろうか。あるいは、不治を確信する貧者を肯定していないからだろうか。あるいは、その特異な歩き方は症状ではなく症状に抵抗するスタイルであることを記載していないからだろうか。しかし、その叙述が適切に変更されたとしても、また、この症例が引用文作者の名に因んでパーキンソン病と命名され、脳神経生理学的に発症機序が記載されても、原因遺伝子なるものが特定されても、それなりに生物医学モデルが仕上げられても、こうした疑問は決して消えないだろう。どうしてだろうか。それが社会的に構築されているからではない。そうではなくて、症例報告なるものが、路上の六二歳の男性の主観的な経験、不調・失調・苦痛の経験を記述していないからである。だからこそ、いかに精細な記述がなされようが、いかに科学的記述がなされようが、病人自身はそれが病気に届いていないと懐疑し批判し否定する権利を有するのである。とすれば、病人の立場からするなら、言説とモデルの社会構築性の批判など何ものでもない。病人の立場からするなら、病気の主観的な真理を客観的に表現する言説とモデルが必要だからである。病気とは何であるかという、まさに本質主義的な問いを手放すべきではないのだ。

③たしかに症候群の名称は、とりわけ精神的心理的症候群に関しては、捏造と評してよい構築がなされてきた。その例は枚挙に暇がない。しかし、それを指摘するだけでは決定的に足りないと私は考えている。この点は後述するが、症候群名には真理の欠片があると考えてみることが大切である。批判されるべきは、症候群名が構築されていることではなく、症候群名とそれをめぐる実践が、その真理の欠片を取り逃がしていることである。実際、どう呼ばれようが、精神的心理的な失調や肉体的な不調は真に

経験されている。ところが、それが症候群として括られ臨床されたところで、失調や不調が癒されることなど殆どない。ここが批判されるべきなのだ。

社会モデルから心身モデルへの移行

にもかかわらず、社会構築主義は、生物医学モデル一般に代えて、社会モデルを採用する。健康と病気は社会的な現象であるというのである。健康と病気の社会学に関するリーディングを編んだネトルトンとギュスタフソンは、その序文で書いている。

「健康と病気の社会学が、社会学的パースペクティヴの射程を活用するのは、健康と病気が経験される仕方の意味（sense）を理解し、かつ、健康と病気と疾病に対する社会の反応を批判的に吟味するためである。社会の反応とは、ヘルス・ケアのシステムが組織される仕方、健康と病気が計測され評価される方式、非公式なヘルス・ケアが実行される仕方、医療「専門家」や一般人が疾病概念の意味を理解し定義する様々な方式のことである。もちろん社会学的な試みが常にそうであるように、健康と医療の社会学にも論争上の対立がある。しかし、この研究分野に共通の前提は、健康と病気と疾病が、生物物理的な概念であるというよりは、むしろ根本的に社会的な概念であるということである」（Nettleton and Gustafson 2002: 1-2）。ここには錯誤があるとしか言いようがない。

①健康と病気の経験の意味理解を、健康と病気をめぐる社会的反応の理解によって制約することの狙いは何であろうか。そう指摘されると否認するであろうが、このことによって、健康と病気の経験の意味は社会学的なものに還元されてしまう。

②病気が「根本的に」社会的な概念であるとされるなら、臨床の問題が社会的批判の問題に還元されてしまう。そう指摘されるとこれも否認するであろうが、病気の経験の社会構築性を批判することが、病気の臨床に繋がるかのように装っている。すなわち、「健康、疾病、病気は、生物物理的変化に関連するだけではなく、より広い社会的経済的コンテキストによって形成される」。「例えば、疾病のパターンは、ほとんど常に、社会における力と資源の配分に対応する」。貧民は病人というわけだ。だから「健康、疾病、病気を理解するためには、われわれは権力関係と社会的不平等について明晰な知識を持たなければならない」(Nettleton and Gustafson 2002:3)。しかし、だからといって、権力関係と社会的不平等を変革したとして、あるいは、変革に主体的に参画したからといって、精神的・心理的な病気においてさえも、臨床的な効果を期待できるわけではないし、実際、社会構築主義はそこまで徹底してはいない。そこで導き出される実践的な主張は、「人格全体が配慮されケアされるべきである」ということだけである。

③病気が生物物理的な概念ではないと言い放たれるが、そのことについて殆ど何も考えられてはいない。ネトルトンとギュスタフソンに言わせると、生物医学モデルは心身二元論と身体機械論を採用するので、病気の社会的な要因と心理的な要因を無視する。[5] これに対して、健康と病気の社会構築主義は、心身相互作用論に傾斜していく。心身の実在的な分離を密かに前提とした上で、両者の間に全体的な因果的相互関係や相互影響関係を想定する。すなわち、社会的で心理的なものが身体に影響を及ぼし、身体的なものが社会的で心理的なものに影響を及ぼすと想定するのである。

このように、社会構築主義は、生物医学モデルの批判から社会モデルへと転回し、さらに心身モデルへと転回を遂げる。

では、社会構築主義の心身モデルは、いかなる身体を想定するのか。あるいは、いかなる身体を構築したいのか。それは、機械的な身体や生物的な身体ではないし、社会的に構築されたものに還元される身体でもない。とにかく、社会構築主義は、社会的で心理的なものが、例えば「社会的経済的コンテキスト」「社会における力と資源の配分」「全人格に対するホーリスティックな配慮やケア」が影響を及ぼして臨床的な効果を発揮するような、そのような身体を夢見るのである。あえて探せば、そんな身体は実在すると言えるかもしれない。そこそこ元気で、そこそこ健康な身体である。しかしそれは病気を経験する肉体ではないのだ。

ターナーはこう書いている。「究極的に社会学は、医学的に問いを定式化することによってではなく、社会学的に問いを定式化することによって、患者の診療問題と患者のニーズに役立つことができる」。そして、ターナーは、病気の原因としては社会的な要因と心理的な要因が決定的(crucial)とさえ書くのだ(Turner 1995: 2)。そのようであったなら、どんなによいことであろうか、社会学的批判が臨床的効果を発揮するなら、どんなに研究者は幸いなことであろうか。しかし、幸か不幸か、そうはなっていない。では、どうしてそうなってはいないのか。言うも愚かなことだが、人間の健康と病気、人間の生老病死は、社会的なものに還元される事象ではないからだ。

グレコはこう分析していた。「逆説的なことに、心身モデルによって健康問題に関連する個人的経験の範囲が新たに広がれば広がるほど、『健康への権利』の担い手である個人に対する医療体制の責務と権威を制限するという目的のためにということで、生物医学の知識がますます不可欠になっていく。診療業務においては、生物医学モデルと心身モデルが見えない仕方で補完し合っている」(Greco 1993: 368)。

病気の焦点が慢性疾患や生活習慣病にあてられ、ゲノム解析の進行とともに病気の素質といった概念が前景化してきた。注意すべきは、これら特段の症状のない病気のリスク要因に、身体的な素因だけではなく、社会的な要因と心理的な要因もあげられてきたことである。こうして、病気はまさに社会的に構築され、ゲノム医学モデルと心身モデルは、心身相互作用論に見合う仕方で手を携えながら身体と社会と心理に介入し、生命と生活への介入を積極的に引き受ける主体を創造してきたのである（Novas and Rose 2000）。この生政治を、家父長制との対照で、家母長制政治（matriarchal politics）と呼ぶことができるし（Fekete 1996）、体質や気質に照準を定める傾性の政治（politics of predisposition）と呼ぶこともできるが（Nelkin 1996）、健康と病気の社会構築主義はその一翼を担っているのである。[6]

別の生政治

回顧してみるなら、社会構築主義は、新しい社会運動の息吹を理論化したものであると言ってもよいだろう。例えば、障害者運動は、障害の医療モデルを批判し、障害の社会モデルの意義を明らかにしてきた。生物医学的に確定される限りでの障害なるものが、障害者に対する政治的社会的差別の擬似根拠として援用されることを批判し、障害の社会構築性を解明することを通して社会の現状を批判することは、間違いなく解放的な効果を生み出してきた。ここでは批判と解放が深く結びついていた。ところで障害は病気ではない。したがって、障害者運動の知見をそのまま健康と病気に適用することは的外れである。にもかかわらず、健康と病気の社会構築主義は密かに病気を障害のごとくに捉えてきた、言いかえるなら、障害を病気のごとく捉えてきたのである。そして社会モデルや心身モデルに、いかに病気からの解放を実現するのかという臨床問題を解く力能があるかのごとく装って、近年の生政治に回収されたのである。

批判と臨床の出発点は、あくまで病人の経験に置かれなければならない。生物医学モデルが批判されるべきである。とするなら、それが社会的に構築されているからではなく、病人の経験そのものを逸し臨床効果を発揮していないからである。それでも私は、生物医学モデルや傾性モデルには真理の欠片は含まれていると考えている。そして、その真理の欠片による主体化、別の生政治化、例えばＨＩＶ治療アクティヴィズムなどの運動を肯定することができると考えている[7]。ところが、厄介なのは、それら病人の運動の達成が簒奪されてきたことである。

近年、治験の被験者をさまざまなメディアを介して募集するようになってきた。例えば、全般性不安障害なる症候群の治験に参加する人間を募集する広告が配布されている。不安障害があると自認する人や自認しかねない人を集めて診断を下し、診断基準を満たしたならば治験参加を依頼するというものである。これは、全般性不安障害者のポピュレーションを構築し、新薬物の主体的な治験者として規律・訓練し、さらに、薬物医療サービスの良き消費者として規律・訓練するものであり、徹頭徹尾、資本の論理に貫かれた生政治の一例ではある。しかし、同時に、全般性不安障害者として括られる人間たちが、生権力と生命力が関連する場所から、症候群名の真理の欠片を基礎にし、別の仕方で被験者＝主体になることで、新たな連帯を構築する好機が開かれたとも言える。それは、薬物の開発と生産、薬物の効果と利益を自らに奪取する好機でもある。この新たな生政治は、手始めにフーコーとともにこう言うだろう。

「仮に、私たちが、生まれながらにしてあなたがたが言うとおりの者であるとしよう。それを病と呼ぼうが倒錯と呼ぼうが何でもかまわない。私たちがそういう者であると言うなら、そうであることにしよう。そして、あなた方が私たちのことを知りたいと言うのなら、私たち自身があなた方よりもよく、それについて語ってあげよう。」(Foucault 1977[1994]: 260: 349-50)

これが現在の生政治の争いである。いわば上からの生政治と下からの生政治のせめぎ合いである。今後ゲノム解析の進展とともに、聞いたこともみたこともない症候群が構築され、多種多様な心理的な素因と肉体的な素因が釣り上げられ、多種多様なポピュレーションが構築されていくことになる[8]。さらに、生権力は分子的なレベルで肉体を把捉する。不可視のレベルを、さまざまな科学検査技術などで把捉する。生権力は、分子レベルで生命力と関係するのである。今後問われるのは、このレベルでの真理の欠片をどう把握し、いかなる主体化を実現するかである。簡単な例を記しておく。ゲノム解析の成果として、人間の遺伝子とサルの遺伝子は九〇％以上が同じであると語られている。この言明自体が何を意味し、いかなる真理を示しているのかについて、まともな言説は一つも構成されていない。遺伝子の大半が同じという言明をめぐって、人びとはあれこれ思いつきで喋っているだけである。しかもそのことに人びとは自覚的でもある。同様の状況は、生理学、栄養学、公衆衛生学など、いたるところで見出すことができる。この状況においては、社会構築主義性は余りに自明であり、それを指摘したところで批判にすらならない。今後大切なのは、分子レベルの真理の欠片から、別の社会構築、別の生政治を展望してみることである。

結局のところ、社会構築主義とは懐疑論的な相対主義の一例であるが、少なくとも健康と病気に関しては、懐疑論的な相対主義は、ある種の独断論によって突破されるべきだと私は考えている。

「多くの詐欺師が自分は妙薬を持っていると語ると、人びとはかれらを信頼し、しばしば生命をかれらの手に委ねるまでになるのは何故かを考えて分かったのだが、その真の原因は、真の薬があるからなのである。実際、本物がなかったなら、これほど多くの贋物はありえなかっただろうし、人がこれほど大きな信頼を贋物に寄せることもありえなかっただろう。……これほど多くの偽りの奇蹟があるからには、真の奇蹟は一つもないという結論を下さずに、反対に、これほど多くの偽りの奇蹟があるからこそ、確かに真の奇蹟はあると言わなければならない。」(パスカル『パンセ』ラフュマ版734)

生物医学モデルの政治的文脈や社会構築性など分かりきったことである。それを指摘したところで批判にも臨床にもなりはしない。病人は生権力の下で「真の奇蹟」を求めるからだ。とすれば、「詐欺師」に対する批判を行なうにしても。「真の奇蹟」を探求しながら批判を繰り出さなければならないだろう。(9)

参考文献

Agamben, G., 1998, *Quel che resta di Auschwitz*, Torino: Bollati Boringhieri (=上村忠男・廣石正和訳『アウシュヴィッツの残りもの』月曜社、二〇〇一年)
——, 1995, *Homo Sacer: Il potere sovrano e la nuda vita*, Turin: Einaudi (=高桑和巳訳『ホモ・サケル』以文社、二〇〇三年)
Epstein, S., 1996, *Impure Science*, Berkeley; University of California Press.

Feller, E., and A. Heiler, 1994, *Biopolitics*, Hants: Avebuty.

Fekete, J., 1996, "Blopolitics, Postmodernism, and Culture Policy," Heller, A. and S. P. Riekmann eds., *Biopolitics*, Aldershot: Ashgate, 83-94.

Foucault, M., 1976, *Histoire de la sexutalité* I, Paris; Gallimard（＝渡辺守章訳『性の歴史Ⅰ』新潮社、一九八六年）

——, [1977]1994, ≪Non au sexe roi≫, *Dits et écrits*, t.3, Paris: Gallimard, 256-69（＝慎改康之訳「性の王権に抗して」『ミシェル・フーコー思考集成Ⅵ』筑摩書房、二〇〇〇年、3433-63）

Gannet, L., 2003, "Making Populations: Bounding Genes in Space and in Time," *Philosophy of Sience*, 70: 989-1001.

Greco, M., 1993, "Psychosomatic Subjects and the 'Duty to Be Well'," *Economy and Society*, 22 (3): 357-72.

——, 1999, *Illness as a Work of Thought: A Foucaultian Perspective on Psycosomatics*, London: Routledge.

堀忠雄・齋藤勇編『脳生理心理学重要研究集１』誠信書房、一九九二年

小泉義之『兵士デカルト——戦いから祈りへ』勁草書房、一九九五年

——「ドゥルーズにおける意味と表現③」『批評空間』３（１）、二〇〇一年：139-49

Nelkin, D., 1996, "The Politics of predisposition," Heller, A., and S. P. Riekmann eds., *Biopolitics*, Hants: Avebury

Nettleton, S., and U. Gustafson, 2002, *The Sociology of Health and Ilness Reader*, Cambridge: Polity.

Rosengarten, M., 2004, "Consumer Activism in the Pharmacology of HIV," *Body & Socirty*, 10 (1): 91-107

豊倉康夫編『ジェイムズ・パーキンソンの人と業績』診断と治療社、二〇〇四年

Turner, B. S., 1995, *Medical Power and Social Knowledge*, 2nd ed., London: Sage.

宇城輝人「人口とその徴候」坂上孝編『変容するダーウィニズム』京都大学学術出版会、二〇〇三年

第四章

病苦のエコノミーへ向けて

医療経済言説の起源

医療経済をめぐる言説はひどく断片的である。断片的であるのに、分不相応な権威をほしいままにしている。世間に流通する医療経済言説は、何処からともなく理由も定かでないまま流れ着く「前提無き結論」(スピノザ)のようなものであるが、そうであるからこそ、種々の人物と媒体を通して日常語法にまで浸透する。いまや、「医療費総額」「高額医療費」といった言葉を聞くだけで、人々は特定の意見と反応を返すように習慣付けられている。「「出来事」の空間は、価格の空間より遙かに大きい[1]」にもかかわらず、医療問題に対する立場を問わず、人々は特定の空間に閉じ込められて思考し行動している。これはやはり気味の悪い状況である。しかも、その特定の空間で繰り広げられる思考と行動のせいで、誰かが苦しんで死んでいくのだとすれば、この状況は何としてでも批判されるべきである。

いまのところ、私は、医療経済言説に対して二つの研究アプローチをとってみようと考えている。一つは、医療経済言説の起源となっているはずの経済諸理論を確定するというアプローチである。これは基本的に学史的課題になるが、私の力量不足は別としても、それほど簡単な作業ではない。例えば、教科書的な医療経済言説の一つに、〈外部性とモラルハザードといった市場の失敗については、政府の各種政策でそこを補完することによって市場の所期の目標を達成することができる〉とする経済言説を、そのまま医療経済に適用する言説がある。これは〈民間・民俗経済学〉の一項目にもなっている言説であるが、困ったことに、教科書執筆者も「前提無き結論」として書き継いでいるフシがあって、起源となる経済理論を確定するのは簡単ではない。加えて、起源たる経済理論にしても「前提無き結論」の複合ではないかとの疑念が萌さないでもないが、言説を辿るだけでは「言説の秩序」（フーコー）を取り出せないはずなので、私としては、医療経済言説の起源となる理論は存在するとする立場をとることにしたい。もう一つのアプローチは、医療経済言説の起源となる経済理論について、その基礎理論を吟味することである。これは倫理的批判の形をとることにもなる。これも簡単な作業ではない。そもそも経済理論の基礎部分を確定できるか否かが怪しいからである。実際、基礎理論と称されている部分は序論的な機能しか果たしていないことが多く、そこを批判したところで、経済理論本体には何も響かない具合になっている。とはいえ、医療経済言説は、基礎理論からも断片を釣り上げて構成されているので、このアプローチを欠くわけにはいかない。要するに、医療経済言説の起源をなす経済理論と基礎理論を確定しながらその批判を進めようというのである。

以下、手探りで手始めに試してみる。基礎理論として功利主義を、経済理論として厚生経済学を取り上げてみる。予め本章での結論を述べておくなら、私は、功利主義と厚生経済学には肯定されるべき面があると主張したい。その肯定面に照らして医療経済言説を批判することが課題となるが、これは別稿にゆずる。

「負の功利主義」

功利主義の原則は、「最大多数の最大幸福」あるいは「関係者の最大幸福」とまとめられている。そして、功利主義は、幸福と不幸を同等に扱うものとみなされている。したがって、功利主義からするなら、個人の水準においても、集団の水準においても、幸福の総量を増やすことと不幸の総量を減らすことは同等の重みをもつということになる。私は、ここには正しい洞察が含まれていると思っている。近世の情念論（デカルト）においては、快（幸福）を求めることと苦（不幸）を避けることは二つの作用に振り分けられずに、同じ一つの作用である欲求に帰せられていた。同じ一つの欲求の作用が、状況に応じて、快を求める働きとして現われたり苦を避ける働きとして現われたりするとされていた。この欲求論の要諦は、受動的な働きと見られがちな苦の忌避の根底においても能動的な作用が働いているとするところにある。近世の情念論においては、苦の忌避は、一つの力能の現われなのであって、その限りにおいては弱さの現われであるというよりは強さの現われなのである。ここから、同じ一つの力能の発動によって、同時に幸福を増すとともに不幸を減らすことができるという展望が開かれてくる。この洞察を功利主義が理論化することに成功しているとするなら、何らかの同じ一つの力能の発動によって個人的にも集団的にも同時に幸福を増すとともに不幸を減らすという展望が示唆されているはずである。簡単に言ってしまうなら、例えば、誰かの不幸を減らすことが他の誰かの幸福を増やすような力能・制度を開発すればよいのである。ただし、この力能・制度そのものの価値を幸福・不幸によって功利主義的に測ることは難儀になるわけだが、功利主義から学びとるべきものがあるとすれば、何よりもまずこの類の展望であろう。

では、功利主義が幸福と不幸を同等に扱うとするなら、功利主義の原則は不幸に関してどのように書き換えられるであろうか。「関係者の最大幸福」は「関係者の最小不幸」と書き換えられるだろう[2]。では、「最大多数の最大幸福」は、「最大多数の最小不幸」と書き換えられるだろうか、あるいは「最小少数の最小不幸」と書き換えられるだろうか、あるいは「最小少数の最大不幸」と書き換えられるだろうか。決めようがないだろう。そもそも「最大多数の最大幸福」が曖昧な規定になっているからであるが、おそらく理由はそれだけではない。「最大多数の最大幸福」が幸福の分配方式についての言明であるとするなら、同じ分配方式に従って不幸を分配するということが何ほどかいかがわしく感じられるからである。幸福と不幸を同等に扱い難いという直観があるからである[3]。そこで、功利主義の立場に立ちながらも、幸福と不幸の非同等性を指摘するのが「負の功利主義」(negative utilitarianism)である。この「負の功利主義」は、通例の〈正の功利主義〉が幸福と同等に扱おうとしながらも不可避的に取りこぼしてしまうところの不幸の重みを、再び功利主義に繰り入れようとする試みである。ウォーカーの議論を取り上げてみる[4]。

ウォーカーは、通例の功利主義について、こう論じている(以下、功利主義においては通例のごとく、快苦の諸様態を区別しないで進める。「苦」は苦痛・苦悩・陰気・憂鬱・不満・不幸などを含み、「快」は快楽・愉快・陽気・歓喜・満足・幸福などを含むものとする)。大多数の功利主義者には共通の想定がある。すなわち、「道徳において快と苦の間には対称性(symmetry)がある」とする想定、「道徳的観点からするなら、苦から救い出すことや苦を引き起こすのを避けることの大事さと、快を産み出すことや快を増やすことの大事さは同程度である」とする想定である。「古典的功利主義」は快と苦を対称的に取り扱うので、例えば、こんな風に考えることになる。苦痛を和らげることと快楽を産み出すことの間の選択に関しては道徳的に無差別になるし、どちらの選択肢も同程度に全体の幸福に貢献することになるだろう、とである。すなわち、同程度ないし同量の苦の除去と快の産出は道徳的に無差別であり等価である、とである。

しかし、ウォーカーによるなら、通例の功利主義の想定に反して、快と苦の間には非対称性（asymmetries）がある。[5] 実際、「苦痛の除去は、快楽の増加よりも、優先するし緊急性がある」と多くの人々は堅く確信しているはずである。「苦悩している者を助けることの道徳的緊急性の方が、苦悩していない者がより幸せになるのを助けるという道徳的要請よりも強力であるとする言明には、何か直接的に訴えるところがある」[6]。例えば、甲の未来の快を産み出すことと乙の未来の苦を予防することを比較するなら、後者の方に優先性があるだろう。たしかに、苦の除去のために快の削減を要するときには事態は複雑になるし、甲の快を削りとってでも乙の苦を和らげるべきであると無条件に言うことはできないかもしれないが、そうではあっても、乙の苦を和らげるために甲が自分の快を削るように説得されて納得するとしたなら、それが最善の状態であると認められるはずである。同様に、「責務の切迫性」にも非対称性を認めることができる。道徳的には、それを為し得る位置にいるのなら、苦痛を引き起こすのを避けるべきであり苦痛を和らげるべきであると言うことはできるが、その機会があるのなら他人の快を産み出すべきであると主張することは難しいであろう。他の事情が等しければ、苦痛を引き起こすのを避けることや苦痛を減らすことに失敗することは、快を産み出すことに失敗することよりも、強く非難されるはずである。さらに、ウォーカーは、「道徳規則の例外」を設ける際や「道徳的説得」にあたる際には、快の顧慮と苦の顧慮は同等の機能を果たさないことも指摘している。要するに、快の道徳的理由としての重みと苦の道徳的理由としての重みは同等ではない場合がある。この快と苦の非対称性を考慮するなら、

「古典的功利主義」は修正される必要がある。一般的に言うなら、「道徳的考察のスケールにおいては、同量の快と苦は相互に平衡するわけではない」とする原則が加えられる必要がある。

ところが、「古典的功利主義」の諸原則を枉げずとも、快と苦の非対称性を、現在と未来の非対称性や現実性と可能性の非対称性へと、また、それらを考量した上での快の帰結と苦の帰結の非対称性へと還元することができなくはないので、「古典的功利主義」を「負の功利主義」で補完する必要はないとする反論がありうるだろう。この論点について、ウォーカーは若干の考察を加えているが、そこはともかく、快と苦の非対称性を消去すべくどう議論を組み立てようが、「苦痛の除去に賦与されている大きな緊急性」のことを決して説明することはできないとする確信ないし直観を手放していない。

ここまでは、快と苦の非対称性についての直観を功利主義内部に繰り入れようとするときに引き起こされる論争点である。本章では、その帰趨を追うことはしない。本章で問題にしたいのは、功利主義者に対して当初の直観を説得するためにとられがちな論法である。ウォーカーは、こんな説得を試みている。われわれは、ミニマム・スタンダード以下に陥った人の状態については、もはや功利主義的語り方を採らずに、ニードや剥奪といった語彙で語り出すではないか、と。そのとき、われわれは、快苦の計量を留保してでも、緊急にミニマム・スタンダードを満たすべき責務があると感ずるではないか、と。そして、功利主義的語り方を採るのは、あくまでその人がミニマム・スタンダードを満たして後のことではないか、と。

私もまた、快楽の増加に比して苦痛の除去の方に道徳的緊急性があるという直観、何はさておき他に優先して苦痛を除去しなければならないし除去してやらなければならないという直観をもっている。個人の水準においても集団の水準においても快楽と苦痛の比較考量が行なわれるやこの直観通りには行かなくなるにしても、直観を維持しなければならないとする価値判断をもっている。ところが、ウォーカーは、ミニマム・スタンダード以下の状態に陥った人間に対しては、快苦の功利主義的比較計量を停止して無条件に苦痛の除去にあたるべきであるとする。実践的には誠実に見えるが、理論的には不誠実である。そもそも、このミニマムはどこからやって来たのか。このミニマムは何ら功利主義的に規定されていないのである。これは、どうしたことなのか。[7] マキシマムなる極大値には徹底してこだわる功利主義が、どうしてミニマムなる極小値に関しては押し黙ってしまうのか。どうして、快苦の強度や量とは無縁のミニマムなる規準は、功利主義を停止させる力をもっているのか。どうして、功利主義の領分と直観の領分を分割することで、「負の功利主義」の当初の志をかき消してしまうのか。

ウォーカーは、功利主義と直観の平和共存を期待するのかもしれないが、決してそうはいかない。功利主義に接ぎ木された直観の領分が、再び功利主義に繰り込まれるからである。例えば、スマートがそれを行なっている。[8]

スマートは、「負の功利主義」から功利主義的にこんな帰結を引き出してみせる。ミニマム・スタンダード以下の人間においては、現実には苦痛ばかりがあって快楽は少しも無く、将来も苦痛の見通しばかりで快楽を望みようがないとせよ。あるいは、そんな状態をミニマム・スタンダード以下の人間の状態として想像せよ。この場合、苦痛の除去に緊急性があればあるほど、当の苦痛の除去が人為的に可能であるか否かにかかわらず、苦痛の減少だけを原則とするなら、「苦痛なき殺害」によって一気に課題は果たされるはずである。快苦の功利主義の約束事として、生存価値や存在価値を勘案しないことになっているからには、この類の結論が避け難くなるはずである。とするなら、「一般に、生を早期に終わらせること（cutting-off）が問題になるや、負の功利主義は怪しげになるだろう」。「負の功利主義」は「保守的政治的原則」としては有益な点があるにしても、それを首尾一貫させるなら「奇妙で邪悪な道徳判断」をもたらしてしまう。「負の功利主義を真摯に採る者は、神の愛する善人だけが若死にをするという格言の新たな意義を見出すことになろう」(9)。

スマートのそれ自体が邪悪な議論が示していることは、功利主義に接ぎ木された直観の領分をも「負の功利主義」に繰り入れてやると、その直観に反する「奇妙で邪悪な道徳判断」が引き出されうるということである。そして周知のように、その種の道徳判断は、いまや直観にも似た説得性を伴って広まってきた。この事態に対して、快苦の非対称性を理論化する「負の功利主義」を構想することによって応対できるかどうかについて私は見通しをもっていないので、ここでは、この事態においてこそ功利主義の〈無理〉の徴候を見出すべきではないかと問題提起をしておきたい。病苦に絞って考えてみる。

病人は病苦が無くなることを欲求する。では、病人が病苦の除去をもって欲求するところの目的・帰結は何であろうか。病苦が無くなること、病苦の零度に到ることである。では、病苦の零度とはいかなる状態であろうか。功利主義の快苦の二分法からするなら、病苦の零度はいかに表現されるのであろうか。日常的言説では、病苦の零度は、健康状態と表現され、well-being なる言葉からの連想で、良い状態、幸福な状態、喜ばしい状態、快楽を感じている状態と言い換えられる。そうして、病苦の零度は、快の正値にすり替えられて功利主義に繰り入れられる。そして、病苦を減らしていったなら、何か曖昧な仕方で零度がスキップされて快の正値に到ると見なされて、功利主義の〈道理〉には格段の〈無理〉は生じないと見なされる。たしかに、病苦が無くなるなら人間は「よく、うまく」やっていけるし生きていける。しかし、その「よく、うまく」で指標される善さは、決して功利主義の快苦の二分法の間尺に合うような幸福・健康・快楽のことではない。そうではなくて、言うとするなら、まさしく生存の善さ、存在の善さのことである。アリストテレス的意味においてなら快楽とも幸福とも言いうるであろうが、功利主義的な二分法からするなら無差別状態（アディアフォラ）である。これを功利主義的な快苦の二分法で計量するのは〈無理〉なはずである。しかし、そのことだけでもって功利主義を否定することは正しくない。問われるべきは、〈無理〉を〈道理〉に繰り入れるその仕方である。

病人が求めているのは、「健康」一般であるというよりは、病気になる前の状態の「恢復」である。ただし病人が求めているのは、自分が赤子であった時の状態などではなく、比較的短期の病状に陥るその前の状態である。恢復が回復であることを求めているのである。では、病気になる前の状態とは、いかなる状態であったか。現実には、それは引き続いて病気になりうる状態であった。とすると、病人が求めていることは、以前の状態から再び同様の発病過程と恢復過程を辿ることであろうか。そんなことはあるまい。では、病気から恢復した後の状態とは、いかなる状態であろうか。現実には、それも引き続いて病気になりうる状態であるし、いずれは死に傾いていく状態である。この意味において、医療技術の発展や医療的見解から離れても、一般に病気の完治や根治は困難であり不可能である。とするなら、病人が求めていることは、新たな状態から別の新たな発病過程へ向かうことであろうか。そんなことはあるまい。いずれにしても、病人が病苦を無くすことによって目指している状態のことを無規定な「健康」でもって括るのは精確ではないのである。

では、病苦を無くすことの目的・帰結に相当する状態のことを、どのように捉えるのがよいであろうか。この文脈においてこそ、私は〈完成主義〉(perfectionism) を採用するのがよいと考えている。病苦の無い状態、病苦の零度の状態は、発病や発症の可能性を潜在させている状態であるので、私は、病人が求める病苦の零度の状態とは、病気の準安定性の状態であると規定しておきたい。それは病気の安定性の状態ではなく（病気の状態は質的に変化するから）、健康の安定性の状態でもなく（健康状態は決して安定的に持続しないから）、喩えて言うなら、一時的な凪の状態、暫時的なプラトー状態である。功利主義的に言うなら、道徳的にさほどの重みをもたない量と強度の快と苦がノイズとなって彩るような状態である。その上で、私は、準安定性の状態は、病人に固有の諸能力を開花させ完成させた状態であると捉えておきたい。そして、医療の目的は、病人に固有の諸能力の発露を人為的に殺いでしまうことなく、病人の状態を急速に劣化させることなく、準安定性状態を実現して維持することであると捉えておきたい。実際にも、そうなっているはずである。医療者にしても、治療不可能と宣告した状態の病人を診ている場合でも、急激な悪化だけは嫌うものである。準安定性の状態という病人に固有の個体的ノルムに照らして、急変することを阻止しようとするものである。医療で目指されていることは、理念的にも実践的にも、健康の回復ではなく病状の準安定性なのであり、末期の延命一般や末期の短命化ではなく、末期の状態の諸能力を開花させ完成させて維持するような末期の準安定性なのである。医療経済言説に惑わされて、医療が己の為していることを見失ってはならない[10]。

ミニマム・スタンダードの論点に戻ろう。準安定性状態を功利主義的快苦で計量するのは〈無理〉である。これは、無差別状態の価値、生存の価値、存在の価値を功利主義的に計量するのが〈無理〉であるのと同じことである。その限りで、準安定性状態は、功利主義においては、快の零度、苦の零度として扱われながらも、道徳理論外部の〈無〉として扱われるはずである。実際、誰もが快の零度を避け、誰もが苦の零度を望むとするなら、その零度は選好順序の形式化などにおいてミニマムな定数として現われるが故に、理論的にも道徳理論的にも単なる遊び駒として振り落とされることになる。ここまでは、理論一般にあることであって、別段、不思議なことでも論難されるべきことでもない。ところで、ミニマム・スタンダード以下の状態にあっても、功利主義が目指すべきは病苦の減少以外にないはずである。たとえ病苦の減少が現実には不可能であるとしても、たとえこの病苦の減少が他の快の減少や他の苦の増加を伴うとしても、原則的にそのことに変わりはないはずである。[11] ところが、「邪悪な道徳判断」は何をするかといえば、理論が振り落としたはずの〈無〉を再び繰り入れて、零度は負数より大きいが故に零度を目指すべきであるとするのではなく、零度は微小な快をノイズとして含むだけであるし、零度は所詮は零であるから無にしても構わないと結論するのである。ここに見られる零度の出し入れこそが「邪悪」なのである。言いかえてみる。功利主義にとって準安定性状態を計量することは〈無理〉であった。功利主義にとって準安定性状態は理論的には〈無〉であった。ところが、快と苦の強度の順序からするなら、その〈無〉は減少と増加の極限値としての零度として現われるし、ミニマムやマキシマムとして現われざるをえない。ここまでならさしたる問題はないのだが、功利主義の外部からミニマム・スタンダードなる概念が輸入されるや事態は混濁する。今度はミニマム（スタンダード）が価値の零度の指標となり、功利主義的に何であるかは定まらないがそれを逸するならすべてが無価値になってしまうようなそんな規準として使用され、功利主義も「負の功利主義」も停止されてしまうのである。こう結論してもよいだろう。功利主義そのものに問題があるというよりは、功利主義が自己を一貫しないことに問題があるのだ、と。そして、功利主義が自己を一貫せずに容易く「邪悪な道徳判断」に屈してしまうのは、病人の欲求の有り様を精確に考えようとしていないからである、と。功利主義は、反病人的であるという以前に、そもそも病人のことを精緻に考えてはいないのである。

この点で、私は、病人の完成主義的利己主義から功利主義への移行は可能であると言っておきたい。発想は簡単である。準安定性状態の量化が理念的には可能であると考えておきさえすればよいのである。そして、「最大多数の最大幸福」の別表現として、「最大多数病人の最大準安定状態」を採りさえすればよいのである。もちろん、利己主義から功利主義への移行に関する論点のすべてが持ち出されうるが、それはいつでも起こりうることであるという意味において大したことではない。[12] それよりも肝心なことは、功利主義の原則を何と心得るかということである。そもそも功利主義がその原則を通して立てている問題とは、各人の欲求を満たすことと集団の厚生を上げることをいかにして接続して両立させるかということである。いかにして〈世のため人のため〉になるかということである。しかし、この問題は、通例の功利主義においても、準安定性状態の功利主義においても絶対に完全に解かれることはない。必ずどこかに〈無理〉があるからだ。それでも銘記すべきは、功利主義の意義は、その解けない問題を理念として堅持するところにある。〈無理〉を承知で〈道理〉を一貫させるところにある。そして、〈無理〉を起源とする問題＝理念を〈道理〉が堅持する限り、おそらく〈無理〉に対する「邪悪」の程度は低くはなるだろう。[13] 以下、功利主義における〈無理〉と〈道理〉の関係を、厚生経済学においても確かめておく。

医療経済を創始したと称されてきたアローの古典的論文「医療における不確実性と厚生経済学」を検討してみる。[14] 医療経済言説においては、この論文の主旨は次のようにまとめられている。すなわち、〈一般の商品とは異なり医療の財とサービスには情報の非対称性など「市場の失敗」を引き起こす特殊な性質があるために、価格メカニズムが調整機能を発揮せず、効率的な資源配分が不可能になり、医療供給者が過剰な供給によって需要を誘発することにもなるので、政府による政策的な規制と介入が不可欠となる〉とである。そして、この言説の下で、「市場原理」の導入の是非が論じられもする。しかし、私の見るところ、この類の医療経済言説は、アローの論文の主旨の解釈として誤ってはいないものの、その理路をかなり平板化している。そのために、医療経済の特異性が見失われることにもなっている。この観点から、アロー論文を読み直してみる。アローは次のように書いている。

本論文では、医療産業の明白な諸特徴（characteristics）と厚生経済学の諸規準（norms）との比較を基礎として、医療に特殊な経済的諸問題は、疾病の発生と治療の効果における不確実性の存在に対する適応であるとして説明可能であると主張される。

先ず確認しておくべきことは、アローは、「医療市場」ないし「医療産業」ないし「医療経済」が現実に成立していると認めることから始めているということである。これは些細なことに見えるかもしれないが重要なことである。アローは、医療が現に巨大な市場・産業・経済になっていると認めた上で、事後的・経験的に「説明」を与えようとするのではなく、あくまで理論的に厚生経済学の諸規準たる競争均衡理論との「比較」でもって「説明」を与えようとするのである。現実的な事象と理念的な理論モデルの関係にまつわる諸論点からして当然予想されるように、こうした説明の方式は、それほど目立たないにせよ、アロー論文に多くの錯綜を生み出している。本章では、そのすべてを吟味することはせず、その錯綜そのものの内から肯定されるべき理路を取り出すことを試みる。

初めに、アローは、厚生経済学が描き出すところの理念的な競争市場が理論的に成立するための諸条件（conditions）・諸想定（assumptions）・諸先決条件（preconditions）を指定した上で、厚生経済学の基本定理の「操作的」意義をこうまとめている。「二つの最適性定理の諸条件が充たされるなら、また、現実世界での割当（allocation）機構が競争モデルの諸条件を充たすなら、社会政策が取るべき措置を、購買力の分配（distribution）に限ることができる」とである。すなわち、購買力の再分配的社会政策を発動するなら、「個人の満足」がどうなるかを事前に知ることはできないにしても、「事後的に、社会は満足の分配について判断することができるし、それが不満であると見なされるなら、引き続く移転によって訂正措置を取ることができる」からには、「貨幣所得の再分配に限定された資源割当を市場と社会政策とによって遂行することによって、最も選好される社会状態に到達することができる」のである。したがって、この段階で、厚生経済学的な理路は、「基本定理」→「諸条件・諸想定・諸先決条件」→「最適均衡状態」、かつ、「基本定理」→「市場の失敗」→「再分配的社会政策」→「最適均衡状態」とまとめられよう[15]。これが、医療経済言説の主たる起源となっている理路である。

しかし、アローは、この理路では立ち行かなくなる事態を想定していく。「もし現実の市場が有意に競争モデルと異なっているなら、あるいは、もし二つの最適性定理における諸想定が実行されないとするなら、割当方式と分配方式の分離は、大抵の場合に不可能になる」。つまり、アローは、再分配的社会政策によっても補完できないような事態を想定しているのである。だから、この事態のことを「市場の失敗」と解するだけでは少なくとも理論的には全く不十分である。割当方式と分配方式が分離不可能なら、再分配的社会政策による「市場の失敗」に対する補完は予め有効ではないことになってしまうからである。問われていることは、競争モデルの描く市場の失敗というより、競争モデルと現実の市場との差異なのである。この差異のことを「比較」によって「説明」できるのかということである。なお、この難題は、再分配の規準を公正性に切り替えることによって曖昧化されるべきものではないと指摘しておきたい。

では、どうして現実の医療市場が「有意に」競争モデルと異なる可能性が問われていくのであろうか。アローの問いの射程は、医療経済言説が了解しているより遥かに広い。そもそも現実の医療経済は、現実のものであるからには不可能なものであるはずがない。とするなら、仮に医療経済が厚生経済学の理念的目的を現に実現しているとするなら、厚生経済学の競争モデルの意義が減じてしまうだけでなく、厚生経済学の理念的目的を実現する別の経路が実在することになってしまう。これは由々しきことであろう。あるいはまた、仮に医療経済が厚生経済学の理念的目的を実現していないとするなら、医療経済に対して厚生経済学的な補完策を加えてやれば理念的目的を実現できると言いたくなるが、アローはそうはいかなくなる事態を想定している。だからこそ、現実的医療経済と理念的競争モデルとの比較が焦眉の課題となってくるし、そうならざるをえなくなる。そこで、アローは、医療と競争モデルの「有意な」差異そのものから医療経済が発生すると捉える理路を切り開くのである。取り出すべきはその理路である。

さて、アローは、競争モデルと比較して医療経済の競争状況を調べていく。とりわけ、医療の財とサービスに市場性＝市場化可能性（marketability）があるか否かが調べられる。その際には、「価格と量」だけで割当方式と分配方式を調和させる理論を不可能にする事態が見据えられているからには、比較の指標としては「価格と量」以外のものを採らざるをえない。そこで、アローは、「医療専門職の制度組織と観察可能な習律（mores）を、医療市場の競争性を評定するために使用されるべきデータに含める」ことにする。「習律」に代表されるものこそが、医療経済と競争モデルの差異を指標するものであると見当をつけるわけである。ただし、誤解してはならないが、この「習律」は、理念的競争モデルを混濁させる不純な要素として取り上げられているのではない。そうではなくて、差異から発生するものの特徴として取り上げられているのである。実際、比較による差異の確定は、医療経済が競争市場の諸先決条件を充たしていないことを確認する仕方で進められている。それが名高い「医療の不確実性」の議論であるが、本章では二点に絞って検討する。

第一に、病気に関連するリスク負担の商品化は困難である。商品化されるとしても市場化が不可能な場合が多い。仮に病気リスク負担を商品化して市場化できるのなら、たとえ不確実性の下にあっても厚生経済学の理念的目的は達成可能であるのだが、そもそも「病気は相当程度に予見不可能な現象である」し、病気のリスクは多種多様であるから、リスクを十二分に個別化した保険を組むことは結局のところは不可能である。したがって、病気リスクが商品化されるとしても市場化は不可能であるし、そこを補完すべく保険政策が行なわれるとしても、「基本的な競争の前提条件が充たされない」のである。[16] 病気リスクの商品化と市場化が不完全にとどまらざるをえないから充たされないのである。この事態は、市場が失敗するということではなく、市場化そのものが失敗するということである。ここで見据えられているのは、病気の非市場性＝市場化不可能性（nonmarketability）、病気の市場化の〈無理〉である。

第二に、医療の財とサービスは、商品化不可能である。ここで事態を難しくするのは、病気リスク負担の市場化を阻止する不確実性がある場合には、知識情報が商品となりうるはずなのに、現実の医療ではそうなってはいないということである。そもそも、一般に知識情報が商品化される場合でもその市場性は他の商品とは大いに異なっているし異なってもよいわけだが、それにしても現実の医療では知識情報の商品化は生じていない。「病気は相当程度に予見不可能な現象である」なら、いわばそこを逆手に取って、病気に関する知識情報が商品化されてもおかしくはないはずなのに、現実の医療ではそうなってはいない。これは、どうしたことなのか。これについては複数の説明の仕方が行なわれているし、その後も行なわれてきたが、ここでは病人の側から事態を見ておこう。医療においては、「生産物と生産活動が同一である」ので、「顧客は、消費するまでは、生産物をテストすることはできず、その関係には信頼の要素がある」が、信頼を制度化したところで、その信頼は不確かな信にとどまるしかない。というのも、「生産物の品質の不確実性」が高いために、「病気からの恢復は、病気の発生と同程度に予見不可能である」からである。とりわけ、生産物の反復的消費経験を想定し難い「重病」の場合はそうなってしまう。加えて、この不確実性には「特殊な性質」がある。医師と患者において、「治療の帰結と可能性」に関して「情報の不平等」が必ず存在するのである。これは、何よりも「顧客」にとっての「生産物の効用」に関する情報の不平等として現われざるをえない。合理的に選択するどころではなくなるのである。[17]このように、病人の側からするなら、医療の財とサービスの商品化も市場化もおよそ起こりそうにないことになってしまうのである。ここで見据えられているのは、病気の商品化の〈無理〉である。

このように医療は、保険の商品化と市場化によってもカバーできない不確実性につきまとわれている。また、医療は、財とサービスの商品化を阻止する不確実性にもつきまとわれている。ところが、にもかかわらず、医療においては間違いなく何ものかが売られて何ものかが買われている。膨大な技術と設備と労働が投入され間違いなく何ものかが生産されている。膨大な資金が投入され還流している。医療は現に市場化し経済化し産業化しているのである。ここに探求すべき謎がある。アローの謎解きはこうである。

リスクと不確実性が実際に医療における有意な要素であるということは論ずるまでもないことである。私が主張したいのは、医療産業のすべての特殊な特徴が、実は実質的には、不確実性の広がりに由来するということである。

アローによるなら、医療の「特徴」は不確実性から生ずる。誤解してはならないが、これは医療産業の発生的な説明であって、競争モデルとの比較による説明ではない。明らかに二つの説明は異なっている。アローはそこを自覚しながら、まるで「社会」そのものが、現実の医療と競争モデルを比較して両者の差異を市場の失敗として認知するかのように書く。「私はここで以下の見解を提出する。すなわち、最適状態の達成に市場が失敗するときには、社会が少なくともある程度はそのギャップを認知するであろうし、非市場的な社会制度がそのギャップを架橋するために立ち上がってくるだろうという見解である」と。そして、このアロー＝社会は、数々の非市場的社会制度をもってしても理念的目的を実現するか否か依然として不明であるにもかかわらず、医療市場の「構造的」特性に対して「補正的制度変更」を行なうなら理念的目的の達成は可能になると断じ、市場の失敗を補正する執行機関として政府に加えて社会的機関をあげることをもって厚生経済学の構想を守るのである。これが後の医療経済言説の起源となるわけである。

しかし、どこか奇妙ではないだろうか。一方で、医療の特徴、医療の構造的特性、医療に伴う社会的機関については、現実がモデル通りになっていないが故の市場の失敗を補完すべく発生しながら、理念的目的の達成のためには更なる改良を要すると提言される。しかし、他方で、医療はそもそも競争市場の前提を欠いていてモデルとの差異は余りに大きく比較不可能でもあって、モデル通りか否かを問うことさえ意味がなかったはずである。言いかえるなら、一方では、市場の不在から発生するものが市場の失敗を補完すると語られ、他方では、市場の不在から発生するものは必ず市場の不在につきまとわれると語られていたはずである。さらに言いかえるなら、一方で、商品化と市場化の〈無理〉は当の〈無理〉から発生する社会的機関に補完されることによって商品市場の理念的目的は達成されうると語られ、他方では、商品化と市場化の〈無理〉は当の〈無理〉から発生する準商品市場に必ずつきまとうと語られていたはずである。このような〈道理〉をどう解するべきであろうか。ここにこそアロー論文の謎があるわけだが、暫定的な見通しだけを記しておくなら、この〈道理〉こそが、精確に医療経済の〈道理〉

を再現しているのである。そもそも不確実性とは、発病・治療・予後について、医師を含めて誰一人として確たることを知らないし知ることができないということである。それでも、病人は恢復を求めるし、人は病人を助けたいと願う。そこで医療が歴史的に発生した。不確実性を解消できないまま、ともかく経験的に手探りしながら医療は進展してきた。しかし、この医療の〈局地的市場圏〉が自ずと市場化・経済化・産業化するはずがない。仮に医療の〈局地的市場圏〉が競争モデル通りであったなら、給付・反対給付均等の原則に従い医療費は治療効果に応じて支払われるべきものとなって、医療経済など決して発生しなかったはずである。だから、医療経済を発生させるためには、例えば、病人にも医師にも、治療効果の期待値は医療費以上であるとする信を何としてでも抱かせる必要がある。簡単に言ってしまえば、医療化と病院化の全歴史過程、国家化と社会化の全歴史過程を必要とするのである。そして、私の暫定的見通しは、この歴史と発生の理路における〈無理〉と〈道理〉の関係が、アロー論文に些か歪められた形で反映しているのである。その詳細な検討は他日を期すとして、本章では、〈無理〉を抑圧しながらも昇華させているとも評しうる〈道理〉、これの肯定面を『社会選択と個人的価値』において確かめておく。[18]

アローによるなら、厚生経済学が立てている最適問題は、合理性を何ものかの極大化と捉える限りにおいて、いかにして個人の欲望から出発して社会的な何ものかの極大化を達成するのかという問題である。[19] 病人と関係集団で言いかえるなら、医療経済学の立てるべき問題は、いかにして病人の欲望から出発して社会的な何ものかの極大化を達成するのかという問題になる。そして、病人の欲望についての私の理解からするなら、立てられるべき問題は、いかにして病人が欲望する個体的な準安定性から出発して集団的な厚生・福祉の極大化を達成するのかという問題になる。注意すべきは、このように立てられている問題は、充分に規定された問題ではないということである。それは数学的に充分に規定された問題ではないし、そもそも不良設定問題にすらならないような問題である。それは、解のありえない問題、解けない問題なのである。この点で、アローが古典的論文で示したことは、一連の諸条件を加えたとしても、この問題に対して解を与えることはできないということ、この問題に対して商品化と市場化でもって解を与えることはできないということである。あるいは、経済学的解を与えるように見えるとしても、当初の問題は完全に解かれないまま残っているということである。ここにおいては、問題という最終審級は厳然として存在するが、最終解答はありえないのである。

この意味において、功利主義的経済学が立てる問題は、まさしく理念である。それは、合理的で倫理的な理念であるとともに、理論化を駆動する統制的理念でもある。同じことを、理論内部の到る所で指摘することができる。例えば、効用「関数」は数学的に充分に規定された関数などではない。なるほど、人間の知覚にひっかかる限りでの特徴を備えるグラフの概略を描けるほどには効用「関数」の一般的特性は規定されている。しかし、それは決して数学的操作の対象となるような関数ではない。そうではなくて、効用「関数」もまた、個人の欲求を満足させるにはどうすればよいのかという問題＝理念なのである。だからこそ、私は、効用「関数」の意義を否定するのではなく肯定するのである。この観点からするなら、効用の人格間比較可能性や効用の計量と集計という論点は、基礎理論においては意味はあるにしても、理論に入り込んでしまえば意味を失って当然である。あるいはむしろ、問題＝理念を一定の理論で形式化するや、理論と倫理は分離して当然である。しかし、注意すべきは、それでもなお、あるいは、そうであるからこそ、アローも認めるように、理論形式の「複数の異なる解釈」が可能になり[20]、理論形式の各部分は個人の行動や心理を「表現」するものとして「解釈」されざるをえなくなり[21]、「諸解釈」の争いが「環境内で可能な最高の社会的厚生」なる「社会の目標」の下で生起せざるをえなくなる[22]。だからこそ、功利主義や厚生経済学にいかなる〈無理〉があるとしても、この〈世のため人のため〉という問題＝理念は打ち捨てられてはいないし打ち捨てられるべきではない。むしろ逆に、この問題＝理念が承認されているからこそ、功利主義や厚生経済学の〈道理〉が抑圧する〈無理〉が回帰してくるのだと解されなければならない。

不確実性とは、未来の別名である。予測不可能で予見不可能な出来事の到来する未来の別名である。ネグリは、ケインズの不確実性に関して、それは有効需要概念を通して垣間見られた労働者階級の闘争が未来にもたらす出来事の予測不可能性を意味していると論じたことがある[23]。この解釈は、労働者階級の闘争を必然性や現実性の様相によってではなく不確実性なる様相によって特徴付ける限りにおいて、実践的な後退局面においてだからこそ提出されたものであるが、それに倣うなら、医療の不確実性を通して垣間見られているものは、完成主義的利己主義を手放さない病人の欲望が未来にもたらすもののことになろう。病人たちが、医療経済の〈無理〉と〈無体〉に対して、医療経済の〈道理〉を肯定しながらもその欲望を手放さないことが、病人の肉体そのものが不確実性を産み出すことが[24]、言いかえるなら、厚生経済学の問題＝理念が決して〈道理〉だけでは解かれないというそのことが、未来を未来たらしめているのである。

第五章

病苦、そして健康の影

医療福祉的理性批判に向けて

無苦痛は快楽か

病人は完治を求める。そして病人は、病苦が減るにつれ快くなり、病苦が無くなって快癒すれば快適になる。病人は快楽主義者であり快楽功利主義者である。不可避的に運命的に、そうなる。ところが、病気は必ずしも完治しない。病人は病気と共生することになる。ときに病苦と共生することになる。加えて、現代医療においては、完治という概念はほとんど死に絶え、特段の自覚症状が無くとも診断によって人間は病人に仕立て上げられるので、その意味でも病気と共生することになる。こうして、現代の病人は、快楽主義者であることを放棄していく。加えて、現代医療においては病気ごとに人生コースの見通しが用意されるので、病人は自分の人生全体を考量することになる。では、何を考量するというのか。生存期間や余命期間、生活の質や生命の質、人生コースを彩る生理的で身体的な快苦や心理的で精神的な快苦を考量することを通して、現代の病人は、たとえ病気が完治しなくとも、病苦が減らなくとも、快楽の影、健康の影を追い求めることになる。こうして、現代の病人は、快楽功利主義者であることを放棄して別の功利主義者になっていく。本章で私が考えてみたいのは、快楽主義を抑圧し快楽功利主義を抑圧して病人を別の功利主義者に仕立て上げる理性の権力についてである。そこにこそ、現代福祉国

家の核心があると私は考えている。(1)

さて、キケローは、『善と悪の究極について』において、エピクロス派の快楽主義に対して強く異議を唱えていた。(2) エピクロス派は、無苦痛こそが快楽であり、ひいては幸福であり最高善ですらあるとして、「これほどまでに重要な真理を表現した言葉は他にはありえない」とまで言うのだが、キケローは、断固として「快楽の意味と苦痛が無いことの意味は同じではない」と主張する。苦痛の零度、病苦の零度は快楽ではないと主張するのである。その議論はこうなっている。

たしかに、喉が渇いているとき、水を飲む行為には快楽があるし、水を飲んで渇きが癒えたあとの状態にも快楽がある。しかし、両者は、同じく快楽と呼ばれるにしてもその本性を異にするはずである。水を飲みながら渇きが癒えていく過程の快楽は、いわば動的な快楽であって、その程度を増減させるものであるが、水を飲んで渇きが癒されたあとの状態の快楽は、いわば静的な快楽であって、こちらは多彩な様態をとることはあるにしても、決して程度の増減を容れるようなものではない。両者の間には程度の差異ではなく本性の差異があるのだ。だから、苦痛が減少する過程を同時に快楽が増加する過程として捉えるのはよいとしても、無苦痛の状態を快楽と捉えるのは間違えている。仮にヒエローニュモス『無苦痛について』に従って、無苦痛の状態こそ人間の幸福であり最高善であると主張するのはよいとしても、それが快楽であるとするのは経験的にも倫理的にも間違えている。また、仮に人間の徳と最高善は幸福と一致するのだと主張するのはよいとしても、「徳の集会に快楽を参加させようとする」のは全く間違えている。そして、キケローは三つの状態を明確に区別しておくべきであると言う。すなわち、快楽の中にいる状態、苦痛の中にいる状態、快楽の中にいるのでもなければ苦痛の中にいるのでもない状態の三つである。無苦痛の状態は最後の三番目の状態であるにすぎないというわけである。

しかし、キケローも十分に弁えていたが、これで問題が片付きはしない。その問題の一端はこうなっている。魂の徳は、しばしば苦痛に耐えることで示される。そのとき、その魂は、苦痛の中にあっても幸福であると言いたくなる。その魂は、苦痛に耐え抜くおのれについて何らかの喜びを感受していると、ひいては何らかの快楽を感受していると言いたくなる。その魂の快楽を、身体的で生理的な快楽と区別して精神的な快楽としたところで、「徳の集会に快楽を参加させようとする」傾向を押し止めることはできない。実際、大義のために「喜び勇んで」死地に赴く人間がいて、その喜びは身体的で生理的でもあるとしか言いようがない。無苦痛は快楽ではないと言ったところで、苦痛が快楽と併存することがあるし、それだけでなく、苦痛が快楽と何らかの密接な関連を有することがあるのではないか。とすると、どうなるのか。ひょっとしたら、徳＝幸福＝最高善は、苦痛と内的な関係にあるかもしれないではないか。あるいはむしろ、苦痛との対比において徳＝幸福＝最高善を語ろうとするそのことが、苦痛と快楽に内的な関係を設定しているかもしれないではないか。ひょっとしたら、苦痛が快楽であるからこそ、無苦痛を快楽と称してはいけないのではないか。エピクロス派の快楽主義を斥けたがる人々は、むしろ苦痛を快楽に結び付けたい欲望に動かされているのではないのか。実際、魂の徳を苦痛によって動かされることのない非情の状態であるとするにせよ、魂の徳を苦痛に対して無関心な態度を堅持する状態であるとするにせよ、その魂がおのれに感受しているかもしれない快楽を擁護したいからこそ、その内的な快楽を徳や幸福や最高善として称揚したいからこそ、無苦痛を快楽＝幸福＝最高善として求める快楽主義者を断固として斥けておきたいのではないか。(3)

病人は経験的には快楽功利主義者である。ところが、どうしたことか、現代の病人の大半は快楽功利主義者であることを放棄している。とするなら、現代人の大半は、キケローの末裔なのではないのか。その一例としてボウリングをあげておく。

臨床的介入が相当に侵襲的で特殊であるのが通例であるヘルスケアにおいては、成果（outcome）の評価については長い伝統がある。現在の臨床的指標の多くは、「疾病（disease）」モデルを反映している。この「疾病」モデルは、症状や症候が指し示すところの病理的異常についての医学的概念によるものである。しかし、人の「不健康（ill health）」を指し示すのは、苦痛や不調の感覚であり、日常的な機能や感覚の変化の知覚である。病気（illness）は、病理的異常の帰結でありうるにしても、必ずしも常にそうであるわけではない。医科学が疾病をそれとして見定めることができないときでも、人が自分は病気である（ill）と感じることがありうる。健康状態の測定は、両者の概念を考慮に入れる必要がある。二一世紀において重要になることは、いかに患者は感じているかということであって、いかに患者が感じているかといかに専門家が思っているかということではない。臨床的介入に対する症候の反応や生存率だけでは、もはや十分ではない。そして、とくに、患者が慢性的な状態や生命を脅かす状態の治療を受けている場合には、その療法の評価は次のように行なわれなければならない。すなわち、身体的な点でも社会的で心理的な点でも生きるに値する生活という成果へと、どの程度導くかどうかという点で評価されなければならない。／さらに、患者の成果に影響を及ぼす多因子があり、それらを統合するような幅広い健康モデルが必要になる。[4]

近年の雑駁な言説の典型例である。これを一見すると、医療の疾病モデルを斥けて経験的な病気モデルを採用することを通して患者の快楽功利主義を推奨しているように見えるが、決してそうではない。ボウリングのいう「幅広い健康モデル」は快楽功利主義を斥けるためにこそ提出されている。その議論はこう解されるべきである。旧式の医療モデルは、症状や症候といった病苦が指し示す病理的異常を取り除く治療を目指してきた。つまり、旧式の医療モデルは、病苦が無くなることをもって治癒した状態、健康な状態と見なしてきた。しかし、病苦の零度を健康として捉えるのでは、健康をネガティヴに定義していることにしかならない。病苦の零度と健康の「意味は同じではない」。そこで、病苦とは独立に、健康をポジティヴに定義してみなければならない。さて、健康状態にはさまざまな程度があるし、健康状態を決定する因子にもさまざまなものがある。健康状態の程度は、完全な健康状態から、健康状態の零度にまで広がっている。健康状態を決定する因子は、身体的・生理的因子から心理的因子へ、さらに社会的・経済的因子にまで広がっている。では、この多元的な健康概念を手にするとき、医療の役割はどう見えてくるであろうか。そこで考慮すべきは現代医療の実情である。従来、健康に医療がどれほど寄与するのかという問いは、病気への医療的介入がどれほどの成果をもたらすのかという問題として考えられてきた。しかし、この問題の立て方はよろしくない。第一に、医療的介入の成果は事前には不確実であるし事後にも確定し難い。言いかえれば、完治を治療の目標とはし難い。第二に、医療的成果の測定方式が、疾病ごとに分岐し、同じ疾病でも対象群ごとに、実態的には研究グループが偶々手にした被験者群ごとに分岐してきたために、測定方式も測定結果もおよそ比較不可能なものになってきた。だから、病苦の解消を目標とするのを止めて、健康の増進を目標とするのだ。その場合、健康の零度を死と定義してやって、健康と病気の差異を、程度の差異に還元してやろう。そうしておけば、健康人も病人も中立的に統御する福祉や厚生を支えるような健康概念を立ち上げることができる。そうしておけば、そのように規定された健康なるものを変動させる因子は複数に決まっているので、各種ケアに関連する諸量をいくらでも持ち込んでやることができる。医療と福祉の連携や、医療と地域の連携といった近年の動向に行政的かつ専門家的に対応してみせることができる。以上が、近年の健康言説の意味するところである。

いまや病人は、病苦の零度を目指してはいけないのである。病人は、人生コースを通して健康の程度を増加させなければならない。ときに症候や症状に襲われることがあっても、ときに苦痛に襲われることがあっても、一生にわたって病気と共生しなければならないのだから、健康の多因子を合理的にコントロールして健康程度や能力程度や生活程度を増加させることを目指して学習しなければならない。快楽の影、恢復の影、健康の影を追い求めなければならない。こうして、現代の人間は、病苦・苦痛・苦悩と快楽・幸福・徳との関係を考えざるをえなくなる。キケローと同じ問題に遭遇するのである。解明すべきは、その遭遇の理路である。[5] 以下、この点での功利主義の重要性を通例とは別の仕方で示しておきたい。日本国憲法とフーコーを題材とする。

憲法、あるいは幸福の企て

近年の通説において日本国憲法の諸原理がどう数え上げられているのかは審らかにしないが、大方の通念に抗して確認しておくべきは、日本国憲法の原理の一つに功利主義も数え入れられるべきであるということである。このことを、英訳も参照しながら簡単に確認しておく。最初に取り上げるべきは、第二五条【生存権、国の社会的使命】である。

第二五条
すべて国民（people）は、健康（wholesome）で文化的な最低限度（minimum standards）の生活を営む権利を有する。二、国（State）は、すべての生活部面について、社会福祉（welfare）、社会保障（security）及び公衆衛生（public health）の向上及び増進（promotion and extension）に努めなければならない。

国民個人は、健康な生活の最小の水準を営む権利を有する。つまり、国民個人が病気になったなら、病苦を減少させて健康の最小水準にまで上昇する権利を有する。他方、これに呼応して、国家は、社会全体の福祉＝厚生（welfare）と安全（security）と公共体全体の健康（public health）を増加する努力をしなければならない。つまり、国家は、それがいかなるものであるかは別として、全体的なものとしての貧惨・危険・病気を減少させて、全体的なものとしての福祉・安全・健康を増加する努力をしなければならない。このように、憲法は、全体的かつ個人的に、悪しきものの減少と善きものの増加をその目的としている。しかも、善きものを何よりも福祉・安全・健康とする特定の善の構想を公然と掲げて、その増加を目的としている。日本国は、紛れもなく功利主義国家なのである。ここを踏まえて、第一三条【個人の尊重・幸福追求権・公共の福祉】を読んでみよう。

第一三条
すべて国民は、個人として尊重される。生命、自由及び幸福追求（pursuit of happiness）に対する国民の権利については、公共の福祉（public welfare）に反しない限り、立法その他の国政（government）の上で、最大（supreme）の尊重を必要とする。

この条項は、一方で、個人の生命・自由・幸福の追求権を認めながら、他方で、公共の福祉でもって権利の行使に対して制約をかけている。現実にも、この条項は、公共の福祉を名目として各種の権利請求を斥けるために引き合いに出されてきた。そのために、この条項は、全体的な功利主義と個人的な自由論・権利論が不可避的に衝突するとするフレームによって捉えられてきた。しかし、それは全く一面的な読解である。この条項は、そもそも国家が公共の福祉を増加させることを前提としている。その上で、その国家目的に調和的である限りでの生命・自由・幸福の追求は、法と統治によって最高に尊重されるとしている。言いかえるなら、全体的な善の増加と調和的である限りでの個人的な善の増加を促すような、そのような法と統治を行なうことを宣言している。ここでも、日本国は紛れもなく功利主義国家なのである。同じように、公共の福祉が登場する第一二条・第二二条・第二九条も読むことができる。これらの条項は、公共の福祉でもって権利の濫用を制限するものであるが、そのことはかえって、国家が公共の福祉の増加を目的とすることを前提としている。しかも、第一二条によるなら、国民はその自由と権利を「常に公共の福祉のために」「利用する責任を負う」のであり、第二九条によるなら、「公共の福祉に適合する」ように「財産権の内容」を法律化することが可能であるからには、憲法は、国民個人の幸福の追求と幸福の増加そのものが、法と統治によって公共の福祉の増加と適合的になりうると想定している。日本国は、紛れもなく幸福主義的功利主義国家なのである。そして、全体的な善の増加と個人的な善の増加を調和させ適合させるために共同体に対して法と統治を執行するのが、第一五条のいう「全体の奉仕者（servants of the whole community）」としての公務員である。憲法は、立法者・統治者・公務員が功利主義的合理主義者であることを命じている。

このように、日本国憲法は、君主主義・自由主義・民主主義などに加えて、功利主義もその原理としているのである。憲法は雑多な言表を組み合わせた文書であるから、純粋な功利主義がそれとして書き込まれているわけではないにしても、それは、純粋な君主主義・自由主義・民主主義がそれとして書き込まれていないのと同断である。にもかかわらず、どうして功利主義が憲法の原理として殊更に名指されてこなかったのであろうか。その最大の理由は、日本国家が社会国家・福祉国家であると認知されてきたにしても、社会国家・福祉国家の国是が功利主義であると認知されてこなかったからであろう。福祉＝厚生主義は功利主義とは異質のものだと思われてきたからでもあろう。では、どうしてそんな信憑が行き渡っているのであろうか。おそらく、社会国家・福祉国家は、個人の快楽功利主義を抑圧して個人を別の功利主義者に仕立て上げることによって、おのれの正統性を調達しているからである。この点で、第八九条【公の財産の支出又は利用の制限】が参照に値する。

第八九条
公金その他の公の財産は、宗教上の組織若しくは団体の使用、便益（benefit）若しくは維持のため、又は公の支配（control of public authority）に属しない慈善（charitable）、教育若しくは博愛（benevolent）の事業（enterprises）に対し、これを支出し、又はその利用に供してはならない。

この条項は、一方では、国家が、公的な資金と財産を慈善と博愛の事業に支出することを前提とし、他方では、国家が、慈善と博愛の事業を行なう宗教団体に対して公的権威によるコントロールをかけることを主張している。要するに、国家が、慈善事業と博愛事業の全てを取り仕切ると宣言しているのである。憲法は、通例の理解とは違って、慈善事業・博愛事業から社会福祉・社会保障への移行に関して単純な断絶を印しているどころではない。慈善・博愛事業を社会福祉・社会保障に吸収して支配すると宣言しているのである。とすると、広い意味での福祉的なものにおける憲法の新奇性とは、慈善事業と博愛事業の国家化に加えて、健康と公衆衛生の国家化・社会化を付加したことにこそあると読むことができる。憲法前文における「国政（government）」が「国民」に新規に享受させようとする「福利（benefits）」とは、何よりも全体的で個人的な健康であると読むことができるのである。

戦後福祉国家とは功利主義を国是とする医療・公衆衛生国家であって、そのことは紛れもなく憲法に記されている。実際、社会福祉・社会保障の典型と見なされ続けてきたのは医療・公衆衛生であって、戦後福祉国家を支え続けてきたナショナル・ポリティカル・モラル・コンセンサスとは、何よりも医療・公衆衛生の理論たるべき功利主義によって形成されてきたコンセンサスであると見るべきである。ちなみに、英国の国民医療史研究者であるクラインは、サッチャーリズムがいささかも医療をめぐるコンセンサスを変えることはなかったことを指摘しながら、こう書いている。

NHSを創設することは、社会的な聖体拝領式の祈りと見なされていた。それは、医者が見そなわす限りで、あらゆる市民が平等であるという事実を祝ったのであった。しかし、同時に、NHSは、誰が何を得るべきかを決定するのは医者の判断であると想定するモデルに基づいていた。NHSの創設を背後で支えた構想は、テクノクラートの合理性であるとともに、社会的な正義であった。実際は、テクノクラートの合理性が、社会的な正義と等置されたのである。[6]

福祉国家の原理は社会的正義であるというよりは、社会的正義と等置される医療テクノクラートの合理性である。むしろ、こう言った方がいい。然るべき人に然るべき分だけ然るべき仕方で配分するという社会的正義は、何よりも医療の合理性によって担保され、そのように信じられているのである。あらゆる市民が平等であるべきであり平等の尊重をもって扱われるべきであるとする平等原理は、何よりも医療の合理性によって担保され、そのように信じられているのである。医療をめぐるコンセンサスに依存して、正義の諸概念に対する信憑が形成されているからには、戦後福祉国家は、正義論でもって分析も批判もできるものではない。戦後福祉国家は、正義を企ててきたのではなく、個人的でも全体的でもある健康なるものを通して幸福を企ててきたからである。[7]

全員を、個別に

近代国家における功利主義の位置を探るために、フーコーの「全体的なものと個的なもの——政治的理性批判に向けて」(一九八一年)を参照して、その政治的理性批判を医療的理性や福祉的理性の批判へと展

開してみることにする。(8)

カントから現在にいたるまで、理性批判とは、「理性の政治的権力」による社会の理性化=合理化のために個人の自由が脅かされてしまうと警鐘を鳴らして、「経験に与えられるもの」によって画される限界を理性が踏み越えないようにさせることであるとされている。つまり、理性批判とは、「政治的理性の権力の濫用を監視する」ことであるとされている。例えば、啓蒙的理性が推し進めてきた医療や福祉の拡大に関して、医療による濫診濫療やパターナリズム、福祉によるスティグマ化や専門家の過剰介入を監視することが、理性批判の務めとされるわけである。

しかし、フーコーは、このような理性観も理性批判も「凡庸」であるとする。そして、フーコーは、「凡庸な事実」そのものを問題として問い質さなければならないとする。注意すべきは、この凡庸な事実には、理性が濫用されるという事実だけではなく、理性の濫用に対する批判として理性の監視が唱えられるという事実も含まれているということである。理性の濫用と理性の批判が常にペアになるというそのことが凡庸な事実であり、それこそを問題化しようというのである。例えば、医療の濫用や医療の権力に対して効率・公正・平等を盾に取って別の理性的=合理的な資源配分を要求するという凡庸な事実を問題化しようというのである。だからこそ、フーコーは、理性を裁いたところで不毛であり、理性に対抗して反理性を持ち出すのも馬鹿げていると評する。理性主義か非理性主義かという選択を立てているようでは、理性の凡庸な事実を問題化できないからである。だから、「合理化と権力の関連を研究する別のやり方」を探らなければならない。とくに、研究対象たる「理性のタイプ」がいかなるものかを発見しなければならない。そこで、フーコーは、近代化の特徴を捉え直していく。

近代化の特徴としてよく指摘されてきたのは、政治権力の中央集権化、国家における行政と官僚の組織化である。これが合理化の典型とされてきたが、これに加えて、フーコーが持ち出すのが牧人権力の発展である。この牧人権力の系譜において、別のタイプの合理性を発見しなければならない。

キリスト教的牧人は、ギリシア人もヘブライ人も想像しなかったようなゲームを導入したと言うことができる。生、死、真理、従属、個人、アイデンティティを要素とする奇妙なゲームである。市民の犠牲を介して生き残る都市国家のゲームとは何の関係もないように見えるゲームである。いわゆる近代国家の中でこれら二つのゲーム――都市国家と市民のゲーム、羊飼いと群れのゲーム――を結合するのに成功したとき、われわれの社会は真に悪魔的であることを自ら明らかにしたのである。

近代国家は、国家権力と牧人権力を結合した悪魔的な社会であるわけだが、発見すべきは、両者の権力ゲームを結合するタイプの理性である。「国家によって生産される特殊なタイプの政治的合理性」である。そこで、フーコーは、「ポリス」の歴史、すなわち「国家の介入を要請する領域・技術・目的」の歴史に着目していく。

人間の活動へのこの介入は、全体主義的と評されてもよいであろう。そこで追及される目的は何であるのか。その目的は二つのカテゴリーに属している。第一に、ポリスは、都市の装飾・形態・光輝に関与する。この光輝は、完全に組織化された国家の美に関係するだけでなく、国家の力、国家の活力にも関係する。だから、ポリスは、国家の活力を最優先して保証する。第二に、ポリスの別の目標は、人間の労働関係と商業関係を、援助と相互支援なる名目でもって発展させることである。ここでも、テュルケが用いる言葉が重要になる。すなわち、政治は、語の最も広い意味で人間の「流通」を保証しなければならないのである。これがなければ、人間は生きてはいけないであろう、あるいは、人間の生は不安定で悲惨で絶えず脅かされるであろう、というのである。／私が思うところでは、ここに、重要な観念を認めることができるのである。人間に対して政治的権力を行使する理性的＝合理的な介入形態としてのポリスの役割とは、人間に対して生命の小さな追加分（un petit supplément de vie）を与えることなのである。そして、そのことによって、国家に対して力の小さな増分（un peu plus de force）を与えることなのである。このことが、「流通」の管理によって、言いかえるなら、諸個人の共同活動（労働、生産、交換、便宜）によって行なわれる。

全体的な目的は、国家の何ものかを増加することと社会的で共同的な流通を保証することである。そして、ポリスの役割は、個人の何ものかの増加と国家の何ものかの増加とを対応させることである。このポリスは「人間の幸福」に配慮する牧人権力でもあるから、ポリスの役割は、市民社会の流通の管理を通して、個人の幸福の増加と国家の何ものかの増加とを対応させることでもある。では、このポリスにおける「重要な観念」「論理」とはいかなるものなのであろうか。フーコーは、ドゥラマール『ポリス要略』を参照してこう書いている。

ポリスは宗教に携わるが、それはもちろん教義を真理とする観点からではなく、人生の道徳的な質（qualité morale de la vie）の観点からである。健康と食糧供給に配慮して、ポリスは生命（vie）を保護するように努める。商業・作業場・労働者・貧民・公的秩序に関しては、ポリスは生活（vie）の便宜に携わる。演劇・文学・見世物を管轄するとき、ポリスの対象は、生（vie）の快楽そのものである。要するに、生命がポリスの対象なのである。だからこそ、必要不可欠なもの、有益なもの（utile）、余計なものがポリスの対象なのである。人間が生存すること、人間が生活すること、人間がよりよく生存し生活すること、これを許すのがポリスであるというのである。

牧人権力は、「慈愛」「献身」「博愛」「熱意」「思い遣り」をもって個人の利益・欲求・幸福のために個人の一生にわたって「寝ずの番」を務める権力であった。それは、個人にとっては、間違いなくこの上なく善き権力である。国家権力は、自己の何ものかを増加させるために合理化と組織化を推し進める権力であった。それは、国家にとっては、国益のためには、間違いなくこの上なく善き権力である。そして、ポリスは、牧人権力を引き継いで、それを国家権力と縒り合せながら、市民社会と共同体への介入の領域を押し広げてきた。さらに、ポリスは、個人の生活の質や健康や便宜や快楽やニードや効用や贅沢の追加分を、ひいては個人の生の良さの追加分を、国家の光輝や美や力や活力の増分と縒り合せてきた。だから、このポリスの「理性」と「論理」のタイプを認識することこそが、「現代社会にとって最高に重要な問題」になるし、それこそが、喧伝される「福祉国家（État-providence）の問題」において真に問題化されるべきことになる。現代福祉国家の政治的理性批判は、牧人的ポリスの理性と論理の批判として遂行されなければならないのである。この理性と論理は、功利主義と名指されるべきなのは明らかである。[9] その上でなお、その上でこそ、フーコーは「解放」という語を手放さない。

政治批判が、国家が個人化の要因でもあり全体主義的な原理でもあるということに対して不満を表明してきたことは極めて示唆的である。……そもそもの初めから、国家は個人化するものであり全体主義的なものだったのである。個人とその利害を国家に対置することは、共同体とその要請を国家に対置することと同じく、危ういやり方である。／政治的合理性は、西洋社会の歴史に沿って発展し確立してきた。政治的合理性は、牧人権力の観念の中に根付き、次いで国家理性の理念の中に根付いてきた。個人化と全体化はその不可避の結果なのである。解放（libération）は、個人化と全体化のどちらかを攻撃したところでやって来るものではない。解放は、政治的合理性の根そのものを攻撃するときにだけやって来るであろう。

仮に医療福祉をめぐる凡庸な事実から解放されたいと願うのであれば、また仮に社会福祉的理性を問題化してそこから解放への道を探るというのであれば、その根を攻撃すべき政治的理性とは、何よりも功利主義である。功利主義者の一人を検討してみることにする。

凡庸ならざる功利主義[10]

福祉国家におけるコンセンサスを、こう言い表わしてみることができる。より多くの個人がより良くなるにつれて、社会そのものがより良くなる、と。あるいは逆に、社会そのものをより良くするにつれて、より良くなる個人がより多くなる、と。これは、個人の何ものかの改良と社会全体の何ものかの改良が、因果的関係に立つというよりは同期・適合・順対応・正感応の関係に立つはずであるし立つべきであるとするコンセンサスである。[11] 他方、功利主義を構成する諸テーゼを、こう定式化することができる。第一に、個人の善きあり様（well-being）の程度を測るものは効用であり、この効用を増加させることは良いことであり正しいことである。第二に、社会の状態の改良の程度をランキングする際には、全個人の善きあり様の程度と何らかの同調的な関係を設けなければならない。第三に、その関係を合理的ルールとして理論化しなければならないが、それに対しては、各個人の効用の総和や集計の順位と社会の改良程度のランキングが同調するような制約をかけて定めなければならない。これらを簡約化するなら、功利主義は、第一に個人の何ものかxを増加すること、第二に社会の別の何ものかYを増加させること、第三にΣxの順位とYのランキングを同調させることを要請していることになる。こうして、福祉国家・福祉社会のコンセンサスが功利主義に対応すると解することができる。

このように功利主義を捉えるとすぐに気づかれるのは、功利主義もまた、他の政治理論や社会理論と同様に、いくつかの難題に遭遇するということである。第一に、個人のx、その総和ないし集計Σx、社会全体のYの三つの水準を区別しながら関係させなければならないから、社会全体は個人的なものの総和以上のものか否かという難題に遭遇する。第二に、三つの水準に対して合理的と目される限定的な関係を設定しなければならないから、理論は現実の個人と社会の状況を反映しているのか否かという難題に遭遇する。第三に、それぞれの水準における三つの増加の判断と三つの判断主体は区別されながらも関係させられなければならないから、理論内部における各判断と理論そのものについての判断との関係をどう捌くかという難題に遭遇する。要するに、功利主義は、それ自体が容易ならざる理論なのである。

ところが、注目すべきは、功利主義は決してそのように受け取られてはいないということである。通例の功利主義の理論研究や歴史研究においては、こうした難題は全く前景化していない。そこは分析に値するが、すぐに気づかれる事情を指摘しておくなら、個人のxと社会全体のYが類似した名辞で呼ばれることによって難題が安直に回避されているのである。いま、両者を指し示す名辞の対を列挙してみよう。〈善きあり様 well-being、福祉 welfare〉、〈選好 preference、厚生 welfare〉、〈効用 utility、改良 better〉、〈快楽 pleasure、福祉 welfare〉、〈幸福 happiness、福祉 welfare〉、〈健康 wholesomeness、公衆衛生 public health〉、〈健康 health、国民の健康 national health〉等々である。通例、これらの用語が全く恣意的かつ無秩序に使用されることを通して、xの増加とYの増加は名辞的に区別されながらも意義的に類似していることをもって両者はあたかも理論的にも現実的にも同調可能であると思い込まれているだけなのである。しかし、この思い込みは全く非合理的である。例えば、各人が走ったり風邪をひいたりしてその体温を上昇させると想像し、各人の体温上昇の程度の総和を想像できるとして、はたして社会全体の「体温」が上昇するなどと想像できるであろうか。「体温」を「熱気」とでも呼び換えたとして、それが上昇するなどと想像できるであろうか。また、例えば、功利主義の実情により引き当てて、野球チームを考えてみる。選手には能力の差異があり好不調の波がある。その都度、選手の良さの総和は変動する。いま、選手の一人が、より能力が高く好調な選手に置き換えられたとしよう。選手の良さの総和は増加すると言えよう。では、チーム状態はより良くなると言えるであろうか。現実には、こう考えられているはずである。選手の能力と好不調は試合をしてみないと決まらない。チーム状態の良し悪しも試合をしてみなければ決まらない。そこで、試合を行なって、結果を記録する。では、各選手の個人成績の増加、選手全員の成績の集計の増加、チームの戦績の三つが同調するなどと想像することができるであろうか。簡単ではないはずである。とすると、功利主義が行なうことは、チーム状態の良さの増加と全選手の良さの増加とが同調すると信じ込むようなそのような選手たちでチームを構成することであると見通すことができる。そして、その良さの指標として同調可能性を信じ込みやすい量を設定し、類縁性のある名辞(「成績」「戦績」)でもってそれぞれを名指すことであると見通すことができる。要するに、功利主義が遭遇すべき難題が前景化しないのは、いかなる水準にも使用可能な「よい」という超越的名辞を使用し(その代表例が well-being である)、次に、類似した名辞を乱雑に配置して難題を回避しているからである。[12]この点で、「福祉=厚生」なる名辞や「日本国民は福祉国家の成員である」なる言説を流通させるというそのことが最も効果的なのである。

しかし、以上の難題に対して自覚的に対処する理論家もいる。その一人が、ハーサニーである。その代表的な二論文を取り上げてみる。[13]

一九三〇年代に功利主義は、個人の効用の程度を基数でもって計量する基数効用主義から、個人の効用を選好順位でもって順序付ける序数効用主義へと移行した。[14]ただし、厚生経済学は、所得分布の平等化問題に関してだけは基数効用を利用し続けた。そして、戦中から戦後にかけて基数効用は期待効用として「リスクを含む選択理論」に導入された。[15]こうして、これら二つの分野に導入されてきた基数効用は同じ概念であるかどうかが問われることになった。ところが、両者は同じ概念ではないし同じ概念である必要もないとする見解が提示されていた。フリードマンとサヴェジはこう論じていた[16]。問題は、個人の水準での賭博・保険・投資行動を合理的に記述し説明しようとすると、それらの行動は、(期待)効用最大化や限界効用逓減と両立しないように見えることである。しかし、とくに限界効用逓減に制限をかけて適当な理論的処理を行なうなら、リスクを含む選択行動の合理化は十分に可能である。そして、二人はこう書いていた。「リスクを含む選択の場合において個人が最大化すると解されるところの量を、公共政策において特別な重要性が付与されるところの量と同一のものとすることは全く不必要である」とである。個人の選択行動の合理化の方式でもって公共政策を合理化する必要などないというのである。しかし、この論点は明らかに保険などの国家化・社会化の合理化と正当化にかかわっており、ハーサニーはそれでは問題が何ら決着しないとする。というのは、仮に保険などの国家化・社会化が合理化・正当化されなければならないとするなら、あるいは逆に、その必要がないと主張するにしても、社会全体の水準における期待効用に相当するものが何でありうるのかを語っておく必要があるからである。ところが、そもそも「社会福祉＝厚生概念が曖昧なのである（vague）」。だから、それぞれの基数効用の概念が曖昧であるわけではないし、所得分布における基数効用概念とリスク選択における基数効用概念を何としてでも同一化したいというわけでもないが、社会福祉＝厚生概念に対して、言いかえるなら、「社会福祉＝厚生についての価値判断の概念」に対して適切な解釈を与えることによって、まさにそのことを通して、両者の基数効用概念を「近いものにする」ことを目指すべきであるというのである。

では、社会福祉についての価値判断は、どのようなものとして解されるべきであろうか。それは「特殊な選好判断」「非利己的で非人称的な選好判断」でなければならない。例えば、あなたが、複数の所得分布を複数の社会状態としてランキングするとせよ。あなたは、個人的に価値判断を下す限りでは、各所得分布の内部において自分がどの地位に納まるかを考量してランキングするはずである。当然、自分の地位の期待効用が最も大きくなるような所得分布を最高位にランキングするはずである。それはそれで一向に構わない。あなたの幸福追求権である。ところで、あなたが、各所得分布の内部における自分の地位から離れてランキングを考量するという課題を何処からともなく課せられたとするなら、あなたは、どのように価値判断を下すであろうか。あなたが個人的観点から独立して「非利己的で非人称的」に所得分布をランキングするとしたらどうであろうか。これが有名な「無知」の想定であるが、ハーサニーによるなら、そのときの社会福祉の判断は、どんな所得分布になるのかも不確かであり、誰が所得分布内のどの地位に納まるかも不確かであるので、リスクを含む選択あるいは不確実性の下での選択になる。つまり、社会状態のランキング判断と個人の選好判断が同じタイプになるのである。すると、こうなる。「社会厚生に関する価値判断において〈最大化〉される基数効用と、リスクを含む選択において最大化される基数効用とは、同一の原理によって根本的に基礎づけられると見なされるであろう」。つまり、同一の原理が、個人のxと社会全体のYの双方に対して合理的制約を課して取り仕切ることになり、前者の効用関数と後者の「効用」関数は、ある特性条件の違いを賦与されながらも同一原理から導出される二つの「極めて近しい」バージョンとして納まることになるであろう。両者は同調すると合理的に証明されるわけである。

しかし、それだけでは問題は解決しない。「無知」の想定の下での非利己的で非人称的な判断にしても、それは結局のところ、各人の個人的判断にとどまっているからである。だから、それらを「集計」して社会状態の客観的ランキングにまで持ち上げなければならない。

問題は、社会厚生概念を明確にすることであった。限定して言えば、社会状態のランキングなるものを明確にすることであった。そもそも、社会状態のランキングを定めたいのであれば、一般的に考えても、社会厚生関数は、社会状態の改良に寄与すると目される諸変数や諸因子を引数とせざるをえないはずである。さまざまな候補が思い浮かぶ。出生率、死亡率、国民総生産、持ち家率、生活保護者の数、戦勝の数、人間主義者の数、ナショナルチームの勝率、等々。しかし、ハーサニーは、変数や因子の爆発を斥けざるをえない。では、どうやって縮減するのか。どうやって恣意的でない仕方で縮減して、恣意的でない仕方で数学的に形式化できるのか。問題の根は、「各人が自分自身の社会厚生関数を持つ」ところにある。あるいは、各人にそれを持たせてしまうところにある。ここには政治理論や社会理論が遭遇してきた伝統的な難題が潜んでいて、どう考えても簡単に行くはずがないのであるが、まさにここで、ハーサニーは福祉国家のコンセンサスを持ち出すのである。「現実には、われわれの社会では個人的価値判断が広まっているおかげで、社会厚生関数は、諸個人の効用の増加関数であるべきであるとの一般的合意が成立してきた」というのである。個人のxと社会全体のYが同期するべきであるというコンセンサス、これが理論家を数学的恣意性から免れさせるのである。とはいえ、恣意性をさらに限定してやる必要がある。

ハーサニーは、「各人が自分自身の社会厚生関数を持つ」との想定は動かさない。動かさないままその収斂可能性を説得せんがために、通例のごとくアダム・スミス以来の共感概念や不偏観察者概念を引証したり仮説的命法について議論したりしているが、そこに大した意味はない。また、個人が自分の効用を追い求めるためには、外部経済や不経済を考量しなければならないし、ひいては「共同体における他のすべての個人の状態」を考量しないわけにはいかないと論じているが、そんな道徳的説教にも大した意味はない。ハーサニーの重要性は、次の点にある。①個人が個人的に遂行する選好判断、②各個人が自分を除く他のすべての個人について遂行する選好判断、③それらを社会全体のランキングに投射する判断の三つを区別して、②を③へと持ち上げるルールに合理的な制約をかけることによってその存在を証明するという問題をそれとして提出したことである。たしかに、ハーサニー自身の証明は②と③の区別を消去することで問題そのものを解消しているために、後に批判を受けることにもなるし、後のテクニカルな展開から振り返れば簡単すぎるように見えてくるのでもあるが、重要なことは、ハーサニーによる問題設定そのものが後の医療福祉的理性の流行を可能にしたということである。以下、ハーサニーの達成の意味を医療において辿り直しておく。

病人の快楽と欲望のために

出発点は、快楽功利主義から選好功利主義への移行として語られてきた事態をどう解するかということである。この移行を功利主義の展開であると解するためには、選好と功利の関係、ひいては選好と快苦の関係などについて説明を要することになる。どう考えても、善きあり様（well-being）と選好充足は無関係だからである。例えば、病人は病苦を零度にしたいのであって、財やサービスのセットに関して選好したいわけではないのだ。病人は病気が治って快楽を経験して満足して幸せになるために医療を利用するのであって、医療が用意する選択肢の中から選好するために医療を利用したいわけではないのだ。とするなら、選好概念の導入による順序主義革命は、医療福祉的理性の歴史にとって極めてクリティカルな局面なのである。現実にも、一九三〇年代は、医療の市場化、医療の産業化が開始する極めて重要な局面であった。何としてでも功利主義は、「古典的」功利主義から選好「功利」主義への移行をスムーズに成し遂げる必要があった。

戦時に救済が到来した。それが、フォン・ノイマンとモルゲンシュテルンの期待効用理論である。[17] 病人が、医療の提供する財とサービスの選択肢の中から選好するとしよう。そして、病人は、各選択肢の成果がどの程度のものであるか、すなわち、どの程度病苦を減らすのか、どの程度快楽を増すのかを知っているとしよう。そのとき、病人が選好する選択肢は自動的に確定する。最も程度の高い成果をもたらす選択肢を選ぶに決まっているからである。しかし、このことは功利主義の展開にとってクリティカルなのである。困るのである。何故か。通例の解説に従って進めよう。医療の成果がどの程度であるのかは常に不確定である。病人は、事前に成果の如何を確実に知ることはできないし、医者でさえもそれを知ることはできない。だから、現実的にも理論的にも、財とサービスのセットに何らかの偶然性を吹き込んでやらなければならない。その偶然性を理論化してやれば、病人にとって、偶然性を吹き込まれた成果のために何かを選好することは、いわば無苦痛＝健康＝快楽＝満足＝幸福の影を、その亡霊のようなものを追い求めることになるであろう。このとき、病人のそれぞれの選好は、その影や亡霊の強弱に応じた程度を有することになるであろう。そうして、病人は、おのれの選好の亡霊的程度の亡霊的快楽を経験しさえすることになるであろう。例えば、病人は、よい医者にかかるだけで、よい薬を飲むだけで多少なりとも満たされることになるであろう。例えば、病人は、選好の結果として完治しなくとも、多少は幸せになれることであろう。医療の側から捉え返すなら、病人は自覚症状が消失しなくとも幸せになってくれるだろう。自覚症状のない人間が医療を享受することだけで幸せになってくれるだろう。そうすれば、医療は、特段の病苦を経験していない人間をも、医療の財とサービスのセットを与えられて選好して幸せになる主体へと形成できるだろう。以上が、期待効用理論の意味である。[18]

ところが、これだけでは、基本的に病人と医療の二者関係を範型としているために、功利主義は政治理論にも社会理論にもならないし、およそ福祉国家の理論にもなりえない。そこに登場したのがハーサニーである。

病人が健康の影で満足する主体となることは、病人を消費主体に仕立て上げることと同断であるから、それ自体は、別に珍しいことでも難しいことでもないし医療に固有のことでもない。だから、その後の、戦後福祉国家の幸福の企てにとっての問題はこうなる。健康の影を追い求める人間が、健康の影の増加とその総和の増加と社会のその増加が同調すると信ずるようにすること、そしてそのことを喜んで幸せになるようにすること、しかもそのことが合理的であると判断させるようにするという問題である。要するに、福祉国家のコンセンサスを、健康の影という量について合理化して喜ばせるという問題である。どう見ても、およそ理論的にも経験的にも解けるようには見えない難題である。

ここでハーサニーは、自分を除く他のすべての個人についての判断を社会状態の合理的ランキングそのものへと集計・投影・投射するルールには膨大な可能性があるが故にこそ、そこに種々の合理的制約をかけて可能性を一気に縮減できるということを実地に示したのである。そして、福祉国家の正統性を調達するためには、健康の影を追い求める人間に対して、自分の健康状態と自分以外の他のすべての個人の健康状態を比較し、そして自分が現実に属する社会状態と自分が可能的に属したかもしれない他の社会状態を比較し、さらに自分なりの社会状態のランキングの判断を行なうように訓育して、その果てに、後者の判断を集計した社会状態のランキングをもって喜んだり悲しんだりする国民へと訓育することが必要であると示唆したのである。さらに、そのためには、合理的に縮減したルールを訓育すればよいことを示唆したのである。周知のように、この訓育は成功した。例えば、医療福祉総額や平均寿命の国際比較に付されている役割を考えてみればよい。

そもそも、ルール縮減問題は純粋理論的なものにはなりえないと言うべきである。実際、ハーサニーは、ルールを縮減する方式そのものについてはテクニカルな正当化が難しいことを率直に認めている。そこで、ハーサニーは、そのための理論外的な条件を三つあげている[19]。①各人が社会について行なうランキングについて全員が完全な情報を持つこと、②社会の個人間効用比較の方式について全員が「合意」すること、③誰が「社会の成員」であるのか、誰の効用関数を社会厚生関数の定義に含めるべきかについて全員が「合意」することである。これら三つの条件は、結局のところは、医療の国家化・社会化の歴史を支えそれによって作られてもきたコンセンサス以外の何ものでもない。

医療福祉国家は、その成員に対して、健康の光と影が交錯する〈揺り籠から墓場まで〉の人生コースを用意する。各人は医療の財とサービスを選好するたびに健康の影を追い、ひいては、おぼろげながら人生のコースを選好する。癌早期発見患者の人生コース、癌化学療法患者の人生コース、脳卒中患者の人生コース、糖尿病患者の人生コース等々のセットから人生コースを選好する。そのことは同時に、医療的に可能な人生コースを比較することである。そして同時に、各人は、それら人生コースのセットが全体として、他の人生コースのセットよりもランキングが上であると判断する。全員が、以上の過程について完全な情報を持ち合って互いに合意している。より精確には、医療テクノクラートの医療的理性が、合理的に判断してくれているはずであると深く深く信じている。そして、全員が、昔に比べたなら、他所に比べたなら、現在の社会全体の「健康」状態はランキングで上位であると判断し、まさにそのことでもって幸せになっている。個人の健康度が上下しようが、他の成員がより苦しんでいようが楽しんでいようが、他ならぬこの国家の福祉＝厚生の状態の中で四苦八苦していることをもって快くなり喜んで幸せになる。この歴史的に形成されてきたコンセンサスこそが、当のコンセンサスの功利主義的合理化そのものと共振しているのである。

こうして、現代の人間は、病苦を経験していようといまいと、あるいはむしろ、病苦が激しければ激しいほど、おのれの魂の快楽の増加が社会全体の福祉＝厚生の増加と同調すると理性的に納得することをもって幸せになる。言いかえるなら、健康の影と健康の影の影でもって幸せになる。ときに、死苦の影でもって幸せになる。このように、現代の魂は、古代の倫理を奇怪な形で再演しているのである。この奇怪な福祉国家の舞台に向けて、現代思想は、〈欲望を諦めるな〉（ラカン）、〈欲望を肯定せよ〉（ドゥルーズ／ガタリ）、〈快楽を発明せよ〉（フーコー）と呼びかけていたのである。

第Ⅲ部
理論／思想

第一章

二つの生権力

ホモ・サケルと怪物

生命に関心を寄せる近代国家

「二つの生権力」とは、生命に対する権力（power）と生命そのものの力（power）の両方を表わしています。ここでは両者が絡み合う様子を、「ホモ・サケル」と「怪物」の二つのテーマに即して考えていきたいと思います。まず標題の用語の説明をしながら進めていきます。

「生権力」は、ミシェル・フーコーというフランスの二〇世紀後半の思想家が使った用語です。『知への意志　性の歴史I』（渡辺守章訳、新潮社、一九七六＝一九八六年）の「第五章　死に対する権力と生に対する権力」で、フーコーは、近代の権力を特徴づけるとしたら、それは人間を死なせる権力というよりは、むしろ人間を生かす権力、人間の生命を増進する権力であると書いています。そんな近代権力が生権力です。

フーコーが「生かす権力」や「生命を増進する権力」という言葉で、何を言い表わしたかったかについてはさまざまな説がありますが、一般的にはこう解することができます。戦時中も戦後も、近代国家は、自国の人口の増減を非常に気にします。赤ん坊が何人生まれたのか、人間が何人死んだのかを気にする。また、健康状態がどうなのか、どんな死因で死んだのかも気にして、病気や死因の統計も取る。

このように、近代国家は、人間の生命、人間の生老病死を非常に気にする国家ですが、これは実は不思議なことなんだというのが、フーコーが問題提起しようとしたことです。人間の生命に意を注ぐことが、国家の存在理由や存在目的になっているということ、これが本当は不思議極まりないことなんだということです。

まず皆さんにはこの事実について考えをめぐらしていただきたい。これが良いことか悪いことかは当面別にしておいて、とにかくこの事実に驚いてみることが肝心です。近代国家が生命に関心を注いでいるということ、それを善用することも悪用することもできると思うのですが、そこは後で考えるとして、とにかく、近代国家が人間の生老病死に配慮することをその使命として標榜しているということ、この事実を当然のこととは見なさないことが肝心です。フーコーに言わせると、そんなことは近代以前にはなかったことです。とすれば、近代国家が生命に配慮するようになったのは、これは一体全体何事なのかと問わざるを得なくなります。

フーコーは必ずしも明言していませんが、近代国家は人間を家畜扱いしていると言うこともできます。これは、良いか悪いかではなく、単なる事実です。人間が家畜の世話をする時には、家畜の健康状態に配慮します。そして、何頭生まれたか、何頭生ませるか、何頭死んだか、何頭殺すかを配慮します。家畜を世話するということ、家畜をケアするということは、そんな生権力を家畜に対して行使することです。ですから、人間が家畜の世話をするように、近代国家は人間の世話をしていることになります。近代国家は人間を家畜として扱っているし、人間を家畜にしていることになる。これは厳然たる事実であるし、良いか悪いかではなく驚くべき事実であるとフーコーは指摘しているわけです。

健康増進法

このような生権力の例として、二〇〇三年に日本で制定された「健康増進法」をあげることができます。これは露骨に生権力的な法律です。これに関しては第二十五条の分煙のことが話題になりましたが、むしろ注目すべきはその第二条です。

健康増進法

第一条（目的）　この法律は、我が国における急速な高齢化の進展及び疾病構造の変化に伴い、国民の健康の増進の重要性が著しく増大していることにかんがみ、国民の健康の増進の総合的な推進に関し基本的な事項を定めるとともに、国民の栄養の改善その他の国民の健康の増進を図るための措置を講じ、もって国民保険の向上を図ることを目的とする。

第二条（国民の責務）　国民は健康な生活習慣の重要性に対する関心と理解を深め、生涯にわたって、自らの健康状態を自覚するとともに、健康の増進に務めなければならない。

第二十五条　学校、体育館、病院、劇場、観覧場、集会場、展示場、百貨店、事務所、官公庁施設、飲食店その他の多数の者が利用する施設を管理する者は、これらを利用する者について、受動喫煙（室内又はこれに準ずる環境において、他人のたばこの煙を吸わされることをいう。）を防止するために必要な措置を講ずるように務めなければならない。

健康増進法の第二条によって、健康の増進が日本国民の責務にされたわけです。皆さんは、この点をどう感じられるでしょうか。おそらく、ほとんどの人は、これを良い法律だと思っています。だからこそ、多くの人が喜び勇んで病気予防運動や分煙・禁煙運動を進めています。そうではありますが、私自身は非常に不愉快です。ちなみに私は喫煙者ですが、喫煙者であるからということで不愉快なのではありません。第二十五条については、受動喫煙の被害に関しては重大な異論も出されていますし、分煙や禁煙が医療政策上有効か否かに関しても疑義が出されているのに、一方的に特定の立場が押し付けられたからです。この点は別としても、一番の問題は第二条です。これは、何だかおかしくて、気持ちが悪い。私が健康であるか否か、喫煙者であるか否かに関わらず、不愉快極まりない。そうは言っても、皆さんにもいろいろな感じ方があるでしょうから、私たちが共有できるような問いの立て方をしたいと思います。

日本という国民国家は、国民の健康を増進することによって、一体何を目指しているのでしょうか。私にはわかりません。国民に健康増進の責務を課して何をさせたいのか。これも私にはよくわかりません。一体全体、健康増進の国益や法益が何なのか、さっぱりわかりません。もちろん、どんな答え方が流行っているかは私も知ってます。高齢化社会を迎えて、医療制度や年金制度や保険制度が行き詰まっているから云々など、あれこれもっともらしい答え方があるにはあるし、そんな答え方が私たちにも刷り込まれていますが、それは果たして本当に本当なのでしょうか。だれかに教えてほしいところです。

もうひとつ問いたいのは、仮に国民が健康増進の責務を果たさなかったら、国家はどうするつもりなのでしょうか。言うも愚かなことですが、私たちは健康増進の責務を絶対に果たせない。国民も人間ですから、必ず病気になる。そして必ず死ぬ。いつか必ず「健康増進の責務は果たせませんでした」ということになる。私はすでに果たしていません。喫煙者ですから。でも、禁煙したところで、果たせるわけではない。そんな国民をどう処置するつもりなんでしょうか。こんなことを考えるにつけ、とても気持ちが悪い法律だと感じます。

ともかく、明らかなことは、フーコーのいう生権力は、現に法律化されているし、現に働いているということです。ですから、千代田区の公務員をはじめとして、第二十五条のいう「施設」職員は、生権力の一翼を担っていることになる。しかも、おそらくほとんどの人は、面倒臭いと思いながらも、よかれと思ってやっている。

これは良い状況だとは私には思えません。家畜同士が世話し合う状態は、気味が悪い。しかし、悪い状況だとも言い切れない。家畜同士が世話し合う状況は、微笑ましいとも言えますから。いずれにせよ、健康増進法という形で現われている生権力そのものを、どう評価すればよいのかは後で考えてみます。

ホモ・サケル

続いて、副題の「ホモ・サケル」ですが、これはジョルジョ・アガンベンという、現在活躍しているイタリアの思想家の用語です。彼の著書は最近たくさん翻訳されていまして、ちょっとしたブームになっています。つい先日、『ホモ・サケル――主権権力と剥き出しの生』(高桑和巳訳、以文社、一九九五＝二〇〇三年)が出ました。「サケル」は「聖なる」という意味のラテン語、「ホモ」は「人間」という意味のラテン語です。「ホモ・サケル」で「聖なる人間」という意味になります。

アガンベンは、ローマ帝国期の文献から以下のような一節を引用しています。「聖なる人間とは、邪であると人民が判定した者のことである。その者を生け贄にすることは合法ではない。だが、この者を殺害する者が殺人罪に問われることはない」。こうホモ・サケルは規定されています。何だか奇怪な文章です。ここからアガンベンは出発し、現代におけるホモ・サケルとはだれなのかと進んでいきます。歴史的な事例から見ると、ホモ・サケルと称されたのは、親に危害を加えた者、共同体と共同体の境を定める境界石を掘り起こした者、外来の客に危害を加えた者などです。日本の歴史でも似た事例を拾うことができます。非人と呼ばれる地位に落とされた者、追放刑に処せられた者、宗教施設に逃げ込んで匿われた者などが、ホモ・サケルに相当するでしょう。

先の引用にもあったように、これらのホモ・サケルを殺しても罪に問われない。また「生け贄にすることは合法ではない」。ホモ・サケルを宗教的な犠牲者に仕立て上げることはできないし、してはならない。つまり、ホモ・サケルが死ぬこと、あるいはホモ・サケルを殺すことは、何らかの理念や目的に役立つものではない。まとめると、こうなります。ホモ・サケルは殺してもOKだが、殺したからといって、何かの役に立つ人間ではない。逆に言えば、殺してもかまわないが、その死に何の意味も発生しないような人間が、ホモ・サケルと称されているわけです。

続けてアガンベンは、では、どうしてそんな人間が「聖なる」と形容されたのか、いかにも悲惨な人間がどうして聖化されたのか、逆に言えば、どうして聖化された人間がそのように処遇されたのかと問いを立てます。これに対する歴史学の通常の答え方は、「聖なる観念には両義性があるから」というものでした。聖なる者は同時に呪われた者でもある、聖なる者と汚れた者は不可分である、といった答え方です。これは日本でも同じです。乞食・非人が聖（ひじり）と称されたり、宗教者の聖が非人と自称したりするのはなぜかというと、聖なる観念の両義性のためであるというわけです。この類の解釈が、西洋でも日本でも主流になっていましたし、いまでもその影響が残っています。

アガンベンの解釈

アガンベンはこの通説に異議を唱えます。ホモ・サケルが逆説的な存在者であるのは、聖なる観念が両義的だからではなく、そもそも権力がそうしている、あるいは権力がそういうものを作り出しているからだと主張するのです。アガンベンによると、そもそも権力というものは、何者かを外部に排除し、同時にその何者かを外部で包囲するものであるし、それこそが権力の基礎になっている。ところで、外部というものは世俗的市民社会にとっての外部にあたるから、定義上、世俗の外部は、世俗でないもの、超俗的なもの、要するに、聖なるものと表現されるしかない。だから、権力の排除作用と包囲作用こそが、聖なる観念を成り立たせているということになる。それだけではありません。権力は、聖なる者を、世俗的市民社会から排除する。つまり、健康で文化的で品位ある生活から除外する。だから、権力は、聖なる者を、単なる生命をただ生きているだけの人間であると見なすことになる。家畜ならその生死は有用になるが、聖なる人間を生かしておいても殺してみても何の役にも立たないから、権力からすると、聖なる人間は家畜以下の生き物であるということになる。このように、アガンベンは考える。そして、アガンベンによるなら、そもそも主権権力とはそういうものである。主権権力は、健康で健全な市民たちを支配するのを主眼としているように見えるが、仮にそうであるとしても、そのようにできているのは、特定の人間たちを外部に排除して包囲することによって、絶えず聖なる人間を生産し維持し管理することによってなのである。ここにこそ主権権力の秘密があるというわけです。

こうして紹介していながらも、いろいろと疑問が湧いてきて、アガンベンの議論はそれほどクリアではないと思われてきますが、何かしら核心を言い当てていると感じられます。

アガンベンが考えようとしていることは、おそらくこういうことです。現在、人間の尊厳や生命の尊厳が語られていますが、アガンベンは、この「尊厳」こそが「サケル」の現代版だと言いたいのです。というより、尊厳なる観念の奇怪さの由来を探していたら、ホモ・サケルに出会ったというのが実情でしょう。ともかく、聖なる観念や尊厳なる観念、これに関連するいくつもの概念に疑いの眼差しを向けてみたら、何が見えてくるのか、世の中がどう見えてくるのかを、アガンベンに学びながら、考えていくのがよいと思います。

人間の尊厳や生命の尊厳と言いたくなる場面をちょっと考えてみてください。こうしたことが取り立てて主張されなければならない場面を想像してみるなら、その場面で生きている人間は、非世俗的で非社会的で非人格的なただの生命を生きるにすぎない者として想像されているのではないでしょうか。別の言い方をしてみます。尊厳と殊更に言いたくなるのは、尊厳が侵されている場合ですね。同様に、権利と言いたくなるのは、権利が侵害されている場面です。ここで、どう考えるかです。普通は、だから尊厳や権利を守ることは大切だと語られます。しかし、どうなんでしょうか。そもそも、人は尊厳や権利を守られているから安心していられるのでしょうか。また、人は尊厳や権利を侵されるから悲惨になるのでしょうか。そんなことではないはずです。それなのに、人が悲惨になったまさにその後で、その事件が起こってしまって手遅れになったその後で、尊厳や権利が持ち出されるのです。ですから、尊厳や権利という観念はひょっとしたら怪しいものではないかと疑ってみる必要があります。

また少し別の言い方をしてみます。「人間の生命は地球より重い」とよく言われますね。実はこの文句は、第二次世界大戦後、現在の日本国憲法のもとで、初めて死刑に合憲判決を出した最高裁判決文で使われていたものです。その意味は、殺された被害者の生命は地球よりも重いということです。つまり、すでに死んだ者について、事件の後になって、あなたの生命は地球より重かったと言ってるわけです。そして判決文は、生命は地球より重いからということで、正確には、生命は地球より重かったということに死後の時点でそうしたからということで、殺害者は死刑に処せられると続きます。殺害者の生命は地球より重くはないわけです。というより、最高裁判事を含め、だれも、生命が地球より重いなどと字義通りに考えているわけではないですね。だれだって、レトリックにすぎないとわかってる。にもかかわらず、生命の重みが語られるのは、死者の生前の生命の重みを持ち出すことによって、現在の生者の生命を奪うことを正当化するためです。いまは死刑に賛成か反対かを問題にしているのではありません。生命の重みなるものがこんなふうに使われることを問題にしたいのです。

とすると、近代国家において生命の尊厳や生命の権利といった言葉が使われるとき、真に受けるわけにはいきません。この辺りに生命と権力の関係をめぐる重要なポイントがあるのです。

怪物

副題の「怪物」という用語は、ジル・ドゥルーズとフェリックス・ガタリのすばらしい共著『千のプラトー』(宇野邦一他訳、河出書房新社、一九八〇＝一九九四年)の内容に即して使用していきます。「第六章いかにして器官なき身体を獲得するか」と「第一〇章　強度になること、動物になること、知覚しえぬものになること……」を参照していきます。

一九八〇年代、九〇年代の文化を振り返ると、怪物ブームでした。異形の異様な生命体、機械と合体した生命体、死んでいるか生きているか定かでない生命体のイメージが氾濫していました。モンスター、ミュータント、サイボーグ、ヴァンパイヤ、天使、悪魔、ゾンビなど、いくらでも数え上げることができます。これらをここでは「怪物」という言葉で一括しておきますが、それらは、漫画、アニメ、ゲーム、映画、SF、ホラーなどに溢れていました。その背景には、宗教思想、終末論、ユートピア思想、その逆であるディストピア思想などがありました。

この流行の意味についてですが、第一に、よく指摘されるのは、生命技術と情報技術の発展が背景にあるということです。この怪物ブームには、生命技術と情報技術に対する期待や不安が投影されているというわけです。

第二に、現代のメジャーな文化、支配的な文化ないし文明は、先ほど紹介した健康増進法に見られるように、健康で健全で清潔な身体を欲しています。裏返して言うと、そのことによって、不健康で不健全で不潔なものは排除して隠蔽しようと欲しています。何とかして見えるところから消し去ろうとしている。そうすると、怪物ブームは、その排除され隠蔽されたものが噴き出してきた文化だと見ることもできる、つまり、現代のメジャーな文化・文明に対する対抗文化だと見ることができます。

第三に、この点は私たち一人ひとりについても言えることですが、自分の身体を健康・健全・清潔にしようとしても、しようとすればするほど、自分の肉体の奥底から何か汚くて醜いものが噴き出してくるように感じることがある。どんなに健康増進でがんばってもダメなわけです。私も歳を重ねながら実感しているところですが、本当にどうしようもない。いわば、自分の内部に、異なるもの、他なるもの、つまり怪物的なものが潜んでいる。どうしようもなくある。そんなことが自覚されて、怪物文化は流行ったのだと見ることもできます。

これは文化にとどまる話ではなく、それに相当する現実もあります。そんな眼で時代を観察すればすぐに気づくことはたくさんあります。ＳＡＲＳや突発出現性ウイルスは怪物のイメージですね。癌細胞は身体を内側から破っていくものですから、癌細胞にも怪物的なイメージがある。怪物文化は、単なる空想ではなく、それに相当する現実があると言えます。

怪物の流行は、一段落着いた感じがありますが、あらためて現段階で考え直しておきたい。私の基本線はこうです。怪物は、私たち人間が変身していく方向を指し示していると考えてみたい。汚く醜く病んだ怪物からこそ、新しいものが湧き上がってくる、美しいものが降り立ってくると考えてみたい。文化においてだけではなく、現実においてもそうだと考えてみたい。癌細胞やウイルスについてもそう考えてみたい。癌細胞やウイルスから新しいものが生まれることを期待してみたい。そういう方向に進むために、現在の生命科学技術をどのように使用すればよいのかと考えてみたい。端的に言えば、怪物文化をリレーして、怪物を実際に作ってみるべきだと考えています。

怪物出現を阻止する法律

ところが驚くべきことに、あるいはむしろ笑うべきことに、すでに怪物の出現を阻止する法律が作られているんです。立法者、この場合は官僚ですが、官僚の想像は極めてたくましい。事実は小説より奇なり、どころではありません。はるかに空想をたくましくて、怪物の出現を予想し、怪物の作成を禁ずる法律を制定したのです。それが、二〇〇〇年に制定された「ヒトに関するクローン技術等の規制に関する法律」です。これについては、クローン人間の禁止が話題になりましたが、私自身はクローン人間問題は大した問題ではないと思っています。やらなくてもいいし、やってもいいし、殊更に法律で禁ずるようなことではないと思っています。私の理解では、この法律のポイントは、クローン人間問題にではなく、別のところにあります。

ヒトに関するクローン技術等の規制に関する法律

第一条（目的）　この法律は、ヒト又は動物の胚又は生殖細胞を操作する技術のうちクローン技術ほか一定の技術（以下「クローン技術等」という。）が、その用いられ方のいかんによっては特定の人と同一の遺伝子構造を有する人（以下「人クローン個体」という。）若しくは人と動物のいずれであるかが明らかでない個体（以下「交雑個体」という。）を作り出し、又はこれらに類する個体の人為による生成をもたらすおそれがあり、これにより人の尊厳の保持、人の生命及び生命の安全の確保並びに社会秩序の維持（以下「人の尊厳の保持等」という。）に重大な影響を与える可能性があることにかんがみ、クローン技術等のうちクローン技術又は特定融合・集合技術により作成される胚を人又は動物の胎内に移植することを禁止するとともに、クローン技術等による胚の作成、使用及び輸入を規制し、その他当該胚の適正な取扱いを確保するための措置を講ずることにより、人クローン個体及び交雑個体の生成の防止並びにこれらに類する個体の人為による生成の規制を図り、もって社会及び国民生活と調和のとれた科学技術の発展を期することを目的とする。

第一条の「交雑個体」とは、要するに怪物のことです。この法律は、その名称に「クローン技術等」とあるように、クローン技術に加えて、各種の生殖技術や遺伝子操作技術を駆使して怪物を作成することに狙いが定められている。特に「人又は動物の胎内に移植することを禁止する」。つまり、怪物を生むような女性や雌が出てきては困ると言っている。ただし女性に対する罰則規定はありません。

ともかく日本国などの先進諸国は大まじめに怪物制作と怪物出産を禁止する法律を制定してきました。私は怪物文化をリレーしたいので、こんな動向に対抗したくなります。

ここまで、講演の題名にある用語、「生権力」「ホモ・サケル」「怪物」をめぐって話してきました。以下、それらを繋げる仕方を考えてみます。

日本国憲法の生存権

アガンベンの議論を応用することから始めてみます。「日本国憲法」の第十三条と第二十五条を取り上げます。

日本国憲法

第十三条［個人の尊重、生命・自由・幸福追及の権利の尊重］　すべて国民は、個人として尊重される。生命、自由及び幸福追求に対する国民の権利については、公共の福祉に反しない限り、立法その他の国政の上で、最大の尊重を必要とする。

第二十五条［生存権、国の生存権保障義務］すべて国民は、健康で文化的な最低限度の生活を営む権利を有する。②国は、すべての生活部面について、社会福祉、社会保障及び公衆衛生の向上及び増進に務めなければならない。


もちろん私にしても、おそらく皆さんと同じように、日本国憲法の第十三条と第二十五条は、良いか悪いかと尋ねられたら、現在の状況ではどちらかと言えば良い条項であると答えます。しかし、本当に良い条項なのかと突っ込んで考えてみると、さらに、生権力という観点で考えてみると、この日本国憲法の条項は無条件に良いのだろうか、どこか怪しげな条項ではなかろうかと疑問が湧いてきます。

日本国憲法の第十三条と第二十五条には、「生命」「生存」「生活」という三つの言葉が出ています。このうち「生存」は条項の見出しにだけ出ていて本文には出てきませんが、この点は措きます。いずれにせよ、この三つの区別と関連が問題になります。さて、第十三条には「生命に対する権利」とあります。これは、ただ生きる権利です。ただ生きる権利は尊重される。ホモ・サケルについても、ただ生きる権利は尊重される。ただし、この生命権は、公共の福祉に反するということを名目にして、尊重を取り消されることがある。法学者はそう解釈したがらないようですが、ここでは死刑のことが想定されていると見るべきです。日本国憲法は、ただ生きる権利は尊重するが、ただの生命を奪うこともあると匂わせているのです。近年、ただ生きている人間、ホモ・サケルの例にされてきたのは、脳死状態や植物状態を生きる人間です。これらの人間は、ただ生きていると見なされている。同時に、生命の尊厳も認められている。生命に対する権利は尊重されている。そして、日本国憲法の秘められた精神からすると、だからこそと言うべきでしょうが、「最大の尊重」を必要とはしないと見なされている。

これを念頭に置きながら、第二十五条を読んでみます。第二十五条が保障しているのは、生命に対する権利ではなく、本文では、ミニマムな生活に対する権利、見出しでは、生存に対する権利です。ただの生命を保障するとは書かれていない。生存権の保障とはミニマムな生活権の保障に尽きている。ところで、脳死状態や植物状態を生きる人間は、「健康で文化的な最低限の生活を営む」ことさえできなくなったと見なされている。とすると、第二十五条は、生活を喪失したと見なされる人間には、生活すなわち生存を保障しないと匂わせていることになるのです。ところで、どう考えても、「生存」は、「生命」と「生活」の間にあって両者を繋ぐ言葉ですから、全体として日本国憲法は、生活から排除された人間、生活から脱落した人間、要するにホモ・サケルのただの生命を奪う場合もあるのだと宣言しているのです。この点から見ると、日本国憲法の基礎にある主権は、国民主権でも君主主権でもなく、生権力であるということになります。日本国憲法は、残酷な生権力を基礎にしているのです。

生権力は残酷と言いましたが、同時に生権力は優しいものです。「生かす権力」「生命を増進する権力」ですし、「健康で文化的な最低限の生活」を保障する権力ですから。だから良し悪しの判定が難しいわけです。先ほど、生権力と人間の関係は、人間と家畜の関係に等しいと言いましたが、家畜からすると、飼育者の人間は優しいものでしょうし、同時に残酷なものでしょう。家畜にとっても飼育制度の良し悪しの判定は難しいはずです。

日本国憲法に関して、もう一点、付け加えておきます。これはよく指摘されていることですが、日本国憲法条文の「国民」という言葉は、英文では national と people の二通りに翻訳されています。ここには日本国憲法の正文の由来に関わって面倒な議論があるところですが、ここでは簡単に、「国民」には national と people のふたつの意味が含まれているはずだが、「国民」は基本的に national だけを意味していると言っておきます。ところで、people には人民や民衆という意味があって、これには国民だけでなく、国民ではない者、非国民も含まれています。ところが日本国憲法では一律に「国民」と書かれている。とすると、結局、日本国憲法は、日本国内部で生きて生活しているけれど、国籍を持たない人間を、ホモ・サケルとして処遇する場合もあるのだと宣言していることになるのです。この点でも、日本国憲法は露骨に生権力の法であると言わざるをえません。以上のことを考えながら、アガンベンを読んでみます。

zoe と bios

アガンベンは、生命という概念を zoe（ゾーエー）と bios（ビオス）のふたつに分けます。ギリシャ語の zoe は、単なる生、単なる事実としての生を意味していて、アガンベンは「剥き出しの生」ないしは「裸の生」とも書きます。たとえば、生物学や医学が対象とするのは、zoe であることになります。一方のギリシア語の bios は、人生、生活を意味しています。ただの生命と区別されて、生きる形式、生き方も意味します。たとえば、学校生活、会社生活、社会生活、市民生活、精神生活、ライフスタイルなどは、bios のことになります。日本国憲法第十三条は zoe に関わり、第二十五条は bios に関わっているわけです。そんな使い分けになります。

zoe と bios を自覚的に使い分けたと解されているのが、古代ギリシアのアリストテレスです。アリストテレスは『政治学』(牛田徳子訳、京都大学学術出版会)でこう書いています。

あらゆる自足の要件を満たした、終局の共同体が国家(ポリス)である。それは、人びとが生きるために生じたのであるが、彼らが善く生きるために存在するものなのである。(『政治学』八頁)

アリストテレスにとって、政治国家の存在目的や存在理由は善く生きることにあります。政治国家が配慮すべきは、zoe ではなく bios です。政治国家が何のためにあるかといえば、ただ生きることを保障するためではなく、また、「健康で文化的な最低限度の生活」を保障するためでもなく、善く生きるためにある。これに対して、アリストテレスは、zoe に「純然たる再生産」すなわち生殖も加えていますから、一般に生老病死は家政(オイコス)に任せておけばよいとしていることになります。生老病死は、政治の問題でも公的な問題でもなく、あくまで家政の問題、私的な問題であるというわけです。

ですから、日本国憲法は、アリストテレスには考えもつかなかったものであることになります。アリストテレスにしてみれば、国家が zoe や最低限度の bios の保障を目的とするなど、信じがたい話になるはずです。

アガンベンは、近代でなぜそんな変化が起こったのかを問題にします。二千数百年前のアリストテレス政治学と近代国家を比べて、こんなに違うという話をするわけですから、非常におおざっぱな図式ですが、確かに違うことは違うし、どこかでそんな変化が起こったはずです。では、その変化は改善ないしは進歩だったのでしょうか。そこで、アガンベンの『人権の彼方に――政治哲学ノート』（高桑和巳訳、以文社、一九九六＝二〇〇〇年）も参照してみます。

剥き出しの生が保護されるのは、主権者のもつ（あるいは法のもつ）生殺与奪権にこの生が従属する限りにおいてである。（『人権の彼方に』一一四頁）

これは比較的わかりやすい言い方です。国家は死刑囚に対して、なぜかは知らないが、食事を与える。それに、死刑囚が自殺しては困ると一応は思っている。こんなことを例にすればわかります。次の引用に移ります。

国民国家の体系においては、いわゆる聖なる不可侵な人権は、それが一国家の市民の権利という形をとることがもはやできなくなった時から、あらゆる後ろ盾を奪われている。（『人権の彼方に』二七頁）

これは大事な論点です。日本国憲法も国民を対象としている。people、非国民は保護の対象となっていない。ですから、日本国など近代国民国家は、国籍や市民権を持たない人間を放置する。ただし、そのことは必ずしも悪いことではありません。国民でない者、非国民はお構いなしと言っているわけですから、必ずしも悪いことではない。問題は、国民国家が非国民を排除しながら囲い込もうとすることにあります。放っておけばいいのに、囲い込もうとする。アガンベンによると、その典型的な例がナチスの強制収容所です。

収容所は、かつて実現されたことのない最も絶対的な生政治的空間であり、そこで権力が向き合っているのは、何の媒介もない純粋な生物学的生にほかならない。……したがって、収容所で犯された残虐行為を前にして立てるべき正しい問いとは、人間に対してこれほど残虐な犯罪を遂行することがいったいどのようにして可能だったのか、という偽善的な問いではない。それより真摯で、とりわけさらに有用なのは、人間がこれほど全面的に、何をされようとそれが犯罪として現われることがないほどに（事実、それほどに一切は本当に可能になっていたのだ）自らの権利と特権を奪われることが可能だったのは、どのような法的手続きおよび政治的装置を手段としてのことだったのか、これを注意深く探求することであろう。（『人権の彼方に』四六頁）

ユダヤ人は、気の狂った大規模な全燔祭を通じて殲滅されたのではなく、文字どおり、ヒトラーの告げたとおり「シラミとして」、つまり剥き出しの生として殲滅されたのだ。（『ホモ・サケル』一六一頁）

国家はまずユダヤ人から国籍や市民権を奪う。そしてお構いなしに放っておくのではなく、単なる生命体、ただの生命体、「シラミとして」収容し処遇し処置する。どうしてこんなことが起こっているのか。アガンベンの答えは、そもそも主権はそんな生権力だからである、ということになる。古代ローマ以来ずっとそうであり、近代国民国家はその完成である。先に見たように、そのおぞましい近代国民国家の構造は日本国憲法にも書き込まれているわけです。

締め出しの構造の中で

このような近代国民国家の生権力は、非国民にだけではなく、国民一般にも作用しています。アガンベンの言い方を参照しておきます。

この締め出し構造を、我々のいまだに生きている政治関係、公的空間の内にそれと看て取ることを学ばなければならない。……現代にあっては、すべての市民が、ある特殊な、だが現実的きわまる意味で、潜在的ホモ・サケルの姿を呈している。このようなことが可能なのは、はじめから締め出し関係が主権権力の構造そのものを構成するものであるからにほかならない。(『ホモ・サケル』一五七頁)

「この締め出し構造」は強制収容所のことです。その構造は、第二次世界大戦後も近代国家には依然としてあるというのです。ここは過剰な言い方に見えます。何しろ、日本国憲法そのものが、強制収容所を可能にする構造を潜在的に含んでいると主張していることになりますから、異論が出ないわけにはいかないでしょう。この辺りの論点は、戦時体制と戦後の福祉国家体制は、どうつながり、どう切れているのか、植民地体制とポスト植民地体制は、どうつながり、どう切れているのかという、近年広く議論されてきたもののひとつのバージョンですが、アガンベンの過剰な言い方が当たっている面は確実にあると私は考えています。

アガンベンが言うように、締め出しの構造を持つ主権権力は、必ずホモ・サケルを生み出すだけではなく、すべての人間、すべての国民・市民を「シラミとして」扱うようになっているし、そこに濃淡の差はあるにしても、現に扱っている。別の言い方をしてみます。だれかの生命・生存・生活を保障・保護してやっていると自称する人がいるとします。そんな人は、仮に善意に溢れた優しい人であったとしても、潜在的には残酷な人ではないでしょうか。そういう人は必ず「いつでも止めようと思えば、その保障・保護をうち切れる」と思うはずです。思うからこそ、自らの道徳性を磨こうともするわけです。その道徳性の陰には、いつだって、保障・保護を打ち切って、単なる生命として処置したがる欲望が隠れているのではないでしょうか。こうした見方は、善意の個人の奥底の悪意を嗅ぎ出す下卑た見方にも見えるでしょうから、さらに別の言い方をしてみますが、善意の個人が出現すると、まるでバランスをとるかのように、別の個人からそんな欲望が噴出するようになっているのではないでしょうか。「一体だれのおかげで飯が食えると思ってるんだ」と言いながらだれかを飢餓に追い込む暴力や、保障・保護を打ち切られて自らを飢餓に追い込んでしまう事態は、善意に溢れた世の中だからこそ起こっているように思えます。いずれにしても、生命・生存・生活を保障・保護したり、されたりする関係というのは、それほど晴朗なものとは言えないはずです。

では、どういう立場を取るのかということになりますが、私の立場は簡単です。私や私たちが生きていられるのは国家のおかげではないし憲法で権利を保障されているからではない、子どもが生きていられるのは親のおかげではない、私たちの生活・生存・生存を保障・保護しているものは、保障者・保護者を自称している人や国家ではない、という立場です。私の生命、私たちの共生、これを支えるものは別の何かです。

難しいのは、その別の何かを的確に言い表わすことです。とにかく国民国家のおかげではありません。逆に言いますと、仮に国民国家が私たちの共生に何か寄与するところがあるとすれば、その寄与分については肯定します。そこは感謝すべきでしょう。ただし、その寄与分を市民権や国籍と呼ぶことはできない、あるいは、法廷の中でならいざ知らず、法廷の外では呼ぶべきではないと考えています。

現代のホモ・サケル～難民

アガンベンも、人道や人権を名目にした活動を批判して、こう書いています。

いまや、人権宣言の数々を、立法者に永遠の倫理的原則の尊重を課すことを目的とする（実のところあまり成功を収めていない）法を超える永遠の価値を無償で布告するものとして読むことをやめるときである。（『ホモ・サケル』一七六頁）

今日、超国家組織の活動としだいに並ぶようになっている人道的組織も、結局は人間の生を、剥き出しの生ないしは聖なる生という形象において理解できるにすぎない。まさにそれゆえに、そうした人道的組織は、自分が相手どって闘うべき諸勢力とのあいだに心ならずも秘かな連携を維持して

いる。(『ホモ・サケル』一八四頁)

これは、なかなか理解されないのですが、とても大事な批判だと思います。いわゆる難民援助や人道援助は無条件に善いこととされていますが、無条件に善いことなどこの世にそうあるとは思えませんし、実際いろいろな問題点がある。アガンベンが指摘するのは、難民は家畜扱いされているということです。難民援助では、難民を何ほどか強制的に集め、家族とも引き離して、支援者の都合で配置して、健康状態や出産や死亡に配慮する。これは家畜管理の手法と同じです。「だからと言って悪いことではない、そうしなければ効率的な援助はできない」というもっともな議論もありますが、しかしそれにしてもということです。

人道的と見なされる戦争報道にも似た問題点があります。イラク戦争でも、戦争犠牲者の写真や映像が報道されています。そこに写し出されている人たちは犠牲者化されている。イラクの難民、イラクの人たちは、受動的な無力の者、ただの生命を生きている者として写し出されている。保障も保護も剥奪され、ただの生命すらも奪われようとしている者として、保障や保護を自ら勝ち取る政治的な力もなく、最低限の生活を実現する力もなく、ただの生命体として必死に生きながらえているホモ・サケルとして提示されている。現代の主権権力がホモ・サケルを作り出そうとしているならば、それと寸分違わぬ仕方で、難民をホモ・サケルとして扱うのが現代の人道・人権活動なのです。主権国家の生権力と人道・人権は何らかの共犯関係に立っているのです。とするなら、何か別の道を探る必要があるはずです。

ここでも私の立場は簡単です。それほど援助したいなら、難民自身が自らの手で救済に立ち上がるようにすればいい。それだけです。国連職員を遠くから派遣するのではなく、難民を国連職員に雇えばいいんです。戦時には必ず国境が封鎖されて、難民を国外に出さないようにしておいて、難民キャンプに収容するわけですが、そうではなくて、難民が国境を越えて移動するのを妨げなければいいんです。要するに、難民自身が平和を作り出すために運動できるように、そのように手を打つべきです。その意味では、アリストテレスにも一理あって、政治は、難民がただ生きるためにではなく、難民自身が政治的に善く生きるためにある。

難民という概念（および難民が表象する生の形象）を人権概念からきっぱりと分離しなければならない。また、人権の命運を近代国家の命運と結びつけるアーレントのテーゼ、近代国民国家の衰退と危機は必然的に人権が使いものにならなくなっていくことを含意しているとするテーゼを、真剣に受け取らなければならない。難民は、ありのままの姿で考察されなければならない。（『ホモ・サケル』一八五頁）

難民は国民権や市民権を失っている。それらを失ったときに、同時に生命・生存・生活に対する権利も失う。このとき問題は、国民権・市民権と生活権・生命権・生存権が連動していること、本当は連動していないのに、連動するようにする権力が働いていることにあります。だからこそ、人道・人権に頼るだけでは事態は変わらないのです。

現代のホモ・サケル〜脳死・植物状態の人間

アガンベンは、現代においては難民をホモ・サケルの事例として考えていますが、他にも、「この領域では、医師と主権者が互いに入れ替わっているように思われる」と断ったうえで、「脳死、植物状態」の人間を「ホモ・サケルの極端な化身」であるとしています。

一般化すれば、病人です。私もホモ・サケルの現代の事例としては病人を念頭に置くといいと思います。病気の人間はただ生きる状態に追い込まれている。病院がそういう場所です。個人生活も社会生活も放棄することが当然とされている。たとえ可能でも、病院からの通勤・通学は禁じられている。個室はないし、もちろんセックスもいけない。bios を捨てて zoe を生きなければならない。そんな病人の極限的な例が、脳死状態、植物状態、痴呆状態、あるいはまた、重度先天障害児、あるいはまた、胎児、胚、受精卵で、これらはすべてホモ・サケルとして処遇されている。これまでも生命倫理を通して人びとは、それらホモ・サケルをどう処置すべきかを議論してきたし、いまでも議論している。

どうしてお構いなしにして放っておけないのでしょうか。ただの生命を生きるだけでは、どうしていけないのでしょうか。脳死状態、植物状態の人間にしても、放っておいてただ生かしておいても、遅かれ早かれ死ぬのに、どうして待てないのでしょうか。生命の尊厳、人間の尊厳を語りながら、しかし云々などと、どうしてお喋りをしたくなるのでしょうか。それはまさしく、近代国民国家の生権力と寸分違わぬ仕方で、思考しているからです。そこそこ健康な市民たちこそが、生権力を振り回しているからです。

それにしても、どうしてそんなことに走ってしまうのでしょうか。ここはよくわかりませんが、現代の生権力は、おそらく市民にこう命じている。ホモ・サケルを見ろ、こうなりたくなかったら健康の増進に努めろ、とです。また、現代の生権力は、こうなりたくはないだろう、こうなりたくないだろう、生命力を増進してあげると優しく促してもいる。あなた自身のために、健康診断・早期検診を受けなさい、肉体のデータを出しなさい、自発的に家畜状態を引き受けなさい、そうすれば、今後いくらでもゲノム創薬で薬も用意してあげるし、テーラーメイド医療も用意してあげるし、細やかなケアをしてあげますよ、とです。現代の生権力は自主的な家畜を育成しようとしていて、多くの市民がそれに追従しているわけです。それが少なくとも先進諸国における生権力の実態ではないかという気がしています。

生権力を逆用する

ただし現代の生権力は、他方ではこうも命じています。しかし怪物を作ってはいけない、家畜になるのはいいが、飼い慣らせない家畜や飼い慣らせない動物になってはいけない、とです。この状況を突き抜ける方向にはふたつあるでしょう。生権力を完全に拒絶するか、あるいは生権力を逆用するかのふたつです。生命科学技術を全部拒絶するか、あるいは生命科学技術を活用するかのふたつです。私は基本的に後者の方向がいいと考えています。ただこの辺りの争いは始まったばかりですし、騒がれるほど状況も進んでいないので、どうしても抽象的で飛躍した議論になってしまいますが、少なくとも、私としては怪物文化をリレーして、現代の生権力と生命科学技術を善用して生命力を新しい仕方で強化する方向を目指すべきだと考えています。どうしても荒削りにならざるを得ませんが、少しでもその展望について考えてみます。さて、アガンベンはこう書いています。

めざされるのは、剥き出しの生が、国家秩序においても、人権という形象によってさえも分離されたり例外化されたりすることのないような政治である。(『ホモ・サケル』八五頁)

ゾーエーにほかならないビオス、剥き出しの生の肉に全面的に移された生の形式が、構成されなければならない。(『ホモ・サケル』二五五頁)

「ゾーエーにほかならないビオス」とは、ただ生きることが何らかの生き方になるような生のことです。ただ病気になっているというそのことが、善い生き方になるとまではいかなくとも、何らかのライフスタイルになるよう生のことです。ホモ・サケルが新たな仕方で生きるビオスのことです。これはホモ・サケルの例として何を考えるかで話が違ってくるでしょうが、大筋では、ただ生きるとされるその状態がまさに善い生き方だと言える条件は何かと考え進めるのが基本的な方向です。

器官なき身体＝CsO

そんな方向のひとつが怪物の制作なんですが、これだけですと余りに突飛なので、穏当に聞こえる話題はないものかとあれこれ考えてきたのですが、それだけだと思考の刺激にならないでしょうから、少しだけ不穏な方向を、ドゥルーズとガタリの『千のプラトー』に登場する「器官なき身体(Corps sans Organs、以下CsOと略します)」を使ってたどってみます。これは現代思想で流行した用語ですが、私は、「器官なき身体」は、現在と未来のバイオの動向を予言していたと思っています。その予言をもう少し引っ張ってみようというのがここでの趣旨です。

「とにかく、きみたちはそれを一つ（あるいはいくつか）もっている。」
「見方によってはあらかじめ存在する。」
「ときには恐るべきものであり、死に導くこともある。」（『千のプラトー』一七三頁）

何か得体の知れないものです。生命個体の中に一つないし複数ある、生命個体以前に存在する、生命個体を死なせる、そんなものです。では、それは何でしょうか。ドゥルーズとガタリは、精神の病を生きる病人の言葉、それは妄想や幻想と見なされるものですが、それを器官なき身体についての描写ないし予言として解釈します。

ヒポコンデリーの病人：「X嬢は、自分にはもう、脳も、神経も、胸も、胃も、腸もなく、組織を解体された身体には、皮膚と骨しか残っていない、と断言する。これはまったくこの症状に特有の表現である。」
パラノイアの病人：「彼は長いあいだ、胃も、腸も、ほとんど肺もなしで生きてきた。食道は裂け、膀胱はなくなり、肋骨は砕け、ときには自分の咽頭の一部分を食べてしまったこともある、という具合。しかしいつも神の奇蹟が、破壊されたものを再びよみがえらせるのだった。」（『千のプラトー』一七三−一七四頁）

その他にも、分裂症、麻薬中毒症、マゾヒストの身体的な体験や妄想が援用されています。そのうえで、こう問いが立てられます。「身体のこの陰惨な行列は、何ゆえなのだろうか。CsO は、快活さ、恍惚、舞踏に満ちているはずではないか。なぜこのような例ばかり見、なぜこうした例を通過しなければならないのか」とです。それは、「CsO を捉え損なっている」からだと答えられます。

精神の病人は苦しんでいます。陰惨な仕方で身体を体験をしています。病人は、何かと闘いながら、何かを求めて苦しんでいます。では、妄想や幻想を通して、何と闘い、何を求めているのでしょうか。ドゥルーズとガタリは、CsO を捉え損なっているから苦しいのであって、CsO を新たな仕方で捉えることを求めて呻いているのだと解するわけです。

この議論をもう少し引っ張ってみます。まず強調しておきたいのは、引用された病人たちの妄想や幻想の一部は、ある意味、実現しているということです、食道が裂けても生きられる肉体は実現しています。経管栄養で生きる病人です。そんな病人は、精神の病人なら苦しんだであろうような肉体、食道という器官のない身体を、少なくとも陰惨な妄想に苦しむことなく、現に生きています。肺という器官のない身体は想像するだけで恐ろしいものでしょうが、人工呼吸器を使うことによって、CsO を捉え直して新しい身体を制作することが現にできています。

だからこそ、ドゥルーズとガタリは、「器官なき身体」を作り出すためには、「倒錯的、芸術的、科学的、神秘的、政治的といった、実に異なったアレンジメント」が必要であるし、「怪物的な交配」も必要であると書いています。つまり、生権力のすべてを逆用して、生命科学技術のすべてを活用して、怪物文化のすべてをリレーして、新たに生命力を引き出すことを呼びかけているわけです。そして大切なのは、まさにそのことを、精神の病人は追い求め、肉体の病人が実現し、また、肉体の病人が別の仕方で苦しみながら追い求めているということを真摯に受け止めることです。それが病人の zoe にほかならない bios を実現する方向でしょう。

ドゥルーズとガタリは、癌細胞を CsO の現われと解しています。そして「有機体はこれを再び地層化しないと生きのびられない。別の CsO を作るためにもそれは必要である。ここには決して十分に明確とはいえないひとつの闘争が存在する」と書いています。癌細胞は器官の一部にはなりません。肝臓にできた癌細胞は肝臓細胞にはならず、未分化なまま自己をひたすら増殖させていきます。ドゥルーズとガタリは、そんな癌細胞から別の CsO、別の有機体を作れると書いています。途方も無い幻想に見えますが、実はそうでもないのです。

器官なき身体を作る

多少不謹慎な言い方ですが、癌はおもしろい細胞です。テラトーマと呼ばれる癌細胞があります。このテラトーマを使って、そこから新しいひとつの個体が生まれたと解釈できるようなマウスの実験がなされています（小泉義之「ドゥルーズにおける意味と表現③」（『批評空間』Ⅲ－Ⅰ、二〇〇一年）参照）。

皆さんもご存知だと思いますが、一九九〇年代後半には、人間の幹細胞、体性幹細胞が発見されましたし、胚から胚性幹細胞、いわゆるＥＳ細胞が作成されました。これは基本的には未分化で多能性のある細胞であり、そのまま移植すれば癌を発生させることのある癌細胞的な細胞でもあって、まさに CsO です。そもそもドゥルーズとガタリは、未分化で全能性のある受精卵を CsO の典型と考えていました。

私たち個体は、それぞれがこの受精卵の成れの果てですから、たしかにCsOは少なくともひとつあるわけですが、幹細胞の発見と作成によって、CsOが複数あることがわかったわけです。そしてご存じのように、現在の先端的な生命科学技術は、まさにこれらのCsOを対象として進行しています。

たとえば、ES細胞をうまく操作してやると、臓器を作り出すことができるかもしれないと夢想されています。ここでのポイントは、私たちの肉体の中に、新しい別の器官に分化する力を持つCsO、新しい別の有機体を制作する力を持つCsOが眠っているということです。私たちの肉体には、生命科学技術と機械を活用することによって、別の肉体を生成するような、そのような生命力が潜在していることが、一九九〇年代後半になって初めて具体的にわかったのです。精神の病人と肉体の病人が、まさに命懸けで追い求めているのは、そのような方向ではないでしょうか。

そうは言っても、生命科学技術、遺伝子操作技術、再生医療などの先端医療をめぐっては、さまざまな不安や危惧が表明されています。私は、そのほとんどはもっともなものだと思っています。他方で、科学者や医者は空想がたくましすぎると思っています。再生医療がいかにもすぐに実現するようなことを言っているわけで、それは研究資金を獲得するための方便かもしれませんが、法螺を吹くのは控えて、もっと慎ましく真摯に研究に専念すべきだと思っています。そのうえで、私は生権力を活用して生命力を引き出すべきだと主張したいわけです。

むしろ私たちが考えておかなければならないのは、善きものと悪しきものを区別する新しい基準です。多くの法律やガイドラインが作られてきたし、生命倫理・医療倫理にもそれなりの蓄積がありますが、それらは現在の生権力の一翼を担うものでしかありません。これに対して、私は、大筋としては、死なせないで生かす実験ならOK、生命力を肯定的に引き出すような実験ならOK、裏から言えば、殺したり死なせたりする実験、生命力を殺ぐような医療はダメだと考えています。そして、個別的な方針としては、ドゥルーズとガタリとともに、やってみろ、やってみてどうなるかは神様にも予測できない、危険はあるだろうがやりながら考えればよい、ということで足りると思っています。

「きみたちにはわからない。……だから実験してみることだ。」

「言うはやすし、だろうか。だが生成変化や多様体には、あらかじめ定まった論理的順序はないにしても、それなりの基準があることを見落としてはならない。」(『千のプラトー』二八九頁)

zoe から bios へ

ここまで述べてきた方向は、未来に向けられた方向です。未来とは、私たちの死後のことです。ですから、この方向をたどることは、未来の人間にリレーしてもらわなければなりません。そのとき、どうしても生殖の意味が重要になってきます。

最後に私が希望を感じるふたつの例を紹介します。ハンセン病の患者は国家によってホモ・サケルとして収容されてきました。ところが、フィリピンにある収容施設では、断種が実行されなかったので、患者たちが子どもを生むことができました。そして、その子どものひとりが医療を学び医者となって島に戻ったのです。つまり、ホモ・サケル自身が、生殖と育児を通して医者を育て上げ、自らを救済しているわけです。

もうひとつは、ＨＩＶ／ＡＩＤＳの垂直感染の問題です。一九八〇年代には「ＨＩＶ／ＡＩＤＳに感染した女性が子どもを産むと、必ず母子感染するから中絶しろ」に近いことが言われていました。これが全面的に間違っているとは思いませんが、当時の状況の中でも、感動的なことに、産んだ女性がいたんです。その結果、八〇年代でも二〇％は感染しないということがわかった。垂直感染するからということで中絶してしまっていたら、わからなかったことです。当時、これは私にとっては希望を与えてくれる知らせでした。ＨＩＶ／ＡＩＤＳをかわしながらくぐり抜けて生きのびる生命体が誕生するのですから。人間の生命力がどのような力なのかは、やってみて初めてわかることだと思いました。

垂直感染を免れた子どもは、旧来の人間と何かが決定的に異なっているはずです。強調しておきたいのは、現在の科学技術には、それを言い表わす言葉などないということです。垂直感染する場合としない場合の違いをだれも何もわかってない。それでも、明らかなことは、ただ生きること、ただ産むことを通して、実験的に新しい生命体を女性たちが生み出したということです。そういう仕方で、生命力を引き出したということです。その子どもを怪物とはさすがに言えないでしょうし、悲劇的な状況を生きているのも動きませんが、悲惨で暗澹たるものの中にこそ希望を見出すということ、怪物的なものに期待するということは、そのようなことだと思います。

この方向をどのように具体化していくかは、これから考えるべきことですが、方向の大筋は、zoe を bios にすること、ただ生きることを善く生きることにすること、ただ生きて生殖することを通して別の bios を作り上げることです。これは私たち一代ではできないことです。未来の子どもたちにリレーすべきことです。それが現代の生権力を批判する基準になるべきですし、あれこれと騒がれている生命科学技術などを評価する基準になるべきです。

私たちには、生命科学技術や医療をめぐる問題について、すでに強烈な刷り込みが入っています。脳死・臓器移植の問題でも、学生に意見を聞くとほとんど皆な同じようなことを言います。唖然とします。別の考え方ができなくなっています。ですから、かなり極端なことを言わないと状況は変わりようがない。それは別としても、大切なのは、少し別の角度から、少し批判的な態度で、現在のことを見直すことです。すると、実に奇怪なことが進行しているのが見えてきます。そのうえで、新しい見方を作り上げてほしい。今日の話は断片的で首尾一貫しないものになりましたが、そのための問題提起だったと受け止めてくだされば幸いです。

参考文献

ダナ・ハラウェイ『猿と女とサイボーグ――自然の再発明』高橋さきの訳、青土社、二〇〇〇年

ジョルジョ・アガンベン『アウシュヴィッツの残りもの――アルシーヴと証人』上村忠男・廣石正和訳、月曜社、二〇〇一年

アントニオ・ネグリ＋マイケル・ハート『〈帝国〉』水嶋一憲他訳、以文社、二〇〇三年

パオロ・ヴィルノ『マルチチュードの文法』廣瀬純訳、月曜社、二〇〇四年

小泉義之『生殖の哲学』河出書房新社、二〇〇三年

A.M. Leroi, *Mutants: On Genetic Variety and the Hurman Body*, Vikig Penguin, 2003

第二章
受肉の善用のための知識
生命倫理批判序説

はじめに

生命倫理はどこか具合が悪いと私は感じてきた。しかし、どのようにしてこの感触を理論的倫理的に定式化すべきかについて、私はまだ見通しを持ってはいない。加えて、生命倫理に対する批判を展開するにしても、幾つもの予備作業が必要となる。第一に、生命倫理の成立・展開・変貌を歴史的に整理すること、第二に、生命倫理によって扱われてきた諸問題をただ羅列するのではなく体系的に再整理すること、第三に、生命倫理で使用されてきた諸概念の関連・機能を整理すること、第四に、生命倫理の多極分解の有り様を整理すること、第五に、以上の整理の結果を現代思想と現代科学技術の動向と関連させることなどである。為されるべき作業は膨大であるが、本章では、生命倫理に対する批判がどうして必要なのかという点に関して、論点を一つに絞って考えていくことにする。すなわち、「生命倫理」なる名称で、生命倫理学、倫理行政、バイオエシックス、医療倫理、臨床倫理、臨床哲学、臨床心理、臨床社会学などに共通する心理化と道徳化の動向を代表させた上で、これを批判していくことにする。その前に一般的なことを述べておく。

生命倫理の名の下に問われるべき問いがあるとするなら、それは、肉体に対していかなる態度と行動をとるべきかという問いになるのではないだろうか。そして、この問いは、自然（物）に対していかなる態度と行動をとるべきかという問いの変形として捉えられるのではないだろうか。この点で環境論の二極分解の経緯を見返しておくのが有益である。

当初の環境論にはインパクトがあった。というのは、環境倫理や動物倫理を中核とした環境論は、人間社会が自然物に対して何か罪に似たことを行なっていると告発し、その罪を贖うためには人間社会そのものを再編成しなければならないと主張していたからである。森林、河川、家畜、実験動物、これら自然物に対する関係を無垢なるものへと変革すること、このことを人間社会の現状に対する批判原理として採用していたからである。歴史的に振り返るなら、環境論こそが、マルクス主義による資本制批判に代わって、近代社会批判の原理を提供したのである。

ところが、当初の環境論はその牙を抜かれ飼い馴らされてきた。自然物に対していかなる態度と行動をとるべきかという問いは、人間社会の再編成の方向で答えられるのではなく、人間社会内部での決定過程の再編成の方向で答えられるようになった。すなわち、拡大された公共圏に参入する複数のアクターによる評価・交渉・合意が遂行され、そこにおいて環境政策や環境行政の正当性が調達されるなら、それで万事が済んでしまうと見なされるようになった。このようにして、環境論は、行政化し政治経済化してきた。いまでは、環境論の中核的理念は、持続可能な社会の維持というスローガンに置かれるようになった。つまり、環境論は、人間社会の現状に対する批判を放棄したのである。

生命倫理でも同様の変化が起こってきたように見える。当初の生命倫理にインパクトがあったのは、人格的存在者の地位から脱落して自然物に近づきつつある肉体、これに対していかなる態度と行動をとるべきかという問いを立てたからである。そして、人間社会を健康で健全な主体の相互関係として捉えることに疑義を突き付けたからである。ところが、生命倫理は、一方では行政化されるとともに、他方では臨床化されてきた。すなわち、一方では環境論と同様の変貌を遂げるとともに、他方では、拡大された親密圏に参入する複数のアクターによるコミュニケーションが遂行され、そこにおいて心理的救済が調達されるならそれで万事が済んでしまうと見なされるようになってきたのである。以下、後者の動向の一局面を批判していくことにする。

三日後に死ぬとしたら

先日、子どもが、「三日後に死ぬとしたら何をしたいか」という謎かけを、どこかで拾ってきた。答えを探してみる。「あれでもないし、これでもない」と思い迷う。禁じられた行為を選び取って、「本当はあれをしたかったのだから、この際だからやってしまうか」と思っても、三日後に死ぬ身なら、気力も体力も衰えているはずだから、「やりたいことを何でもやれるはずもない」と諦め気分になる。そこでありがちな落ちとは思いつつも、「やれることなら、あれでもいいし、これでもいい。どうでもいいから、これにしておくか」と思い決めて、普段とさして変わらぬ三日間を過ごすと思う。「三日後に死ぬとしたら何をしたいか」という謎かけは、こんな経路を辿らせることによって、人間をある種の主体に仕立て上げる。

この仕掛けを断ち切るには、どんな決断が必要であろうか。二つの方向がある。第一に、三日後に死ぬという条件を課されることによって暗々裏に諦めさせられていることを選択することである。言い換えるなら、所与の選択肢以外の選択肢を発見して選択することである。第二に、三日後に死ぬという条件そのものを活用する行動を選択することである。言い換えるなら、三日後に死体になる肉体を使用する仕方で行動することである。それが具体的にどんな行動になるかは定かではないが、このように選択される行動のことを、受肉の善用と呼んでおくことにする。

ところで、先の謎かけを、「無人島にどんな本を持って行くか」の末期版に、すなわち、「三日後に死ぬとしたら何を知りたいか」に置き換えてみる。この場合、先の仕掛けを断ち切り、受肉を善用するのにふさわしい知識はいかなるものであろうか。三日後に死ぬという条件についての知識になるはずである。「どうして三日後に死ぬような肉体になっているのか」、あるいは、「どのようにして三日後に死ぬような肉体になっていることが知られるのか」を知ることである。病んで死にゆく肉体そのものについての知識、これは三日後に死亡する主体にとっては何の役にも立たないが、それでも、そんな知識だけが、三日後に死ぬ身にとって求められるものである。それがどのように獲得されるかは定かではないが、このように求められる知識のことを、受肉の知識と呼んでおくことにする。

三日後に死ぬとしたら、受肉を善用するために、受肉について知りたい。三日後とは言われずとも、近々死ぬと思い知らされている病人においても、同じことではないだろうか。しかし、私たちの科学技術は余りに無能である。病んだ肉体についての理論モデルすら持っていない。それどころか、どこから手を着ければよいのかも分かっていない。私たちの日常語法も余りに曖昧である。「病気にもかかわらず生きている」のか、「病気だからこそ生きていける」のか、「病気になりながら生きている」のか、どう語ればよいのか何も分かっていない。私たちは、肉体には何ができるのか、肉体で何ができるのかについて、余りにも無知で無力である。

こんな無明の只中において、哲学と倫理学、数理科学と生命科学技術の使命は、受肉の善用のための知識の探求になるはずである。それ以外の学問の効用を思い付くことができるだろうか。

ところで、この無明を最も思い知らされるのが病人である。病人は、肉体のためになることが何であるのかを知らない。思考力も体力も衰えて、肉体のために為しうることも限られている。したがって、病人は、合理的な自己決定の主体たりえない者である。合理的主体は、自己の私的利益の何たるかを知り、可能な選択肢から自己にとって最善のものを選ぶことのできる者である。ところが、病人は、自己の肉体にとっての利害得失さえも知らない。病人は、病気の治癒を目的としてはいるが、その目的を実現するための手段の何たるかを知らない。それだけではない。病人は、病気になったからには仕方がないということで、多くのことを諦めるし諦めさせられるが、とりわけ、完治治療はないと聞かされ、慢性病が主流になったと聞かされ、病気の治癒という目的自体を放棄し抑圧してしまう。こうして、病人は、自己の肉体のためになる目的も手段も分からなくなる。

病人は、生き難く生き辛い肉体を受肉している。病人は、肉体との齟齬を生きる者であり、そうであるが故に、と言い切ってしまうが、どれほど社会改革が進んだところで、いずれ社会から脱落せざるをえない者である。逆に、そうであるが故に、病人は、社会が扱いかねる潜在的に危険な者である。

社会は、こんな病人を飼い慣らすためのさまざまな装置を備えている。その一つが生命倫理である。生命倫理は、病人を心理化された自己決定の主体に仕立て上げるのである。

生命倫理は病人の立場に立たない

生命倫理は、医療者の側に立つ思想である。あるいは、医療者の側に立って、患者の傍らに立つ思想である。生命倫理は、病人の立場に立つ思想ではない。このことについて、生命倫理学者は概ね自覚的である。ここでは、清水哲郎『医療現場に臨む哲学』(勁草書房、一九九七年)を取り上げてみる(以下、引用に際しては頁数を引用箇所に付記する)。

清水はその立場をこう表明している。「本書は医師や看護婦やメディカル・ソーシャル・ワーカーが患者に向かう際の視点に立って書かれている」(iii)。清水は、「患者に向かう」医療専門家の視点に立つのであって、医療専門家に向かわれる病人の視点に立つのではない。清水は、患者に向かう視点に立ちながら、「私は何を発言できるだろうか」(二)と自問する。自問せざるをえないのは、医療専門家に寄生するだけではないかとの疑念が湧くからだ。そこで、清水は、「言葉の専門家」を自称して、「医療実践の専門家」が「その活動の現場で発し、語ることばに臨んだ」(ii)。医療実践の記述をその務めとするのである。「医療の哲学は、医療の現場で為されていること・為されるべきだと考えられていることを精確に記述する試みである。医療倫理の理論もまた、その記述のプロセスを通して構築される」(二二)。清水は、医療行為の記述を通して倫理を構築するために、QOL概念を精緻に仕上げていく。「一般にQOL評価は、評価の対象となる環境が、その環境に置かれた人の人生のチャンスないし可能姓(選択の幅)をどれだけ広げているか(言い換えれば、どれほど自由にしているか)、を基準とする」(三五)。ここにおいて、病気の肉体は、「身体環境」(三九)として、「環境」の一項目に繰り入れられる。

ここまで何の問題もないように見える。病状も考慮に入れてQOL概念を用意周到に仕上げていくことは、無条件に病人のための営みになっているように見える。しかし、本当だろうか。

心理化の帰趨

清水も確認するように、「痛み・吐き気・だるさ・体力低下・寝たきり」といった「自覚的・顕在的状態の悪化」は、「本人にとって不満足な、避けたい状況」である。この基本的事実は、病気の医学的概念と以下のように繋げられる。「医学的ないし生物学的に語られる異常・疾患・病気とはどういう状態のことかについての理論は、身体がどういう状態であれば、右に例示したような潜在的および顕在的症状を結果するかについてのものである」(四一－四二)。ここまではよい。病人の立場に立つなら、医療行為の評価の基準は、「症状」の改善と、それに必要な限りでの「異常・疾患・病気」の改善以外にはありえないからである。しかし、誰もが承知しているように、また、ある意図をもって生命倫理が繰り返し強調するように、症候と病気の改善は無理な場合がある。問われるべきは、次に辿られるべきステップである。清水のあげる「事例」を見てみよう。

「ある末期癌の患者は、自力でトイレに行けない状態になったが、バルン・カテーテル留置を非人間的で屈辱的だと感じた。通常はこれを付けたほうが、患者にとっても介護者にとっても楽だし、恥辱感が少ないと思われる状況であった。話し合いの結果、患者の〈尊厳ある生活観〉を理解して、医療側も取り去ることに同意した」(五〇)。清永の判定はこうだ。「こうした気持ち面でのＱＯＬのマイナスの方が、カテーテル留置による他の面でのＱＯＬのプラスよりもこの患者にとっては重要だったのである。……こうして、ＱＯＬに注目することは、それぞれの患者の個性を大事にすることに繋がるのである」(五一─五二)。こう続けられる。「人間の生全体を目的とする医療を象徴するキーワードとして〈QOL〉が現場で使われるようになってきた。それは、単に病気が直ればいい、またただ少しでも延命が出来ればいいという従来の傾向を反省し、患者の今後の人生にとって如何に良い環境を提供できるか、また治療中患者がどれほど快適に、人間らしく過ごせるかを考慮するという、患者の人生全体を考えた医療を目指してのことである。言い換えれば、医療の評価が、従来は医療側からみて病気自体がどうかという評価中心であったことに対し、医療は患者のためのものであり、患者の満足感、快適度を考慮しなければならないという反省が伴っているのであるから、QOLへの注目は医師中心の医療から患者中心の医療へのシフトを象徴するものである」(六五)。

病人は実に多くのことを諦めるし諦めさせられる。場合によっては、完治を諦めるし、延命を諦める。そのとき、病人には、QOL向上以外に何の選択肢もありえないのだろうか。病人は、「病気自体」なるトラウマに対して、何の行動も選べないのだろうか。「患者に向かう」者たちは、事も無げに、「単に病気が直ればいい、またただ少しでも延命が出来ればいい」という傾向を反省する。事も無げに、完治療法は望めないし、薬には副作用が付き物だと語り合う。事も無げに、予後について統計的数値を復唱する。そこでは何かが誤魔化されてはいないだろうか。

病人にとってのトラウマ的な核は、「自力でトイレに行けない」肉体を受肉しているということである。病人にとっての問題は、この肉体との根源的な齟齬、生き難さ、生き辛さをどうするかということである。これは、生活の困難をどうするかという問題、QOLを生活化して立てられる問題とは区別されるべきである。その上で問いたいのは、病人にとっての根源的問題がどうして、バルン・カテーテルを留置するか否かの選択問題に還元されてしまうのかということである。「患者に向かう」者たちは、どこで手に入れた情報かは知らぬが、現状では仕方がないと告げるかもしれない。では、どうして根源的問題が縮減された上で、さらに恥辱や尊厳をめぐる心理的問題として構成されなければならないのか。「患者に向かう」者たちは、それだけが、ありうべき唯一の解決、すなわち、心理的な解決をもたらすと誇るかもしれない。しかし、病人の立場に立つなら、この心理化の過程は、病人をしてトラウマ的な核から目を逸らさせるやり方であるというだけではなく、病人にとっての根源的問題を回避して隠蔽するやり方である。肉体的な闘病を心理化して、肉体的な闘病を諦めさせること、これが、「患者のため」と称しながら、生命倫理が行なっていることである。

私たちは無明の只中で生きて生活しているから、肉体的な闘病を諦めることが当の病人にとっての運命であるということはある。とはいえ、当の病人は、受肉の善用のための知識――救済知を求めて呻いている。ところが、医者は、知識を持ってはいない。病気を完治する知識、救済する知識を、持ち合わせてはいない。医者は絶えず診断と判断について不安を抱いている。そこで、医療は生命倫理に助けを求める、病人の肉体に関する無知を誤魔化すために、患者の魂の世話を外注するのである。ここにおいて、生命倫理は、二つの処方箋を用意する。一つは、いわゆる言語論的転回と社会構築主義を経由する心理的な癒し、もう一つは、似非科学的言説に飾られた心理的な魔術である。

野口裕二は、「臨床のナラティヴ」(上野千鶴子編『構築主義とは何か』(勁草書房、二〇〇一年))で、こう論じている。「われわれは生物学的疾患を直接認識したり経験するのではない。そこに付与されている社会的意味を通して病いを認識し経験する」(四四)。「病いの意味を構成する共同作業に日々関与している」(四七)。ここから、こんな結論が導き出される。「病いは物語のかたちで存在している。だとすれば、治癒や回復といった事態もまた物語のなんらかの変更としてとらえられるはずである」(五〇)。具体的には、「優越性や特権性を徹底的に放棄する」セラピストが、「クライエントの物語について自分は何も知らない」という「無知のアプローチ」を採って、「じっと耳を傾け、もっとよく知りたいという好奇心のみに導かれて会話を進めていく」。こうしてやると、「物語は自由に語られ」、「物語としての自己」を生み出していく。「病い」を「社会的に再構成」すること、それがクライエントの救済安堵というわけだ。

この度し難い救済論は、幻想であるからこそ効能があると言えないことはない。臨床家は、肉体の救済のための知識を持ってはいない。臨床家は、知っているはずの主体ではない。そのことを臨床家は公然と認めるし、患者もそれを十二分に承知している。では、臨床家とは何ものか。信じているはずの主体である。正確には、信じてくれるはずの主体である。病人は、トラウマを隠蔽する物語を紡ぎ出しても、それを信じ切ることができない。しかし、好都合なことに、それを信じてくれる臨床家がいる。それを信じ切れるなら救済されるという物語について、それもありうると信じてくれる臨床家がいる。まさにそのおかげで、患者が心理的に癒されることはあるかもしれない。

こんな仕方で生命倫理が患者を救済することがあるということを否定したいのではない。そうではなくて、病人の立場に立つなら、それが幻想にすぎないことがあからさまになるということを忘れるべきではないと言いたいのである。実際、清水にしても、幻想を横断して獲得されるはずの救済の願い、「回復」の願いを忘れ去ることはできない。しかし、こう続けられる。

ある看護の実践者は生きる望みや喜びを失って絶望し、自己の内に閉じこもってしまった患者が、適切な緩和医療と精神的ケアを通して見事に希望を取り返し、人生の最後の日々に喜びと笑いと生きがいを見出すようになったという例をいくつも報告している。そのような気持ちの回復は、末期であって死期は近いと思われたケースでも体力の回復をもたらし、さらに積極的治療（抗癌剤投与や手術など）を可能にして、相当な延命と社会生活への復帰につながることさえあるという（一四五）。

「気持ちの回復」が「体力の回復」を可能にするというのだ。病人を心理化したからには、心理的によきものが体をよきものにするという、そんな幻想にすがることだけが、生命倫理の最後の言葉になってしまう。こうして、心理が魔術的に回復させる身体、肉体と齟齬がないエーテル的な身体というニューエイジ的・グノーシス的幻想が蔓延することにもなる。

広井良典は、『生命の政治学』（岩波書店、二〇〇三年）で、こう書いている。「心理学でのケアといったものは、単なる慰み的なものか、せいぜい医療の〝周辺的なサービス〟に過ぎないといった認識をもっている人が少なくない」。「最近の様々な研究が明らかにしつつあるように、こうした慢性疾患の背景となる生活習慣の中には、ストレスや職場での疲労など、「心理的」あるいは社会的な要因が大きく関係している。／このように考えていくと、慢性疾患の治療においては、心理面を含めたサポートやケアということが非常に重要な意味をもってくることがわかる。心理的・社会的なケアのあり方が、それ自体は「身体的」とされている病気の治癒過程そのものに大きな影響を与えるのである」（一一六）。この幻想を基礎付けたいのであろうが、似非科学としか評しようのないホーリズムが述べ立てられる。「病気あるいは人間のからだというものはまさに「複雑系」そのものであり、そこでは個人の身体の内部の物質的要因のみならず、心理的な要因や社会的な関係が大きな意味をもって働いており、病気はそれら全体の相互作用の結果として生まれるものと理解される」(一三二)。これが病気についての「根本的なパラダイムの見直し」というわけだ。

とはいえ、早晩、病人は死ぬ。生命倫理は何と語るか。清水は、「緩和医療は患者の尊厳ある死を結果するであろう」(一四九)とした上で、「死に直面した人間の心の問題」(一五〇)に向かい、「私たちは死に直面している人の心のあり方に対して、何を期待しているのだろうか」(一五一)と問いを立てる。この問いは猥褻である。生命倫理は、猥褻な仕方で、患者が自ら進んで救済の歌を歌い上げることを、支援し援助し期待する。カストラートに歌わせるようにである。

カストラートは「天に向かって声を上げる」ように作られている。恐ろしい切断を受けていても、彼らがその世俗的な不幸や苦痛を悲しんでいるとは思われていないし、それが誰かのせいなどと追求するとも思われていない。ただその不満をまさに天に向けるものと考えられている(ジジェク『幻想の感染』(七七))。

貧者に対して、ケアという名の慈善と同情を施すこと、そして、慈善と同情こそが苦痛を軽減すると吹聴すること、さらに、貧しさそのものが救済になっていると教えること、これが現在の人道主義が振り撒くイデオロギーであり、生命倫理はその病人版にほかならない。

ところで、生命倫理は、トラウマを否認する幻想であるからには、必ず失敗する。その失敗が目立たないのは、病人が早晩死んでしまうからだ。この点で、鷲田清一『「聴く」ことの力——臨床哲学試論』(TBSブリタニカ、一九九九年)に触れておきたい。

鷲田は、「患者の言葉」を聴くことが大切だとする。では、それは何のためか。「対象にナイフの切れ味を押しつけるのではなく、対象がナイフの研ぎ方を指示してくれるその声を聴くべき」であり、「そのためにときにはわざとすべりのわるいことばがもとめられることもありうる」(三五)からである。では、それはいかなる声か。「ごつごつしたことば、ひっかかりのあることば、ざらついたことば」(三五)である。このとき、「ことばが胸に突き刺さる、ことばが一々当たる、ことばに棘がある、ことばが張りついてくる、そしてことばが冷たい、硬い、荒い、重い、もたれる」(一〇七)。しかし、本当に困難のなかにいる人間は、話をしない。「不幸の経験はことばをもたない。そこに不幸のほんとうの困難がある」(一六三)。そうではあるが、「深い沈黙のなかで、ひとは語りつくすことに劣らぬ濃密な交感にひたることもある」(八三)。その上で、鷲田はこう続ける。

苦しみを口にできないということ、表出できないということ、苦しみの語りは語りを求めるのではなく、語りを待つひとの、受動性の前ではじめて、漏れるようにこぼれ落ちてくる。つぶやきとして、かろうじて(一六三)。

病人の言葉や咳きや沈黙は、病んだ肉体の表出であろうとしている。しかし、声は喉にひっかかる。

あるいはむしろ、声が病巣にひっかかる。肉体が救いを求める声が、病巣にひっかかって、声にならないのだ。だから、聴かれるべきは、待たれるべきは、言葉や呟きや沈黙ではなく、病んだ肉体が発しているはずの声である。病んだ肉体の受肉のロゴスである。あるいはむしろ受肉の「ノモス」（ドゥルーズ＋ガタリ『千のプラトー』）である。もちろん私たちはそれを聴き取る耳を持ってはいないが、「ナイフの研ぎ方を指示してくれるもの」は、それ以外にあろうはずがない。したがって、病人の立場に立つなら、精確には、過去の病人たちと未来の病人たちの立場に立つなら、生命倫理とは別の道を探らなければならない。

生命倫理は肉体を隠蔽する

生命科学技術から派生する諸問題を統一的に捉えるにはどうすればよいだろうか。そこに統一性があるとすれば、それを保証する対象とは何か。例えば、母体保護法には、一方で出産についての条項が含まれ、他方で中絶についての条項が含まれている。これら異質な二種の条項が、どうして同じ一つの法に統合されているのか。両項の名宛人が同じく医療者と女性であるからと考えることもできるし、両項に関わる生殖技術と中絶技術が同じ技術であるからと考えることもできるが、むしろ、母体保護法の統合は、その対象が子宮・胎盤と胚であることによって保証されていると考えるべきである。同様に、人工妊娠中絶問題・出生前診断問題においては胎児、人体実験問題においては特に不治の病人、脳死問題においては脳死者・臓器、安楽死問題においては末期の病人、生殖補助技術問題においては受精卵・胚・配偶子、生命科学技術問題においては幹細胞・ES細胞、人体資源化問題においては各種組織、遺伝子情報問題においては生まれながらの肉体そのものが、対象となっている。

これら多様な対象の共通性は何であろうか。単なる生物（学）的生命、単なる生体であるということである。また、非社会的・非心理的な、あるいは、脱社会的・脱心理的な生体であるということである。本稿は、こうした多様な対象を総括して肉体と呼んできた。そして、病人を肉体に直面する者と捉えてきたのである。

生命倫理は、病人を心理化することを通して、また、各問題を社会問題・心理問題に転化することを通して、心を肉体の墓場となし、肉体を直接的に思考することを放棄してきた。しかし、現代思想は一貫して肉体について思考してきたと捉え返すことができる。用語を列挙するなら、「剥き出しの生」（レヴィナス）、「器官なき身体」（ドゥルーズ）、「コーラ」（デリダ）、「ホモ・サケル」「残り者」（アガンベン）、「残り滓」「身体なき器官」（ジジェク）などである。私は、生命倫理に批判的な距離を保った上で、現代思想と現代生命科学技術を総合して救済知の探求を再開することを呼びかけておきたい。さらに付け加えるなら、生命科学技術問題に関わる諸立法は、肉体の処置に関わっている。現在の法権力と生権力は、肉体を対象としている。生まれながらの肉体、病める肉体、死につつある肉体、腐りつつある肉体、生い立つかもしれない肉体を対象としている。とすれば、政治的社会的にも、肉体の善用のための知識を探求することは重要である。最後に手がかりを二つだけ記しておきたい。

受肉の展望

第一に、病人の闘病の経験、病人における病んだ肉体の経験、これを心理化することなく、的確に記述する理論と倫理を獲得する必要がある。中岡成文は、「ケアはお互いさま」(『整形外科看護』三―一二(一九九八年))で、こう書いている。

胃から、胃液などのまざったものが少しずつこみあげてきて、父は定期的にそれを口から吐き出します。ところが、気分が悪くて吐きたいのに、うまく吐けないときがあります。すると、父は「おしっこをしてみる」と言い出したのです。おしっこはぶじに出て、「何か出すと楽になる」と父はほっとしたようにいいました。……吐けないなら、おしっこをしてみよう。何か出せば少しは楽になる。専門家にきくと、こういう現象は「代償」というのだそうです。……でも、私はやや違った受け取り方をしました。父はあの切実な場面で、生きるための知恵をふりしぼって、苦痛をのがれる手段を〈発明〉したのだと思うのです。それがおしっこをするという選択でした。他の患者さんなら別の選択をしたかもしれません。

私たちは、こんな病人の経験に繰り返し驚くべきである。そして、それを理論化できないどころか、「代償」なる語彙でしか語れない現状、病人の知恵と発明を心理化してしまう現状に憤るべきである。私たちが驚いているのは、そして切に知りたいと願っているのは、心理や言葉の力のことではなく、何かを出すと楽になるような肉体の力、さらには、「何かを出すと楽になる」と語り実践することで効果を生み出してくれるような肉体の力のことなのである(哲学史的には、魂の力、生理の力と呼ばれてしかるべきであるが、「魂」と「生理」の現在の用法は余りに狭いので、肉体の力と呼んでおく)。とすれば、病人の立場に立つなら、本当に大事なことは、肉体に何が現にできているのかを、病人の経験に学びながら、精緻に理論化し、そこから倫理が滲み出ることを願うことであろう。

第二に、病人の闘病の意味と目的をたどろぐことなく問うべきである。そして、病むことと死ぬことの意味と目的を、肉体の次元において、考え抜くべきである。香川知晶は、『生命倫理の成立——人体実験・臓器移植・治療停止』(勁草書房、二〇〇〇年)で、人体の善用の条件について思考している。

「ニュルンベルク綱領」は被験者の側から人体実験の許容条件を定めようとしたもので、医療倫理に新しい視点を導入するものであった。現代医療の基本前提となるインフォームド・コンセント概念の源泉の一つがここにはある(一九)。

では、それは本当に被験者の肉体の立場に立つものであるだろうか。どうして被験者＝主体は肉体を犠牲に供すると考えてみることができないのだろうか。とりわけ、「患者にとって直接的な利益が期待しえない実験」(三五)が倫理的となる条件は何であろうか。そこで、香川は、「非治療的な人体実験は何が問題なのであろうか」(五二)と問いを立てた上で、ハンス・ヨナスの議論を紹介する。

「人体実験は犠牲である」。だから「人体実験の必要性を社会の権利として主張することには無理がある。犠牲としての人体実験は、個人の権利対社会の権利という枠組みでは正当化されえない」(五四)。犠牲の正当化は「超倫理的」なものでしかありえないからである。とすれば、「人体実験は戦時体制と通常の社会体制との間のどこかに位置づけなければならない」(五五)。ところが、「人体実験は社会の利益を意味するようになった」。「研究費を増大させ、専門家集団を後押しする社会の選択、社会の進歩が選択された結果」、人体実験は増加してきたのであり、そのために、「公共的な社会の問題」になってしまったのである（五六）。そうであるにしても、「人体実験が要求する犠牲の正当化は、自己犠牲の純粋性に求めるほかはない」（五八）。

香川は、このようなヨナスの議論を受けて成立するはずの学問と、フレッチャー流の生命倫理とを区別しようとする。

確かにフレッチャーの臨床的スタイルのアプローチは、医学の臨床におけるアプローチにきわめて近く、臨床家にとって受け入れやすい側面をもつ。……しかし、最初から具体例に即して行くだけでは、問題が問題である点が浮かび上がってこない。……医学研究の問題を原則が浮かび上がるような原理的な次元に引き戻して考えなければならない。そこに非専門家の議論の意味は見出されなければならない。西洋社会の形而上学的公理や人格間の誓約関係を確認することが、人体実験の問題の考察には不可欠である。ここに打ち出された原則への遡及の方向こそ、生命倫理の誕生に結びつく（八二）。

香川が取り返そうとする生成期の生命倫理は、医者−患者関係とそれに寄生する関係をめぐる諸モデルや諸概念によっては表現できないはずのものである。例えば、香川は、「腎移植が死屍累々の人体実験の段階から抜け出すには、なお時間を要した」（二六）と総括しているが、その「死屍累々」について、フレッチャー流の生命倫理においては、患者の不在として悼まれるかもしれないが、決して病んで死んだ肉体のことは記憶されリレーされることがないのだ。私たちは、「死屍累々」を、将来の病人のために闘病した病人たちの地層として認識し肯定する必要がある。いまや苦笑をもってしか受け止められない陳腐な言い方になるが、現在の生命科学技術と医療の水準は、過去の病人たちの闘病の成果である。そして、現在の病人は、自己の肉体のためにだけではなく、将来の病人の肉体のためにも闘病している、病人は、受肉の次元においては、自己のためにではなく、他者のために生きているし、そうならざるをえない。そのような病人たちの肉体の絆を肯定すること、それに見合う仕方で、肉体についての知識探求を始めること、これが、生命倫理にとっては「超倫理的」であらざるをえない、受肉の善用のための知識の探求の方向である。

第三章

脳のエクリチュール

デリダとコネクショニズム

脳への非侵襲的な侵襲

脳神経諸科学の研究論文には、まるで約束事でもあるかのように、「fMRI（機能的磁気共鳴画像法）、MEG（脳磁気計）、PET（陽電子放射断層撮影法）などの非侵襲的な脳活動計測方法のおかげで研究は進歩している」に類する一文が書き込まれている。それら新しい計測法がそもそも何を計測しているのかについては慎重な態度を表明する研究者でさえ、小躍りしながら「非侵襲的」の一句を書き付けているように見える。脳を侵襲しない計測機器を使いさえすれば、いかなる研究もイノセントであることを保証されるかのようなのだ。脳に傷跡や痕跡を残しさえしなければ、いかなる仕方で脳を弄ろうとも許されるかのようなのだ。

こんな風に「脳の世紀」は始まったわけであるが、本章において私は、統合失調症と自閉症をめぐる動向に対する疑念を簡単に述べた上で、脳をめぐる理論的研究の進むべき方向について言語を題材にして考えてみることにする。

二〇〇二年、日本精神神経学会は、「精神分裂病」を「統合失調症」へ「呼称変更」することを決定した。これを受け、厚生労働省は、精神保健福祉法に関わる公的文書や診断報酬のレセプト病名に「統合失調症」を使用することを承認し、その旨を関係機関に通知した。ちなみに、「呼称変更」の契機は、一九九三年に全国精神障害者家族連合会が、「精神が分裂する病気」なる病名には人格否定的な含意があり、患者当人にも告知し難いものになっているからということで、日本精神神経学会に病名の変更を要望したことにあるとされている。

これはたんなる「呼称変更」ではない。日本精神神経学会小委員会によるなら、「精神分裂病」は発症脆弱性なるもので規定される疾患の名称であるのに離し、「統合失調症」は臨床症状群で規定される多因子性の症状群の名称である。つまり、精神分裂病と統合失調症はまったく異質な概念であり、同じ疾病単位（Schizophrenia）に対する異なる二つの呼称ではないのである。実際、最近の精神医学界では、大筋では、精神分裂病の原因は不明であるのに対し、統合失調症の原因は神経伝達系の異常であると断定されているし、精神分裂病は重症かつ予後不良であるのに対し、統合失調症は「軽症化」しており過半数が回復するとされてもいる。とすると、精神分裂病と統合失調症は異なる二つの疾病であることになるはずだが、前者から後者への関係は「呼称変更」と称されている。どうしてだろうか。

「軽症化」という形容に注意しよう。素直に解するなら、軽症化とは、精神分裂病が軽症化して統合失調症に変化したということになろう。では、精神分裂病の軽症化とはいかなる変化のことなのだろうか。また、どうして、精神分裂病者という病人の軽症化としてではなく、精神分裂病という病気の軽症化として語られるのだろうか。中井久夫は、「呼称変更」をめぐって、こんなことを書いている。

時間を五十年遡って、垢だらけで来る日も来る日も病棟の片隅に突っ立ったり、うずくまっている患者たち、隔離室でまるで軽業のような極端な姿勢を何年もつづけている患者たちを「分裂病」の典型とみていた時には「統合失調症」という名称は思いつかなかったであろう。／確かに何かが変わった。「分裂病の軽症化」は、すでに一九六〇年ごろから、その徴候があった。軽症化の原因にはあれこれがあげられているが、一般に物事の改善は何か1つの突出した変化で起こらず、多種多様な条件が次第に揃っていくことによって起こる。手さぐりもあり、迷いもあり、逆流があっても、患者、治療者、家族、公衆の改善への努力と、環境の変化があってのことであろう。それが逆戻りしないように、私たちは気を抜かないでいこうではないか。[1]

中井が五〇年前に見た光景、それは三〇年前にも一〇年前にも見ようと思えば見ることのできた光景ではないのか。現在でも、見えないようにされているが、見ようと思えば見ることのできる光景ではないのか。[2]「分裂病の軽症化」の徴候が「一九六〇年ごろから」あったとは、私は知らなかった。中井もその一翼を担った精神医学書ブームの中でも、私は「軽症化」に類する表現を読んだ記憶がない。たぶん私の読書範囲と記憶容量が狭すぎるせいなのであろう。しかし、「軽症化」の原因について「多種多様」と言って済ませるべきでないことは私にもわかる。実際、中井もこう書いている。

軽症化と言っても、すでに慢性状態に入り込んだ方々の失われた時間を取り戻すことはできない。「失調」を起こす人の全部が軽症にとどまるという保証もまだない。せめてこの人たちの生活の質（QOL）を高めていくこともまた、名称変更の際に忘れては決してならない課題である。[3]

現在も「すでに慢性状態に入り込んだ」人間が生きている。「せめて」QOLを高めることは当然の責務だ。しかし、「失われた」時間は、どのように失われたのか。「失われた」時間とは、むしろ「奪われた」時間ではないのか。「呼称変更」なる名称によって隠蔽されようとしている罪責があるのではないのか。「失調」のすべてが軽症にとどまる保証はないのに、どうして約束事でもあるかのように、「軽症化」が唱えられているのか。

ともかく、何ごともなかったかのように、専門家たちは、過去を忘れて未来に進むべく、軽症化した統合失調症へと関心を移してきた。それと平行して、脳計測機器が貢献したのでもあろうが、統合失調症の原因として、「脳ドーパミン神経系の過剰反応」「前頭前皮質における興奮性アミノ酸神経系の機能低下」「視床・大脳辺縁系の病態」などがあげられてきた。それと平行して、「薬物療法と心理社会療法」が高唱されてきた。すなわち、軽症化、脳の部位へのマッピング、薬物療法の普及、心理社会療法の普及、これらが歩調を合わせて、何ごとかを進行させてきたのである。生政治的観点から、こう言っておくことができる。脳の部位の構造と機能に関する分子生物学的研究が進めば進むほど、数多くの神経系物質が釣り上げられ、それらが織り成す反応カスケードが取り出され、新たな薬物が次々と開発されていくことになるが、それに歩調を合わせて、脳計測機器による検査や診断を普及させ、脳神経系に作用する新薬の市場を開拓し、臨床専門家たちの職域を擁護し拡大していくためには、脳の病気を、予後と転帰が明確な疾病単位として硬く定義するのではなく、多様な症状群として緩く定義するほうが得策であるし、疾病単位を根拠とする入院収容方式は病院経営上も効率的でなくなっているからには、地域医療へと転換し心理社会療法を主とするほうが得策であるし、医療費の受益者負担の拡大に伴い、地域に散在する潜在的患者たちを服薬継続を処方される消費者として主体形成するほうが得策である。だからこそ「軽症化」が高唱されてきたのである。要するに、脳を物理的に侵襲する時代に代わって、脳を非侵襲的に侵襲し、脳を領土化する時代が始まったことを「呼称変更」は告げている。

こんな状況を見ると、マルクスとともに叫びたくはなる。「社会がそれをなやます「あらゆる不都合を除こう」とするならば、そうだ！ 社会は響きの悪い言葉を除けばよい、社会は言葉を変えればよい。そしてそのためには、社会はただ学士院に頼んでその辞書の新版を出して貰えばいいのである」[4]。そうではあるが、本章で私が批判しておきたいのは、この間の一連の動きの中で、精神分裂病にせよ統合失調症にせよ、その症状のリアリティが蒸発させられてきたということである。近年の脳神経諸科学の言説は、言葉・態度・行動の変調や失調をダイレクトに脳の特定の部位の構造と機能に結び付けているだけである。あるいはむしろ、当該の脳の部位にダイレクトに作用すると見なされる薬物が、「劇的に」言葉・態度・行動を変容させると思い込んでいるだけである。いずれにせよ、一方では社会の中でマークされる変調や失調、他方では脳の中にマークされる構造や機能、これら二つの間に横たわる膨大な空白に関しては、一九世紀骨相学風の物言いに終始するだけで、実は何の関心も払われてはいないし何も考えられてはいない。

精神分裂病の原語 schizophrenia は、元来は言葉の連想関係が分断した症状を意味するともされていた。「太陽」と聞けば「暑い」を連想するところを、「太陽」と聞いて「牛乳」を連想するといった類のことである。「太陽」と「暑い」の正常な意味論的関係が分断され、「太陽」と「牛乳」の間に異常なショート・サーキットが形成されるというわけである。総じて、schizophrenia は言葉をめぐる病としても紹介されていた。幻聴や思考化声、会話の脱線や混線、統語論的関係や意味論的関係の変調や失調、その果ての「作品の不在」（フーコー）などである。そんな言語の変容は、苦しい症状を伴うはずであるが、同時にまた、言語の深みについてさまざまな洞察をもたらしてくれてもいた。「雨だ、私が雨かもしれない」「私は冷たい、氷は冷たい、私は氷だ」、こんな病人の言葉が隠喩論などにさまざまなインスピレーションを与えた時代があった。もちろんそのことは、精神医学者だけでなく人文・社会科学者による病人の収奪であったと言うことはできるし言うべきであるが、それでも肯定的に想起されるべきは、言語の異常が言語の正常を暴くものとして真剣に受け止められていたということである。

ところが、言語をめぐる病をそれとして理解するには、非侵襲的機器を使用したところで、分子生物学的知見を寄せ集めたところで、心理社会療法を厚くしたところで、まったく足りないのである。幻聴が聞こえる。苦しい。薬を服用する。幻聴が消失する。それはたぶんよいことだろう。幻聴を吹聴したり、幻聴を分析して増悪させたり、幻聴時の前頭葉補足運動野の画像診断で推測を捏ねるより、たぶんよいことだろう。しかし、人間が幻聴を体験するようになっているということ、正常だろうと異常だろうと、人間の脳には幻聴を聞かせる潜在的力能があるということ、幻聴には脳に根ざしたリアリティがあるということ、このことを理論的に探究し理解する上で、近年の研究方法や療法には何も貢献するところがない。本章で私が主張したいのは、病人と病気のリアリティを擁護するためにも、脳のエクリチュールを作り上げる必要があるということである。

自閉症についても同様に考えられる。精神分裂病と自閉症を切り離したとされるL・カナーを取り上げておく。カナーは、二歳から八歳の一一人の自閉症児を「発見」し報告した一九四三年の論文で、こう論じている。「自閉症、強迫性、常同性、反響言語」は、「全体像として精神分裂病の基本症状」に似ているために、一一人の児童のうち数人は「何度か精神分裂病と診断されてきた」が、「すでに知られている児童期分裂病の例とは多くの点で異なる」から、精神分裂病の早期発症とは厳然と区別されるべきである。(5) ところで、三〇年後の一九七三年に、カナーは一一人の児童の追跡調査の結果を報告している。「初期の類似性から離脱して、完全な荒廃から制限はあるが表面上円滑な社会適応を示す職業的適合までを含む変化が生じた」。では、どうしてこんな変化の幅が生じたのであろうか。近年、自閉症スペクトラムとも呼称されるように、そもそも自閉症の症状と経過は多様で多彩なものであるからだろうか。それだけとは思えない。実際、病院施設に入院している五人のうち、「人生の大半を施設ですごし、入所後輝きを失っていった」四人について、カナーはこう書いている。

州立病院の入院は、要するに終身刑に等しかったという印象がぬぐいきれない。驚くべき機械的暗記力も消失し、初期の病的ではあるが積極的な同一性保持欲求もなくなり、基本的に貧弱な対人関係につけ加えて物に対する関心も失った――いいかえれば、ほぼ無の世界へひきこもってしまった。これら児童は、施設に入れられ、そこで同年齢の重度遅滞児とあるいは精神病者といっしょに生活させられた。彼らの年齢がすすむにつれ、前者から後者へと移行した。ある所長は、その患者は「保護が必要である」と現実的に断言したが、最近ごくわずかではあるが、州立病院が、適切な訓練を受け治療方針をもった職員のいる児童単位を分離したことを述べておこう。

精神分裂病者と区別されるべきであり、現にカナーによって区別されていたはずの自閉症児でさえも、「終身刑」を課されることによって、重度遅滞や精神病へ「移行した」。自閉症は、精神分裂病の早期発症とは違うものであったのではなかったか。仮に現在でもそう考える専門家がいるように、自閉症の一部が精神分裂病の早期発症と重なるのだとしても、一一人中の五人、追跡調査では二人が行方不明で一人が死亡しているから、八人中の五人、これを一部などと言えるであろうか。まったく同様に、重度遅滞や精神病とされる人びとも、「終身刑」を課されることによって、重度遅滞や精神病に「移行した」のではないのか。一応断っておくが、私は、「終身刑」がなければ軽症化したはずだとか、悪化することがなかったとか言いたいのではない。また、精神分裂病や統合失調症と自閉症との関係について断定的なことを言いたいのでもない。私が指摘したいのは、カナーでさえもと言っておくが、病気の自然史を決定的に歪める「終身刑」に関して、理論的にも実践的にも真摯に考えていないということである。カナーは、「どの医学分野でも、予後は回顧してわかるものである」とした上で、こう書いている。

これら児童が別の環境ではよりうまくいったであろうか。……おそらくそうかもしれないが、現在でもはっきりしない他の要素が自閉症児の将来に対して影響を与えている可能性がある。(6)

中井久夫は「多種多様な条件」と書き、カナーは「はっきりしない他の要素」と書く。だから研究が続けられなければならないというわけだ。そして「脳の世紀」が始まった。しかし、そんな研究の条件を整えるためには、「はっきり」した原因を除去しなければならないのは明瞭ではないか。それは五〇年前にも一九七三年にも除去されてはいなかった。では、現在は除去されたのか。ある程度は除去されたとして、それは誰のおかげか。ノーマライゼーションなる掛け声の下で別の形での「終身刑」が進められてはいないのか。そのことに口を拭ったまま、自閉症に新たな関心が寄せられ始めているのだ。(7)

二〇〇三年の『特別支援教育の在り方に関する調査研究協力者会議・今後の特別支援教育の在り方について(最終報告)』を受けて、二〇〇四年に文部科学省は『ガイドライン(試案)』を提唱した。それは、「特別支援教育」は、「特殊教育の対象の障害」だけではなく、「LD(学習障害)、ADHD(注意欠陥/多動性障害)、高機能自閉症」も含めて「教育・指導」を行なうべきであるとしている。また、各障害ないし症候群を「判断」し「鑑別」する基準の必要性を訴えるだけでなく、自閉症の原因は「中枢神経系の機能不全による発達障害」であると断定している。他方、専門家たちは、まるで約束事でもあるかのように、自閉症スペクトラムの出現率を子ども百人当たり一人程度と推定し、このうち二割から三割が知的障害を伴うとしている。したがって、学校教育には以下の任務が課されたことになる。高機能自閉症児は必ず一学年に数人は埋もれているから、それをたんなる「変わった子」「困った子」と見なして野放しにしておくのではなく、高機能自閉症児として見分けること、ただし自閉症スペクトラムはADHDやLDと重なり合う場合があるので的確に鑑別すること、その上で、効果的な指導方法を実行することである。ところで、高機能自閉症における中枢神経系の障害部位は特定されてはいないものの、大脳辺縁系や扁桃体に目星がつけられ非侵襲的検査が繰り返されている。したがって、今後は、学校の中においてこそ症状が出るところの高機能自閉症児を、学校教育臨床関係者が探し出し、友となるべき子どもたちから引き離し、福祉関係者や医療関係者に引き渡し、ADHDを皮切りにして薬物や療法の消費者に育て上げていくことになる。[8]

ここでも症状のリアリティは蒸発させられている。たしかに、一応、自閉症は、コミュニケーション・人格的相互関係・注意力の障害とされている。DSM－Ⅳは、自閉症を含む広汎性発達障害の診断基準の一つとして「意志伝達」をあげ、以下の基準を列挙している。（a）話し言葉の発達の遅れまたは完全な欠如、（b）他人と会話を開始し継続する能力の著明な障害、（c）常同的で反復的な言語の使用または独特な言語。同様に、WHOの国際疾病分類は、言語の異常に関して、反響言語、代名詞転用、文法的構造の未熟、抽象語の使用困難などを列挙している。しかし、少し検討すれば明らかなように、DSM－ⅣやWHOは、学校化された言語学に従って言語を運用すること、また、学校化されたコミュニケーション倫理に従って言語を運用することを正常性の規範として、そこから逸脱する者を医療・教育・臨床の総力を挙げて捕捉しようとしている。本章で私が批判しておきたいのは、DSM－ⅣやWHOに窺える専門家たちの余りに杓子定規で度量の狭い言語観である。現在の市民たちが「変わった子」や「困った子」に対する寛容や寛大を失っているのと平行して、後述するように、専門家たちは言葉の変調や失調に対する理論的な寛容や寛大を完全に喪失しているのだ。

ともかく、高機能自閉症にこれほど関心が払われているのは、そこでは高次精神機能の一部が特異的に異常になっていると見なされているために、高次精神機能と脳の関連を探る現行の研究検査方式にとって絶好の症例となっているからである。身体の病において糖尿病が格好の症例とされているのと似た意味で、高機能自閉症は、統合失調症や老人性精神障害とともに、高次精神機能をめぐる現代版骨相学を確立する上で格好のターゲットとされているのである。

以下において、精神分裂病・統合失調症・高機能自閉症における言語の問題を念頭に置きながら、デリダとコネクショニズムを比較した上で、古典的計算主義とコネクショニズムに共通する限界を乗り越える方向を考える。そして、脳を非侵襲的に侵襲する勢力に対して理論的に対抗するための準備を整えておく。

エクリチュールと空間化

フロイトは、「科学的心理学草稿」において、脳の神経回路について簡単なモデルを提出している。(9) その概略をデリダに繋がる仕方で述べてみる。

神経細胞系は、外部から刺激入力を受け取る。神経細胞系にあって刺激の増大は「不快」を生ずる。神経細胞系はこの「不快」を解消すべく刺激を運動神経系に放出する。この刺激出力が「快楽」を生ずる。このように神経細胞系が入力に対して出力を返すという生体反応を示すことができるのは、刺激の増大を刺激の減少に自発的に転じようとするからであるが、その過程を駆動するのは、刺激の減少がもたらす「快楽」を追い求める欲動である。ところが、この欲動が何の抑制も加えられず放任されるならば、神経細胞系はひたすら「快楽」を追い求めて刺激を放出し続け、終には、そこに内在する「心的エネルギー」も放出して、刺激の零度ないしはエネルギーの零度、つまりは死の状態を追い求めることになるはずである。ということは、神経細胞系が外部刺激に対して運動反応を返すという原初的で基本的な生体反応を実現するのは、神経細胞系が「快楽」極まる享楽へ向かう死の本能によって駆動されているからであるということにもなる。

とはいえ、神経細胞系には絶えず外部刺激が流れ込み、放出し切れない刺激が内部に滞留する。とくに、外部から刺激が到来するにせよ、内部から刺激が湧出するにせよ、何らかの事情によって神経細胞系からの出力が阻止される場合には、「不快」が増強するばかりになるし、刺激の極限へ、言いかえるなら、「不快」極まる状態へと駆り立てられることになる。すなわち、享楽としての死へ向かう本能が駆動しているはずの生命反応は阻止されて、不本意極まりない責苦としての死へと駆り立てられてしまうことになる。そんなことでは、いかにしても神経細胞系は、一個の生命システムとして自己を維持できないだろう。しかし現実に神経細胞系は何ほどかの期間は生き続けるのだから、享楽としての死を追い求めながらも、責苦としての死を回避する装置を内蔵しているはずである。

そこで、神経細胞と神経細胞の間に「接触障壁・接触防壁」(Kontaktschranke) が介在すると考えてみる。外部刺激にせよ内部刺激にせよ、一定の刺激量が神経細胞ａに流入すると、神経細胞ａは「快楽」を求めて、その刺激を神経細胞ｂに放出しようとするが、そこに接触障壁があるために、当初の刺激量の一部だけが神経細胞ｂに流入することになる。しかし、好都合なことに、神経細胞ａは神経細胞ｃや神経細胞ｄなどにもそれぞれの接触障壁を介して接続しているので、自己に流入した刺激量をいわば小分けにして神経細胞系に放出することができる。こうして神経細胞ａは相応の「快楽」を獲得する。同じことは神経細胞ｂ以下でも生じ、結果として、一定の刺激量は出力されずその総量に変更はないものの、神経細胞系の内部に分散されて備蓄されることになるとともに、相応の「快楽」と「不快」が分散されて配分されることになる。

それだけではない。刺激量の配分の過程において、神経細胞間の接触障壁の強弱に応じた「通道・通疎」(Bahnung, frayage) のシステムが形成される。接触障壁の強弱の度合が適当に変更可能であるとするなら、神経細胞aに流入した一定の刺激量が、各神経細胞に配分されることによって、神経細胞aに発し各神経細胞に到る通道が形成される。同様に、各神経細胞から発し他の神経細胞たちに到る通道も形成される。これらの通道がシステムを織り成すのである。ここで注意しておきたいのは、第一に、通道システムは、刺激量の分散・配分の後には、別の刺激が入力されるまでは、潜在的な状態に留まっているということである。第二に、通道システムは、一定の刺激量を接触障壁の強弱に応じて配分したその状態であるから、何らかの度量の下における最小値になっているということである。つまり、神経細胞系は、責苦としての死を回避しながら享楽としての死を追い求める代わりに、何か抽象的な度量の下における安定状態、言いかえるなら、擬似的な死の状態に落ちることをもって、「不快」をそれなりに解消し、相応の「快楽」を掠め取るのである。そのようにして、神経細胞系は現実的な生命システムとして生き続けることができるようになる。第三に、通道システムは、神経細胞系に潜在する抽象的な空間を形成するということである。神経細胞aがその刺激量1.2を神経細胞bに放出しようとするが、接触障壁があるために、神経細胞bには刺激量0.3だけが流入するとすれば、両者の間に形成される通道には、0.3/1.2=0.25なる数値が割り振られる。同様に、各神経細胞間の通道にもそれぞれの数値が割り振られる。それらの数値を並べるなら、神経細胞aに発する通道は一定のベクトルとして表示される。同様に、各神経細胞から発する通道は一定のベクトルとして表示される。通道システムとは、これらのベクトルが張り渡す抽象空間のことである。

デリダは、この抽象空間としての通道システムについて、「フロイトとエクリチュールの舞台」『エクリチュールと差異』で、こう書いている。

通道と通道の差異こそが、記憶の、ひいては心理の真の起源である。……記憶としての痕跡は、単純な現前としていつでも回復されるような純粋通道ではなく、通道と通道の間の捉え難く不可視の差異である。したがって、すでに明らかなように、心的な生命とは、透明な意味と不透明な力からなるのではなく、さまざまな力の働きにおける差異からなるのである。[10]

力の働きが通過した後の痕跡としての通道の不可視の差異、これは神経細胞系の潜在的な記憶であり、現実的な記憶や心理の真の起源である。記憶や心理の陰には、記憶や心理を現象させるところの抽象空間が隠れ潜んでいる。この抽象空間は、神経細胞系が原初的に死の本能に駆動されながら落ち込んだところの擬似的で潜在的な死の状態であるからには、心的な生命には必ずそんな不可視の死が介入していることになる。とすれば、生き生きとした心的現象をそれとして分析するためには、一方では学校化された言語や可視化された心と生活、他方では脳計測値の彼方に想定される不透明な因果的力、これら二つだけについて語るというのではなく、通道システムとしての不可視な抽象空間を分析する方法を獲得しなければならない。「心理を、空間化、痕跡の地形、通道の地図によって説明しようとするプロジェクト[11]」を始めなければならない。

デリダによるなら、この抽象空間は「エクリチュールの構造と機能によってしか表象されえない[12]」。言いかえるなら、心的現象を分析するためには、エクリチュールの構造と機能について思考しなければならない。では、それはいかなるエクリチュールであるのか。デリダは計算機風のエクリチュールを参照する。

心的なもの（psychique）の内容は、本質的に他に還元できないグラフ的な（graphique）テクストによって表象される。心的な装置の構造は、エクリチュールの機械として表象される。これらの表象はわれわれにいかなる問いを提起するであろうか。例えば、フロイト『マジック・メモについてのノート』に記述されているエクリチュールの装置が、心理（psychism）機能を表象するのによいメタファーであるかどうかなどと問うべきではない。そうではなくて、心的なエクリチュールを表象するためにはいかなる装置を創造するべきかを問うべきであるし、また、心的なエクリチュールのごとき何ものかを機械の中に投射し発散させるイミテーションが、装置と心理に関して何を意味するのかを問うべきである。心理がはたして一種のテクストであるかどうかを問うべきではなく、テクストとは何であるのか、また、テクストによって表象されるためには心的なものは何でなければならないのかを問うべきである。たしかに、心的な起源がなければ機械もテクストもないのだが、テクストがなければ心的なものもない。心的なもの、エクリチュール、空間化、これらの間でのメタファーによる移行が、まずは理論的言説の内部においても可能となっているが、それだけではなく、心理・テクスト・技術の歴史においても可能となっているわけだから、そのためには、心的なもの、エクリチュール、空間化の関係がいかなるものでなければならないのかを問うべきである。(13)

極めて重要な問いが立てられているが、とりあえず幾つかのコメントを付しておく。第一に、心的なものの内容は、グラフ的なテクストによって表象される。例えば、顔の知覚や岩の知覚は、顔や岩に対応する何ものかが心的に投影されて表象されるのではなく、顔や岩に類似することのない抽象空間に刻まれるグラフによって表象される。第二に、心的なものの構造は、エクリチュールの機械によって、言いかえるなら、機械のモデル化によって表象される。その際に、問われるべきは、機械モデルが心的なものを再現しているかということではなく、機械モデルと心的なものがいかなる関係を取り結ぶのかということである。第三に、心的なものは抽象空間を隠しているから、この抽象空間を記述するエクリチュールと機械モデルを記述するエクリチュールが同等のものであるとするなら、問われるべきは、心的なものとエクリチュールと空間化がいかなる関係を取り結ぶのかということである。そして第四に、エクリチュールが織り成すはずのテクスト、これとグラフ的なテクストの関係が問われるべきである。要するに、デリダは、心的なものの下位にある次元、そして脳の上位にある次元、ここを記述するエクリチュールのことを考えているのである。デリダは、『グラマトロジーについて』においては、サイバネティクスを参照してもいる。

本質的限界を持とうと持つまいと、サイバネティクス的プログラムでカバーされる領域は、エクリチュールの領域であるだろう。サイバネティクス理論が、かつて機械と人間を対立させる役割を果たしてきたあらゆる形而上学的概念――魂、生命、価値、選択、認識、記憶の概念も含め――を自身からは放逐できると仮定しても、サイバネティクス理論は、自らの歴史的形而上学的帰属が同様に告発されるに到るまでは、エクリチュール、痕跡、書字（gramme）や書字素の概念を保存せざるをえないであろう。[14]

デリダにとって、サイバネティクスがカバーするエクリチュールとは、「理論数学のエクリチュール」のことであり、これが心的なものの下位の次元をモデル化するのである。そして、デリダがとりわけ理論数学に着目するのは、それは文化における「飛び地」をなしているにしても、「この飛び地は、科学言語の実践が、内部から、より深くから、表音的エクリチュールの理想とその暗黙の形而上学に抗議する場でもある」[15]からである。すなわち、エクリチュールは、音声中心主義とロゴス中心主義を核とする形而上学に抵抗するものとなるであろうし、エクリチュールが心的なものの下位にある抽象空間を記述するからには、それと心的なものとの関係が問い返されるに到るならば、「そのときエクリチュールが舞台に登場し、痕跡は書字となり、通道の環境は計算された＝暗号化された（chiffré）空間となる」[16]であろう。こんな風に、デリダはコネクショニズムに繋がるのだと言っておこう。

理論数学のエクリチュールは、言語学的な言語でも論理学的な言語でもないことを強調しておきたい。とりわけ、そのエクリチュールは、統語論的にも意味論的にも正常な言語とは区別されなければならない。むしろ、心的なものの下位の次元を記述するエクリチュールは、正常と異常の区分、健常と病気の区分をいわば下方に超える次元を理論化するものである。それは、例えば、フロイトのいう夢の言語に相当するものである。あるいはむしろ、このエクリチュールが、いわばそのままで心的なものに上昇したものが、夢の言語である。「おそらくフロイトは、夢は独特のエクリチュールとして移動して、語を舞台に上げるにしても、語に隷属することはないと考えている。すなわち、フロイトは、話し言葉に還元不可能なエクリチュール、聖刻文字のように絵文字的要素も表象的要素も音韻的要素も含んでいるエクリチュールのモデルを考えている[17]。したがって、「心的なエクリチュール」には、「恒常的なコード」もなければ、「網羅的で絶対不可謬のコード」もないし、そこにおいては「シニフィアンとシニフィエの差異」は派生的なものにすぎなくなる[18]。だからこそ、「エクリチュールは単なる心理学によって汲み尽くされることはない[19]」。

さて、本章で私が確認しておきたいのは、デリダのいう音声中心主義とロゴス中心主義に該当するのが古典的計算主義（言語の知識・理解・認知を、言語学的単位に対応する記号表象、これに対する離散的・論理的な計算と見なす立場。以下、古典主義と略す）であり、デリダのいう機械のエクリチュールに相当するのがコネクショニズムであるということである。ただし、コネクショニズムにしても音声中心主義とロゴス中心主義を免れているわけではない。この点は、本章の最後で多少考える。

分散表象の抽象空間

古典主義とコネクショニズムの間で展開された論争については、すでに優れたサーヴェイがある[20]。ここではコネクショニズムにおける分散表象の意義を明確にするために、古典主義者のフォーダーとコネクショニストのスモレンスキーの論争の一局面に絞って検討する。

「デリダは文字を書く」という文の認知や理解をモデル化する古典主義の方式を素描することから始める。ここに「デリダは文字を書く」と印刷されたものについて、その忠実な写し（似像、模像、印象）

が人間の網膜や脳内部位に刻み込まれると素朴に考えるのは難しいので、ここに書かれたものが発する何ものかが何らかの仕方でコード化されて網膜や脳内部位に送り込まれると考えることになる。誰もが言うように、眼はカメラに似ているが、脳はカメラに似ても似つかぬからである。その際、古典主義は、「デリダは文字を書く」を分析して、一方では〈○○は△△を□□する〉なる形式として捉え、他方では〈デリダ(は)、文字(を)、書く〉なる語の順序列に対応する〈derida, moji, kaku〉なる記号列として捉えることになる。古典主義からするなら、「デリダは文字を書く」を見るとき精神が行なっているこ とは、一方では、〈○○は△△を□□する〉という統語論的形式を見て取って認知することであり、他方では、〈derida, moji, kaku〉という質料としての記号列を見て取って、それらが○○・△△・□□の空所を埋めていると総合的に認知することである。そのようにして、精神は「デリダは文字を書く」なる文を認知するというわけである。

しかし、文の形式面と質料面が分析されて総合されるだけでは、文を理解するということについて何も触れるところがないように見える。文の理解とは、文の意義の理解であり、かつ、文を構成する語の意義の理解であると信じられているからである。そこで古典主義は、理解されているはずのもの、理解されるべきものとして、文の形式や質料に代えて、精神が直接的に眺めるべき表象を持ち出して持ち込む。捏造するのである。その際、文の形式については、文の意義とは何かという厄介な論点を無視しておけば、文の形式は何ほどかイデア的であるから、それを殊更に表象に置き換えなくとも、精神は直接的に形式を直観するとされる。文の質料については、語に対応する記号も物質的・物体的なものであると見なされるから、精神が直観するに相応しい仕方で記号はイデア化されなければならない。最も手軽な方法は、一語ないし一記号素（形態素・音素・書記素）に対してそれをイデア化した一つの表象を対応させて、後者を精神が直観するとしてしまうことである。こうして、古典主義においては、「デリダは文字を書く」の理解とは、精神がイデア的形式を直観し、言語学的要素をイデア化した何か（記号表象、概念、意味、語義、内容、シニフィエ）を直観することであるということになる。[21]

大方の認知言語心理学も、古典主義と同様に考えている。人は「デリダが文字を書く」を読んで理解する。人が「デリダが文字を書く」を理解するとは、「デリダが」を主格名詞句（詞＋辞）、「文字を」を目的格名詞句（詞＋辞）、「書く」を現在形動詞句（詞＋零記号）といった具合に文の統語論的形式を理解し、同時に、「デリダ」「文字」「書く」を意味論的に理解するということである。あるいはむしろ、これに対応することを心的に理解するということである。

しかし、この類の議論はまったく信じられない。第一に、前の三段落を私が書き上げるのに約一〇分間を要したが、その一〇分間に私の内部で進行していたことが、そこに記されたようなことであろうはずがない。また、前段落を私が読み上げるのに数十秒を要するが、仮にそのことで私が前段落を理解するつもりになるにしても、そのことは「デリダが文字を書く」を読み上げて納得することの解明にも説明にもなりはしない。第二に、前の三段落のような議論を私はパソコンを使って書き付けることができたからには、その類の言語運用能力が私とパソコンには備わっていることになるし、その限りでは、この言語運用能力のモデルを前の三段落が記述していると言えなくもないが、しかしそのことは、「デリダは文字を書く」の理解の過程で起こっていることの解明や説明になっていることを決して保証しない。要するに、言語学的な分析と総合が、そのまま言語の認知や理解の過程になるなどと誰も立証してはいないのである。にもかかわらず、どうしてこんなことが依然として深く信じられているのか。

立てられた問題は、「デリダは文字を書く」を入力として与えたとき、その認知と理解がどのように進行するかを理論化しモデル化するということであった。では、このモデル化における出力は何であろうか。その出力が再び「デリダは文字を書く」であるとするなら、モデル化が何を達成したことになるかが疑わしくなるだけでなく、当のモデルが文の認知と理解をモデル化していることの保証は、入力を与え出力を受け取る外部観察者に委ねられることになる。外部観察者が「デリダは文字を書く」を認知し理解するから、モデル化に成功したということになる。こんなことでは誰も納得しないだろうから、古典主義者でさえもそんなことを言うわけにはいかない。だから、出力は密かに消去されることになる。そして入力からの過程をイデア化して打ち止めにする精神が持ち込まれて、文の認知と理解のモデル化と称される。しかも、それは、外部観察者が「デリダは文字を書く」を黙って読む場合に、外部観察者の内部で進行することのモデル化になっているとも見なされる。繰り返すが、どうしてこんなことが依然として深く信じられているのか。

もう一度「デリダは文字を書く」を見詰めてみよう。私は見る。知覚する。その限りで認知する。それだけだ。どこにも意味の理解など起こってはいない。では、「デリダは文字を書く」と声に出してみればどうか。私は口を動かし音を発する。そのことを自ら聞いて知覚する。それだけだ。どこにも意味の理解など起こってはいない。では、「デリダは文字を書く」を黙って読み下してみればどうか。同じことだ。どこにも意味の理解など起こってはいない。にもかかわらず、この私にしても、「デリダは文字を書く」を見詰めたり声に出したり読み下したりすると、その意味を理解していると思ったり感じたりすることがありそうだ。しかし、よく考えてみなければならない。そのとき起こっていることは、「デリダは文字を書く」と話して、その後に「わかった」「その意味を理解している」といった類の文を内言として内的に話しているのではないのか。そして、「わかった」「その意味を理解している」という文を内的に自らが話し内的に自らが聞くことをもって、「デリダは文字を書く」の意味を理解していたことにしているだけではないのか。

古典主義は、事態をもっと単純化している。「デリダは文字を書く」をイデア化した表象、これを内的に自ら話し内的に自ら聞くところの精神を持ち込むことによって、文の認知と理解が成就されると見なすのである。こんな具合に精神を捏造する古典主義こそが、デリダの批判する「魂の孤独な生」[22]における音声中心主義なのである。すなわち、古典主義は、現象学と同様の形而上学的前提を隠し持っている。「現象学は、諸原理の原理、すなわち、根源的な明証性の贈与、充実した根源的な直観の現在ないし現前を、すべての価値の源泉および保証と見なしている」[23]。古典主義モデルは、外部観察者やモデル内部の精神における根源的な直観に依存している。

デリダは、この形而上学的前提に関して二つの批判を放っている。第一に、イデア化と反復可能性の関連についてである。「イデア性の起源は、常に産出する作用の反復可能性であることになろう。この反復の可能性がイデア的に無限に開かれているためには、あるイデア的な形式が、〈無際限に〉と〈イデア的に〉の統一を確証しなければならない。それが現在、あるいはむしろ、生ける現在の現前なのである。……イデア性のイデア性は、生ける現在、超越論的な生命の自己への現前である」[24]。このよく知られた批判は、私にはやや曖昧に見えるが、古典主義批判の文脈では次のように言いかえることができよう。古典主義における表象はイデア化されているが、それが文や記号のイデア化であるからには、文や記号の反復可能性と同等の反復可能性を有していなければならない。普通の言い方をするなら、表象の個別性と同一性の基準を文や記号のそれに依存することなく確立していなければならない。しかし、もちろんそんなことをできるはずがない。そこで、他ならぬ「書く」の他ならぬこの表象を直観していることを保証するものは、結局は、「書く」と読んで聞き取るのと同じような仕方で、その表象を内的に読んで聞き取ることだと仮想するしかない。他ならぬこの表象の反復可能性は、いつでも現にそれを直観すると思いなす精神への現前によって保証されたことにされるのである。第二に、こちらの批判のほうが重要であるが、生ける現在には必ず抽象空間が介入している。

現前のセキュリティ（sécurité）、イデア性の形而上学的形式として確定され奪取されるのは、独特で非経験的な非基礎の空間の還元不可能な空虚においてである。問題はその空間を現出させることである。われわれが現象学の記号概念を問うのは、そのような地平においてである。[25]

デリダが指摘するのは、魂の生ける現在には、「還元不可能な非現前」「非生命」「生ける現在の自己への非現前ないし自己への非所属」[26]が介入しているということである。実際、そうではないだろうか。あなたが「デリダは文字を書く」を見たり聞いたりしているそのときに、あなたは内的に何かが生じているなどと知ることはないはずだ。それらが表象する何かなど、あなたの内部のどこにもないし、世界の内部のどこにもない。それだけではない。あなたはたしかにわかったと思う。それは、見たり聞いたりしたその後に、それが内言であるにせよ、「わかった」と出力しているだけのことである。そして、「デリダが文字を書く」という入力と、「わかった」という出力の間には、時間的にはミリ秒単位であるにせよ、完全な非現前が横たわっている。自己に現前せず自己に所属せず、自己の心的な生に現前しない抽象空間が横たわっているのである。抽象空間の「エクリチュール以前に言語記号は存在しない」[27]からには、そこを古典主義的で言語学的なモデルで解明できるはずがないのだ。では、どうすればよいのか。

さらに先に進もう。いかにしてエクリチュール——これが、主観の死によって（死の後になって）、主観の全面的な不在にもかかわらず機能する記号に対する通常の名称である——が、意義一般の運動の中に、とりわけ、いわゆる生き生きとした話し言葉の中に含まれているのか。いかにしてエクリチュールそのものは、リアルでもイデアルでもないのに、イデア化を創始して完成させているのか。[28]

こうしてデリダをコネクショニズムに繋げることができる。スモレンスキーは、古典主義をこう批判している。[29]古典主義は、○・△・□といった記号、あるいは、記号の代理たる空所記号が、いかにしてモデルの内部でそれとして実現されるのかについて何も示してない。また、空所記号が実現されているとして、いかにしてそれらが結合するのか、いかにして空所記号に語の代理記号が充塡されるのかについて何も示してない。古典主義モデルは、精神の下部で、あるいは、脳の上部で、何が起こっているかを何も解明してはいないのである。スモレンスキーによれば、コネクショニズムのモデルこそが、そのことを解明する。その議論の主旨はこうである。

「デリダ（は）」「文字（を）」「書く」という三つの語は、それぞれがコネクショニスト・モデルの内部において、あるベクトルとして実現する。例えば、「デリダ（は）」を入力したとき、その刺激情報はモデル内部を走り分散し配分され、最終的にモデル内部のユニットはそれぞれに固有の活性化の度合を示す状態に落ち着くことになる。この各ユニットの活性化強度を数値化して並べればベクトルになる。こうして「デリダ（は）」は、モデル内部に分散し配分された表象（distributed representation）に転移することになる。同じことは残りの二つの語にも起こり、それぞれが別のベクトル＝分散表象に転移することになる。

この分散表象に関して強調されるべきは、それが語に一対一対応するような代理表象ではないということだけではなく、それが語や記号のイデア化ではないということである。実際、分散表象は、モデルにおける物質的で物体的なものはユニットと結合線だけであるからには、決して物質的・物体的ではない。また、分散表象は、精神が直接的に直観するものではないからには、決してイデア的でもない。デリダの言う意味において、リアルでもイデアルでもない。心身二元論に合わせて言いかえるなら、身体的でもなければ心的でもないし、心脳二元論に合わせて言いかえるなら、脳的でも心的でもない。しかし、分散表象は、モデル内に潜在するからにはリアルであり、ベクトルなる数学的存在者であるからには観念的である。したがって、古典主義における表象を精神的・心理的なものとみなし、コネクショニズムにおけるユニットを脳的・物体的・身体的なものとみなすならば、分散表象は、そのどちらでもないし、そのどちらでもありうるものであると解さなければならない。端的に言えば、分散表象は、心身結合、心脳結合の次元にあるリアルで観念的なものである。

「デリダは文字を書く」における三つの語は、それぞれがベクトルとして実現されるが、同時に、この文における三つの語の順番をベクトルとして実現することができる。これを前者のベクトルに添付してやれば、コネクショニスト・モデルは、「○○は△△を□□する」といった形式情報を付与されたと見なすことのできる出力パターンを返すことができる。「デリダは文字を書く」を入力として与えると、「デリダは文字を書く」に相当するものを出力として返すシステムを考えると、古典主義はそのモデル内部の作動に関して何も語りえないのだが、コネクショニズムは、適当に作り込んでやるなら、そのモデル内部にベクトルに関する代数計算を実現することができるから、モデル内部の作動を理論化することができているのである。言語学化された言語の下位、言語学化された理解の下位にあるもの、また、物理学化・分子生物学化された脳の上位にあるものが、理論化されているし、それはリアルで観念的なものの代数計算として実現していることになる。こうしてスモレンスキーの言うように、「記号的なものと神経回路的なものの間における抽象的計算の実り豊かなレベル[30]」が開かれることになる。

一般に、ベクトル空間などの抽象空間、これはモデル内部に潜在的に保持される空間であるが、現実にそのモデルに入力が入ると、この空間が分割され検索されて低次元の空間が取り出され、これが変換されて出力されると考えることができる。この抽象空間の変換そのものを、心的現象と見なされる出来事の実相であると捉え直すこと、ここから理論的探究を始めなければならない[31]。細かな詮議はあるものの、この点でのコネクショニズムの優位は明らかである。

そこで古典主義者は別の議論を持ち出すことになる。古典主義者は、ロゴス中心主義を発揮して、体系性・産出性・推論一貫性が人間の高次精神活動の本質的特性であると断言した上で、コネクショニスト・モデルはそれらの特性を解明できないし、解明できたとしても、コネクショニスト・モデルは、古典主義モデルを別のアーキテクチャで実行しただけのことになると主張する。要するに、古典主義者が信ずるところの学校化された言語体系の下位にあるエクリチュールをも学校化しようとするのである。まるで「エクリチュールによる汚染」を告発し、「ロゴスの現代科学がその自律性と科学性に接近しようとするなら、異端を審問しなければならないかのようである」[32]。しかし、音声中心主義かつロゴス中心主義である古典主義の正統性など何ほどのものでもない。

産出性とは、「○○と信ずる」なる文から「○○と信ずると信ずる」なる文を生成したり、「○は△である」なる文から「□であるところの○は△である」なる文を生成したりすることである。しかも、この産出性は、チョムスキー以来、一定の操作を無際限に繰り返しうることであるとされてきた。これは愚かな見解である。第一に、人間は無際限に文を生成することなどできないし、同じ仕方で操作を繰り返すことなどない。疲労してくるし、そもそも寿命が限られているからだ。第二に、文を生成する同一操作の繰り返しは、挙手の繰り返しと何ら変わることのない、どちらかと言えば低次の機能と見なされるべきである。ところが、古典主義者は、挙手の繰り返しを手の高次活動の本質的特性と見なすだけでなく、挙手が繰り返されることをもって手の運動が一つのモジュールをなすとさえ主張するのだ。

推論一貫性とは、形式論理学における推論の形式性以上でも以下でもない。たしかに人間には、形式論理学を学習して運用する能力があると言えば言える。しかしそれは高次の能力であるというより、極めて表層的な能力にすぎない。推論一貫性など備えなくとも人間は生きていける。逆に、人間が行為し生活していくには推論一貫性などの論理学的能力を不可欠とすると思い込む研究者は、人生を学校化して見ているにすぎない。さらに悪いことに、言語の下位の次元までもが学校文法化・学校論理学化されていると信じ込んでいるのだ。この学校化された人間観はとりわけ体系性の議論に顕著である。フォーダーとマクローリンはこう書いている。

（c）命題Pが心的表象Mのシステムにおいて表現されうるとすれば、そのMはいくつかの複合的な心的表象（「心的な文」）Sを含み、そのSはPを表現し、かつ、Sの（古典的）要素はPの要素を表現する（ないし指示する）。／体系性の古典的説明は、法則的必然性でもって（c）が成立すると想定する。（c）はすべての体系的精神を包摂する心理法則を表現している。……例えば、〈ジョンはその少女を愛する〉という命題を表象する者は誰であっても、まさにその事実によって、ジョンを表象し、その少女を表象し、愛するという二項関係を表象する。しかし注目せよ。〈その少女はジョンを愛する〉という命題もまた、それら同じ個々の表象と関係の表象によって構成されるのである。……こうして、ジョンがその少女を愛することを表象することができる者であれば誰でも、その少女がジョンを愛することをも表象できるのである。[33]

古典主義者によるなら、「デリダはドゥルーズを愛する」と発話・表象する者は、「ドゥルーズはデリダを愛する」と発話・表象することもできるはずである。これが、言語能力の体系性、あるいは、文の統語論的で意味論的な体系性であり、この人間の高次言語能力に固有の厳粛な事実を解明しなければならないというのである。

端的な事実として言っておくが、そんな体系性を「誰でも」行使しているわけではない。「ジョンはその少女を愛する」とは言えても、どうあっても、たとえ演劇の台詞であっても、「その少女はジョンを愛する」と口にもできないし思いもよらない場合がある。人間にはそんなことが起こる場合があるのだ。しかも、これは古典主義的体系性に失語や欠落が生じたということではなく、それとは別の体系性が生じているということを意味している。そこは措くとしても、文が体系性をなすとして、どうして、当の体系において「ジョンはその少女を愛する」に隣接すべき文が、「ジョンはその少女を憎む」や「ジョンはその少女を倒錯的に愛する」ではなく、「その少女はジョンを愛する」でなければならないのか。これについて古典主義は何の理由もあげてはいない。また、どうして、当の体系において、「○○は△△を口□する」を変換して最初に得られる形式が、「△△は○○を口□する」でなければならないのか。これについても古典主義は何の理由もあげてはいない。それは要するに、対称的相思相愛を夢見る学校文化や学校文法教育の慣行にすぎないからだ。

マテューズによる古典主義批判を援用しておこう。[34] 第一に、たしかに〈ジョンはその少女を愛する〉を表象する内的プロセスは起こっているし、〈その少女はジョンを愛する〉を表象する内的プロセスも起こっているだろうが、ここで問われるべきは、両者の内的プロセスが同じものであるのかどうか、両者の内的プロセスの関係が学校文法によって表象されるような関係であるかどうかなのであるのに、古典主義者はこの点についてまったく何も考えていない。第二に、古典主義者によるなら、aRb を思考できる者は誰でも bRa を思考できなければならないことになる。とすると、〈x は単集合｛x｝の唯一の要素である〉を思考・理解できる者は誰でも、〈単集合｛x｝はxの唯一の要素である〉という無意味な命題を思考・理解できなければならないことになる。古典主義者のいう体系性は、有意味な文たちの意味論的な体系性であって、記号の単なる置換が生成する体系性ではなかったはずである。第三に、「緑の観念は猛烈に眠る」（チョムスキー）は統語論的には正常で意味論的には異常な文であり、「友よ、この世に友はいない」（デリダ）は統語論的には階層が混乱し意味論的にも混乱している文であるが、学校化された古典主義的言語体系において、それに隣接すべき文は何になるのか。そんなことは誰にも決められることではない。にもかかわらず、チョムスキーもデリダも、上記の文に続けて「体系的」文章を書くことができたのである。要するに、古典主義的な体系性は、学校教育の中でしか通用しない、その都度の思い付きの寄せ集めでしかない。そんなものは説明を要する言語的事実などではないのだ。こうしてマテューズはデリダ的な批判を放つことになる。

ここでの誤りは、次のような言語学者の誤りに似ている。すなわち、自然言語の文法を書き上げた後になってから、そのように文法を書き上げつつあるそのときに、自然言語の体系性を説明するのに成功していたのだと思い込む言語学者の誤りである。[35]

したがって、本章では追及できないが、仮に学校化された言語の運用能力を古典主義的にモデル化したいのであれば、マテューズが記す「誤り」を生み出すような事前性と事後性の錯綜した時間性をモデル化した上で、その「誤り」を発生させる機序を解明するといった具合でなければならない。もちろんこのことはコネクショニズムも達成しているわけではないが、少なくとも確かなことは、「空間化」は、「空間の分節、時間の分節、時間の空間化、空間の時間化」も達成しなければならないということであり、この点で有望なのは明らかに古典主義ではなくコネクショニズムである。いずれにせよ、「空間化としての原エクリチュール」が、「生ける現在の現前の中に、あらゆる現前の一般形式の中に、死せる時間を刻み込み、作品化して作動しているのである（à l'oeuvre）」[36]。

正常と異常を下方に越える

古典主義は、人間の言語運用だけでなく、人間の言語の下位のエクリチュールをも学校化しようとする。これに対して、コネクショニズムは、人間の言語運用は学校化されているとしても、その学校化を駆動する下位のエクリチュールは学校化されてはいないと主張する。スモレンスキーは、その下位のエクリチュールのモデルは、さらに下位の脳で起こっている出来事のモデルに還元されるはずであると展望している。

PDP（平行分散処理）コネクショニズムは、神経回路計算の最も基本的と思われる諸原理を体現している。したがって、PDPコネクショニズムは、下位レベルへの還元を真剣に取り組むためのよいスタート地点になる。たしかにPDPの原理が無視している神経系に関する事実は膨大にあるが、PDPアーキテクチャが古典的アーキテクチャとは違って、神経回路計算とより深く一致していることは動かない。PDPアーキテクチャを完全に神経回路計算に還元することは依然としてできてはいないが、記号アーキテクチャをPDPアーキテクチャに還元することは大きなステップであり、思うに、歴史的にも空前のステップである。(37)

スモレンスキーによるなら、コネクショニズムは、脳のモデルに接近するための出発点になる。古典主義的な記号モデルにはそんなことは望むべくもない。古典主義的記号モデルと神経回路モデルには何の関連性もないからである。古典主義が脳に言及することがあるにしても、「脳は恐ろしく複雑で、われわれの理解していないことが沢山進行している」と言えるだけである。古典主義がモデル化する心的計算はどこで物理的に実現・実行されているのかと問われれば、古典主義は「身体のすべての器官の中で、最も完全な器官においてである」と答えるだけである。要するに、古典主義は、脳を問題化されるや、蒙昧な「神秘論」しか採れないのである。コネクショニズムを採るべきは明らかである。では、いかなるコネクショニズムを採るべきか。

還元を真剣に目指すのであれば、われわれは記号理論の制約を越えなければならない。下位レベルでの神経回路の詳細なモデル化はうまくいかないだろう。現在のところ、そんなモデルを上位レベルの記号計算へと繋げることはできそうにないからである。そして、消去主義コネクショニズム(eliminativist connectionism)もこの仕事をやらないのは明らかであろう。記号アーキテクチャが説明されるべきものであるということ、これが還元の前提であって、これを消去主義はまったく否定してしまうからである。ハイブリッド・アーキテクチャ(hybrid architectures)——コネクショニズムのボックスが記号操作のボックスと何とか情報をやりとりする――にしても、まったく還元のことを相手にしていない。こうして残るアプローチは実装主義コネクショニズム（implementationalist connectionism）だけである。(38)

古典主義と各種コネクショニズムの論争の範囲内においては、ハイブリッド・アーキテクチャを簡単に退ける点にはやや疑念が残るものの、スモレンスキーの立場が正しいと私は考えている。しかし、スモレンスキーが指摘するように、脳の詳細なモデル化は簡単ではない。より精確に言いかえる。現在、脳神経科学は、生体高分子をひたすら釣り上げ、反応カスケードを闇雲に書き上げることで、いわば分子的混沌に翻弄されているし、脳計測機器から弾き出される画像・データ・パターンの山に埋没している。社会的には、それに見合うように、バイオ科学技術者は奴隷的作業に従事し、生物医学者は当て所ない薬物開発に耽溺している。これは貧しく惨めな状況ではないだろうか。私には、プロジェクトXや技術者倫理や企業倫理は、先端的で華麗に見えるが実は退行的で退屈な仕事に就く労働者を眠り込ませるためのものであるとしか思えない。これに対して、少なくとも理論的に必要なのは、脳の反応カスケードにおいて起こっている出来事や過程の理論化とモデル化である。既に試みられてはいるが、脳内神経物質の反応カスケードを数理科学的記号列に書き下したとして、ここでも理論的に必要なのは、その数学的記号列が表現するところの出来事や過程を理論化しモデル化することである。つまり、脳の理論的探究は、物質的で質料的な次元に留まるのではなく、必ずやリアルで観念的な次元に向かわなければならないし、その次元を記述する脳のエクリチュールが探究されなければならないのである。普通の言い方に合わせて言うなら、脳のエクリチュールは、心と身体の媒介、心と脳の媒介を記述し表現するもの、あるいは、心と脳の結合、心と身体の結合を記述し表現するものである。いずれにせよ、このようなエクリチュールを獲得しなければ、脳研究も心理研究も夢のまた夢である。したがって、スモレンスキーの主張とは違い、必要なのは単純な還元ではなく、コネクショニズムがモデル化する抽象空間と、脳神経科学がモデル化しつつある抽象空間の接合である。スモレンスキーのベクトル代数はそのごく初等的な一例であるということになる。(39)

とはいえ、コネクショニスト・モデルにしても、古典主義モデルと同様の限界を持っていることを指摘しておかなければならない。第一に、入力と出力に関しては古典主義と同じ立場に立っているために、その点では音声中心主義とロゴス中心主義を前提としている。スモレンスキーがどこか不必要に折衷的で妥協的に見える所以である。第二に、コネクショニスト・モデルはそのユニット数などを固定されている。言いかえるなら、外部観察者が、モデルの初期条件や境界条件を決定して固定しているのである。これは言語に限っても、決定的な難点であると言わざるをえない。(40)

コネクショニスト・モデルの魅力の一つは、エラーを出力しながら学習するプロセスをモデル化したことである。しかし、その学習にしても、教師付き学習であれ誤差伝播学習であれ、出力を既成の正解と比較照合して内部を調整しているにすぎず、とても学習そのもののモデル化になっているとは評し難い。学習とは、既成の正解や既成の資源を外部からあてがわれて、それを試行錯誤して使い回していくだけのプロセスではない。そうではなくて、既成の正解や既成の資源を別の仕方で使用し、既成の境界を越えて別の資源を調達して進行するプロセスである。脳神経系計測の貴重な成果の一つが言語野の不確定性・不定性・可塑性の確認であるからには、学習のモデルは、初期条件や境界条件の変更や、いわゆる創発性をモデル化しなければならないのである。郡司ペギオ - 幸夫は、『私の意識とは何か――生命理論II』で、こう書いている。

局在化した部位に特定の機能をいちいちコードしていくという形で計算機としての脳を想定するなら、脳という計算機の容量は爆発してしまう。顕現する機能が局在化して観測されることと、脳の機械原理として局在化していることは別だ。脳の部位は、観測者がある特定の機能をコードしても絶えずそのコード外部の機能を担い得る。そういった動的な側面（潜在性）をつかまえねば、コードされる機能がいずれ爆発することは明らかだ。[41]

加えて、学習や創発性とは、変調や失調の別名であることを断固として銘記しておかなければならない。学習が正しくモデル化されるならば、忘却や失錯や脳損傷も正しくモデル化されることになるはずである。「デリダはドゥルーズを愛する」と「ドゥルーズはデリダを愛する」の関係を学習する過程を正しく理論化しモデル化するなら、私たちが前者は言えるのに、後者は言えなくなってしまうとき、あるいは、私たちが前者を言おうとして、「デリダはラカンを愛する」と言ってしまうとき、あるいは、「デリダはドゥルーズを憎む」と言ってしまうとき、そして終には、いつか私たちがそんな文すら言えなくなってしまうとき、そのような過程を理論化しモデル化することができるはずである。

言語を正しく理論化しモデル化するなら、正常と異常を同じ一つの仕方で正しく理論化しモデル化できるし、それによって、学校言語学に囚われた言語観や人間観を放逐することもできる。実際、私たちは体得しているはずのことだが、そもそも言語が人間の精神能力に寄与している分など、本質的にはごく僅かである。[42] 口を閉じてみる。それでも私たちは何ごとかを考えていると感ずる。それは内言がざわめいているからだ。そこで内言を停めてみる。私たちは何かを見、何かを聞き、何かに触れ、身体の内部で何かを感ずる。私たちは何かを思っていると思う。それだけである。さらに動きを止め、目を閉じ、耳を塞ぐ。やはり私たちは何かを感じ、何かを思っていると思う。それが意識状態であり、いわゆる脳死状態や植物状態における意識状態と質的に寸分違わぬ状態なのである。このことを厳粛に受け止めずに、脳に侵襲を加えているのが、学校化された言語の人間精神における持ち分を過剰に見積もる専門家たちである。

言語の下位の状態においても、抽象空間は潜在している。言語の下位の状態においても、原エクリチュールは作動している。そこが、デリダを含む二〇世紀の最良の哲学者や文学者たちが何としてでも書き留めんとした非場所だ。本章で私が想起し主張したかったことは、その非場所から立ち上がる出来事、これを自由に立ち現わせたものこそが、精神分裂病や自閉症の言葉たちであるということである。

とはいえ、このことを理論的にも倫理的にもわかっている人が少なくなってしまったことに、私は呆然としている。デリダの書物に初めて触れた頃、例えば、喫茶店の席に座って只管わけのわからぬ会話を一人で喋り続ける人がいたし、駅の通路に立ちすくんで懸命にわけのわからぬ説教を垂れ続ける人がいた。そんな人びとが、それで楽しかったのか苦しかったのかは知らない。ただ私は、二人が話すような仕方で、質的には寸分違わぬ仕方で、私たちは語り行為しているのだと教えられた。私たちの言葉はそんなものでしかないが、しかし、そんなものではあると励まされたのだ。しかし、文学者がそんな感性を失って久しいし、近年の研究者たちにいたっては、異例の人びとの言葉をスクリプトし、異例の人びとの言動をDVDに記録し、そこに学校化されたスコラ的註釈を付加して整序してしまった上で、自分の間尺に合わせたにすぎない抵抗の言説やら声なき声やらコミュニケーション意欲やらを読み取っては業績と称してきたのである。これは、どうしたことであろうか。「軽症化」とは、そんなことなのであろうか。そうではあるまい。おそらく、あの二人も含め、私たちは何か大切なものを奪われてきたのだ。考えてもみてほしい。言葉の見方の振り幅を可能な限り大きくしなければ、脳の研究など不可能に決まっているではないか。私が呆然とするのは、近年の専門家たちの振り幅のあまりの狭さである。

酒木保『自閉症の子どもたち』を見ておく。スクリンブル（画用紙にサインペンで殴り書きした絵）から見出した物の名前を使って文章を作るように提案されて、自閉症児のトシヤが返した「答え」はこうであった。「ある日、人が電話で東京ドームに行くか？と話してお土産に苺をかって、汗を出して、男が来て到着。そこでウグイス嬢が『六番、ライト、呂（ロ・ルー）』と叫んで、呂が上手なホームランを打って選手たちと手をたたいた」。酒木によると、「見つけたものをすべて混合して文章を創るので、内容が脈絡のないものになって」しまったが、このスクリンブル療法を繰り返すと、「スクリンブルから見出される具体物は減少して」、「文章も短く」ではあるが、「文法を踏まえた」ものに変わっていった。[43]

大切なのは、スクリンブルを知覚して「文法を踏まえた」文章を作るというそのことではない。まともな療法家なら了解しているように、本当に大切なのは、「文法を踏まえた」文章を出力するようになるまでのトシヤの知覚と言葉の変化の過程であり、その理論化とモデル化である。それは古典主義にも現行のコネクショニズムにも手の届かないプロジェクトであるが、それを正しく行なえるなら、文法を踏まえたり文法を踏まえなかったりするそのトシヤの経験を正しく擁護することができるはずである。そのためには、先に引用したデリダの一連の問いのすべてを考え抜かなければならない。それが理論的研究者の責務である。私たちは未だデリダの問いに答えられてはいないが、それでも、コネクショニズムが素描しつつある脳のエクリチュールが教えていることは、トシヤの知覚や言葉も、酒木の知覚や言葉も、そして私の知覚や言葉も、ともに抽象空間から立ち上がっているということである。そんな理論的な認識が、正常と異常の区別の乗り越え方を教えてくれると信じられていた時代があった。私は、反精神医学運動や反心理臨床運動のことだけを想起しているのではない。もっと広範な運動、もっと深い所から発する運動、デリダもその一翼を担っていた哲学と文学の運動のことを想起しているのだ。

デリダは、「息を吹き入れられた言葉」『エクリチュールと差異』で、アルトーの『肉体の位置』からこんな一節を引用していた。「知性的な叫び、骨髄の繊細なところから発する叫びがある。まさにそれが私であり、私が肉体と呼ぶものだ。私は私の思考を私の生命から切り離しはしない。私の言葉＝舌の振動のひとつひとつによって、私の肉体の中に思考のあらゆる経路を作り直すのだ[44]」。そしてデリダはこう書いていた。

アルトーは、身体から落ちたあらゆる話し言葉が、聞き取られ受け入れられようと身を捧げること、見世物として身を捧げることによって、すぐさま盗まれた言葉になるのを知っていた[45]。

非侵襲的な機器によって、医療・教育・臨床の三者結託によって、脳は見世物にされ、人間は言葉を盗まれ、人間の脳の思考経路が隠蔽されている。こんなことは、理論的にも許すわけにはいかない。

第四章

余剰と余白の生政治

アントニオ・ネグリは、ポスト近代の思想を三つに分類している。[1]（1）資本による社会の実質的包摂を認める思想（リオタール、ボードリヤール、ヴァッティモ、ローティ）、（2）実質的包摂の余白にベンヤミンのコミュニズム的ユートピアを再導入する思想（ナンシー、アガンベン）、この系として、物神崇拝と終末論間で揺れ動く思想（デリダ）、（3）この歴史的局面を認めるが同時にそこに敵対性をも認める思想（フーコー、ドゥルーズ）である。ネグリは、（1）と（2）をともに退けて、（3）の系譜に自らを位置づけている。フーコーの生政治の思想とドゥルーズの潜在性の思想を引き継いで、実質的包摂の只中に敵対性を認めるというのである。そして、ネグリは、この敵対性が下からの生政治として社会化・政治化されると展望する。資本が社会全体を実質的に包摂する生権力の只中に、資本と貨幣の尺度によっては計量不可能である潜在的な力能が、馴化不可能な余剰として社会的・政治的に立ち現われてくるというのである。[2]

この構想は、〈帝国〉論にも見られる。ネグリは、〈帝国〉は生権力の範例的な形態であるとするが、その法的次元よりはその生産的次元に強調点を置いている。[3]この生産的次元の故に、かえって〈帝国〉的ガバナンスは「別の過剰」を触発することになり、生権力に抵抗する生政治を解発することになるというのである。[4]

本章で私が考えてみたいのは、資本ないし〈帝国〉による実質的包摂の余白においてそんな余剰は立ち現われるのか、立ち現われるとしてそれは社会化・政治化されうるのかということである。以下、介護保険制度と介護労働を範例としてあげてみる。

生権力の制度化

厚生省（当時）の介護保険制度の設計理念は、古典派政治経済学の流れの一部を汲む限りでのマルクス経済学の観点を引き継ぐものであると見ることができる。厚生省高齢者介護対策本部の報告書の一節を引用する。

高齢者介護が家族介護に大きく依存している状況は社会経済的にも大きな問題を提起している。今日、家族介護のために、働き盛りの人たちが、退職、転職、休職等を余儀なくされ、それまでの社会生活から離脱せざるを得ないような人が増えている。このようなケースは、中高年層を対象に生じることが多く、本人や家族はもちろんのこと、企業や社会全体にとっても大きな損失となっている。(5)

議論はこうなっている。家族介護は「損失」をもたらしている。第一に、「働き盛り」を「社会生活」から「離脱」させている。すなわち、中高年層の労働力商品の再生産を阻害し、このことによって「社会生活」の一形態たる賃労働生活の再生産をも阻害している。第二に、家族に損失をもたらしている。

すなわち、家事労働者が介護に多くの時間を割くことになるがために、「企業や社会全体」に有用な限りでの家事労働者の再生産を阻害し、このことによって「社会生活」の一形態たる家庭生活の再生産を阻害している。第三に、本人や家族が介護に労力を割くことになるがために、賃労働生活と家庭生活の外部で営まれるべき特定の「社会生活」の生産と再生産を阻害している。

厚生省の観点からするなら、家族介護は経済的には損失をもたらすだけであって、それ自体として経済的に利益をもたらすものではない。家族の手から離れた介護にしても、それ自体がそれだけで経済的に利益をもたらすものではない。厚生省の観点からするなら、介護は、経済的利潤を直接的に生むことのない不毛な不生産的労働である。これを前提として、厚生省は、不生産的労働としての介護をして、「企業や社会全体」の「損失」を低減させる労働として、間接的に生産的労働に寄与するはずの労働として編成しようとした、そして、「年金等の収入」による「高齢者の購買力」を「国民経済」的に有効かつ効率的に活用するために、「社会連帯」と「世代間連帯」に基づく「社会保険方式」によって「福祉、医療、年金」を連関させて、「専門職による介護」を制度化しようとした。これが〈介護の社会化〉の制度化と目される介護保険制度の設計理念である。[6] この理念は生産的労働と不生産的労働の区別に関する古典派政治経済学とマルクス経済学の観点に通ずるものであって、それによるなら、生産的労働とは資本を直接約に増加させる労働のことである。それ以外の労働は、生産的労働者や生産的企業体に寄与する限りにおいて、生産的労働が生産する国富・利潤・賃金・地代からの分け前を再分配されるところの寄生的な労働である。とするなら、そんな不生産的労働について、社会的評判の高さや心理的・身体的労苦の大きさを論ったり、あるいはまた受益者に贈与される各種利益の豊かさを論ったりして、それを価値形成活動として称揚しようとする議論は、経済的には駄弁や戯言でしかないことになる。マルクスから引用しておく。

A・スミスは、彼の生産的および不生産的にかんしては本質的に正しく、ブルジョア経済学の見地からして正しかった。他の経済学者たちがそれに反対してもち出している考えは、一方では、どんな行為でもとにかく何かを行なっているというような、言わずもがなの駄弁（たとえばシュトルヒ、シーニアはもっとくだらない、等）であって、つまり自然的意味での生産物と経済的意味での生産物を取りちがえている。この流儀からすれば、泥棒だとて、間接に刑法にかんする本を生産するからには、生産的労働者である（少なくともこの屁理屈は、裁判官が、盗難からまもってくれるからということで、生産的労働者とよばれるとすればそれと同じ程度には正しい）。そうかと思うと、現代の経済学者たちはブルジョアに告げ口する輩に成り下がっていて、誰かがブルジョアの頭のしらみをさがしてやったり、その男根をこすってやったりすれば、たぶんこの後者の運動は翌日ブルジョアの鈍い頭——うすのろ頭［blockhead］——を帳場むきにすっきりさせるだろうから、それは生産的労働者でしょう、などとブルジョアにたわ言を吹き込もうとしている。[7]

ネグリは、この生産的労働の概念は現代においては余りに窮屈になったと批判し、同じマルクスから、不生産的とされがちな労働を生産的労働と見直す観点を取り出そうとするのだが[8]、厚生省的な〈介護の社会化〉論からするなら、それは、現代のブルジョアたる先進国市民に対して駄弁や戯言を吹き込むものでしかないことになる。すなわち、泥棒が刑法教科書出版社に対して寄附を要求したり、裁判官が一般予防に対するより多くの報酬を国家国民に要求したり、あるいはまた、介護労働者が高齢のブルジョアのケアに対してより多くの分け前を翌日も労働するであろう別のブルジョアに要求したりするようなものである。実際、介護保険制度の財源を考えるなら、介護労働者の報酬が既存の所得への寄生にあたることは動かないだろうから、仮に経済的に生産的と不生産的を区分するなら、介護労働は不生産的労働にあたると言うべきである。

しかし、問題はこれで片付きはしない。現代資本主義は、国家や軍隊を始めとする広大な不生産的部門なくしてはやっていけないように見えるからである。この点がネグリの労働観を支えることにもなるのだが、それを検討する前に注目しておきたいのは、介護保険制度の余白である。

介護保険制度の二〇〇五年改正時に、「廃用症候群もしくは生活不活発病」なるものを阻止するためとして、介護保険法第四条にいう介護予防努力規定が大いに強調された。ここに端無くも露呈していることは、介護保険制度の余白において、受給者は「不活発」「廃用」を予定される者であって、いかなる意味においても社会生活の主体たりえなくなりつつある者とされているということである。〈介護の社会化〉は、決して受給者の社会生活の生産と再生産を目指すものではない。そうではなくて、社会生活において不活発で廃用されつつある人間が、企業や社会生活に損失を与えないことを目指すものである。端的に言うなら、社会化された介護は、人間を、社会性なき自立生活へ、社会生活の外へと廃棄する労働である。文字通りの意味において、余剰ではない人間たちの社会生活の生産と再生産を秩序正しく保障するために、廃棄物を管理し処理する労働である。

刀田和夫は、廃棄物の処理サービスについて、こう論じている。(9) 生活廃棄物や産業廃棄物を何らかの意味で無害な対象に変える労働は、有害な対象を無害化する限りで有用な労働であると規定されるが、それだけでは全く不十分である。実際、廃棄物が処理されなかった状況を少しでも想像してみればよい。廃棄物が住宅敷地内に放置されたなら、「周辺」も汚染され、その「居住環境」は悪化する。廃棄物が道路や公園や河川に廃棄されたなら、「公有財」としての「環境」は悪化するし使用不可能にもなる。とするなら、廃棄物処理活動は、たんに有害対象を無害化するだけではなく、「環境の汚染を防ぎ、環境を良好な状態に維持し、それを不断に使用可能な対象にする」活動である。それだけではない。「対象を使用可能にすることは生産であるから廃棄物処理も生産の一種といえる」。したがって、「良好な状態に維持された環境は廃棄物処理活動の生産物」であり、廃棄物処理活動は「私有・公有両財を不断につくりだし、かかる財の追加を行うものといえる」。つまり、廃棄物処理活動は、この意味において非物質的で社会的で生産的な労働なのである。

しかし以上に対しては、こうしたとらえ方は事実に即したものではないとの批判があり得る。例えば地方公共団体の委託を受けて家庭のゴミを収集し焼却する企業は、その支払いをゴミの収集と焼却という直接の結果に対して受けるのであって、それによって実現される環境の良好な状態の維持ということに対して受け取るのではない。また契約による責任はゴミを収集し焼却するということにあるのであって、環境の良好な状態の維持ということは含まれていないと。……確かにそうである。それは認めなければならない。しかしゴミなどの廃棄物の処理活動は、良好な環境の維持とその実質的生産ということまで含めて考えないと、その意義を尽くしたものとはいえない。そうした観点から廃棄物処理サービスの取引関係を再構成してとらえれば上述のようにならざるを得ないということを示したものである。それは当事者の意識としては労働の売買である雇用契約がその実質的内容からすれば労働力の売買と規定されるのと、議論のレベルと性格は同一である[10]。

廃棄物処理労働の〈労働〉は契約に規定された職務であり、廃棄物処理労働者はその職務の対価として賃金を受け取る。しかし、労働者の〈労働力〉は、職務以上の成果を生産している。廃棄物処理のために協働する住民たちとともに、住環境や社会環境を再生産している。廃棄物処理労働者は、いまや当事者の意識においても、契約内容以上の〈価値の余剰〉を生産している[11]。では、廃棄物処理労働と廃用人間管理労働の差異はどこに見出されるべきであろうか。介護労働は高齢者の自立能力なる価値を形成しようとする活動であるので、介護労働を教育労働と比較してみるのが有益である。刀田和夫は、こう書いている。

同じように能力をつくりだす家畜の調教のケースでは、能力の形成にあたって家畜が何らかのことをするにしても、家畜に人格は認められないから家畜はその能力の形成主体ではない。したがって形成された能力は調教師の産物である。しかし人の教育においては生徒も能力形成の一方の主体であるから、家畜の調教の場合とは異なって学力は教師だけの生産物ではない。それは両者の共同生産物である。したがって教師ないし学校が支払いを受けるのは形成された学力全体にではなく、そ

の寄与した部分に対してである。(12)

同様に、「家畜の調教の場合とは異なって」、自立生活能力は介護者と被介護者の共同生産物であり、介護労働者は職務として契約された限りでのその寄与分に対する報酬を受け取り、賃金化した寄与分以外の残余分は、被介護者にその利益分として帰すると言うことはできる。しかし、ここでもそれだけでは「意義を尽くしたものとはいえない」。介護者と被介護者は、被介護者に帰する自立生活能力を生産することにおいて、同時に「良好」な家庭環境と労働環境と社会環境を生産している。まさにこの価値の余剰について、ネグリは、社会的労働者が収奪されていると見たいのである。

しかし、ネグリが見ていないことがある。その価値の余剰は、経済的な生産と再生産の余白に存在する被介護者から発する効果でもあるのだ。ネグリが感知する価値の余剰は、資本・国家・地方自治体・事業所によって形式的に包摂された労働者に由来するだけではない。無害化された廃棄物、調教された家畜からも由来するし、自立生活能力を回復しながらも静かに廃用されていく老人からも由来する。だとすれば、ネグリの筆法に従って、余白の老人は収奪されていると言えるだろうか。

非物質的労働と社会的労働の困難

ネグリによるなら、労働は価値を形成する。この価値が価値物として存立すると看做される場合、それが物質的な価値物である場合と非物質的な価値物である場合に分かれる。ネグリは後者の非物質的価値物を形成する労働に着目するわけだが、その例示を拾っておく。

情動的労働、介護労働、家族仕事（家事）、病院や保健機関や生活保護機関での女性労働、技術・科学的な労働としてのＡＩＤＳアクティヴィズム、各種の知的・言語的活動。[13]

知識・智恵・発明の側面における農業労働。[14]

サービス、健康維持、教育、金融、運輸、娯楽、広告、ケア労働。[15]

通覧して明らかなように、非物質的労働は、概ねサービス労働に相当している。また、古典派政治経済学にいう不生産的労働に相当している。ところが、ネグリが主張するところでは、非物質的労働は価値物を形成するだけではなく価値物を生産する生産的労働である。では、非物質的労働が生産する価値物とは何であるのか。総括的に言うなら、〈社会的なもの〉である。[16] したがって、非物質的労働は、社会化された労働、社会的労働とも規定される。ネグリは、この労働観を、一九六〇年代から一九七〇年代にかけての先進国の変容から摑み出したとしている。

ほぼ十年前に着手された（そしてまた闘争の初期の諸段階の産物でもある）様々な分析の中で、私たちは成熟した資本主義社会の特徴の実質的な変化を生みだしたダイナミックスを確認した。当時、私たちの注意は、資本主義的改良主義の頂点において、一方での福祉国家の拡張（そしてその性格の変化）と他方での労働の拒否（あるいは階級闘争の現在的な形態）の結びつきを示す特定の現象に結果的に向けられていった。労働者たちは、工場から逃げだし、社会化された生産形態を探し求め、結局、福祉国家は資本主義的企業を支えるためにデザインされた装置から社会化された生産性の装置へと転換された。福祉国家から生産者としての国家へ、大衆化された労働者から社会化された労働者への転換である。……さらに、私たちは「形式的包摂」から「実質的包摂」への移行の概念的枠組みのなかで、労働過程のコントロールの諸形態における上述の進歩を分析した。マルクスの著作の様々なところに明記されているように、彼は、この移行を見通しており、それを資本主義的生産様式による社会全体の征服の達成として記述した。[17]

ここで「工場から逃げだし、社会化された生産形態を探し求め」た数多くの学生活動家や労働運動家のことを想起することができよう。そんな者たちが向かった先は、とりわけ医療・福祉・教育・環境の分野であった。言いかえるなら、社会政策・社会事業・社会福祉・社会保障・社会教育の分野であった。一九七〇年代の新しい社会運動は、多くの人的資本をそんな分野に移転させたのである。ネグリはこの移転こそが福祉国家の転換を促したとするわけだが、活動家・運動家を遥かに上回る数の人間がその分野に移動したのであって、まさにそのことが、「脱工業化」「第三次産業化」「経済のサービス化」「ポストフォーディズム」「情報化」と呼ばれる「進歩」と軌を一にしてきた。工場から社会への大移動は、形式的包摂から実質的包摂への移行、資本主義生産様式による社会全体の「征服」と軌を一にしてきたのである。しかし、このような仕方で一九六〇年代から現代までの動向を概括してしまうと、様々な理論的困難が生ずることになる。

社会的労働者が生産的であるのは、協働関係がきわめて高いレベルにあるということによる。そして、現代資本主義の組織が再び機能し始めたのは、この協働関係の力を通じてなのである。……こうして、社会的労働者は「自然に」価値を生産する。彼／彼女は資本主義的な組織全体が必要労働と剰余労働、すなわち賃金と利潤、価値と剰余価値と呼ばれるよく知られた量に分割される所与の価値量を生産する。これらの概念的な対の間の内的な連関は正直なところ複雑きわまりない。しかし、それらを理解するのは不可能だからこうした概念を放棄すべきだと考えるのは極めて愚かしいことである。(18)

ネグリの労働観に準拠するなら、非物質的労働は〈社会的なもの〉なる価値物を生産するのだが、如何にしてこの価値物を価値量として計量すべきかについて見通しは立っていない。また、その価値量をさらに価格量に転形する問題が解けたとしても、如何にしてその分配と再分配を規定すべきかについて見通しは立っていない。そして、ネグリの包摂観に準拠するなら、非物質的・社会的労働者は、〈社会的なもの〉なる価値の余剰に関して搾取され収奪されていることになるのだが、それが何処で如何にして起こっているのかについて見通しは立っていない。マルクス経済学の概念枠で考えても、理論的困難はいくらでも出て来る。(19) そして、その概念枠を外したとしても、困難は消えないことが強調されて然るべきである。非物質的労働としての知的・言語的活動、例えば、研究開発、相互行為、コミュニケーション、情報伝達などについて、如何にしてそれに対する投資量とそれからの収益量を弁別することができるのか、また、如何にしてそれの企業収益や経済成長への寄与分を確定することができるのかなどについて何の見通しも立っていないことは、ニューエコノミーの盛衰をめぐる諸論争を一瞥するだけで明らかである。[20]

それでもネグリは、一連の対概念には「限定的な有用性」があると主張する。理論的困難は、如何にして社会的労働者の低賃金を理解すべきかということにも関わってくるからである。実際、社会的労働者の多くは、彼／彼女たちが生産すると目されるところの価値物の価値量に〈比較〉して、絶対的にも相対的にも〈低い〉賃金しか得ていないという感触がある。この感触が理論的にも実践的にも正しいとするなら、そこに準拠して経済的諸概念を配列し直すべきであるということになるはずであり、ネグリはそのことを提起してもいるわけである。ところが、賃金の高低の計量をめぐっても、感触の正しさをめぐっても、理論的困難が噴き出してくる。

工場では、賃金が大衆化された労働者のコミュニティの基礎であった。賃金は本源的なコミュニティの本源的な基礎であった。生産と再生産、労働と消費は全て賃金をめぐって組織され、賃金に根拠づけられていた。賃金とその相対的価値に対する闘争の結果として階級意識が形成された。このことはいずれも、工場労働者にとっては真実であるが、社会化された労働者に対してはどれほどあてはまるといえるのだろうか？……社会化された労働者の所得は、全く新たな状況を表現している。それは、生産的な可能性が極めて広範囲にわたって機能している関係の表現である。コミュニティ領域での開花、生産的潜在力の豊かさの表現である。今日、資本主義的な収奪は、もはや賃金だけでなされるのではない。私たちが述べてきた条件をふまえれば、収奪は生産者ばかりでなく、もっと直接的な意味において、生産者のコミュニティの収奪でもあるのだ(21)。

この議論の出発点は運動論的で実践的である。フォーディズムとコーポラティズムの下では賃金が賃労働者の人生全体を規定し賃労働者の連帯の基礎をなしてもいるが、非物質的労働者にあってはそのようなことを期待することはできそうにない。第一に、非物質的労働者は工場の外に拡散し未組織である。第二に、非物質的労働者は非正規雇用者が多く、賃金闘争を連帯の基盤とはなし難い。第三に、非物質的労働者の大半は、およそ人生全体を保障される賃金を得る見込みがない。次いで、この状況は理論的に捉え返される。資本からするなら、非物質的労働は不生産的である。非物質的労働者が受け取る賃金は、生産労働に由来する利潤の一部を再分配されるものである。それは、資本からするなら、生産に寄生する本来は不必要なコストである。仮にそうであるとするなら、資本主義の下では、不生産的労働者は、相当に高額な賃金はそもそも望めないということになる。あるいはまた、不生産的労働者は、生産的労働者とは異なり、労働力を商品化するというよりはその労働(職務)に応じた賃金を受け取るだけであって、それ故に剰余労働も剰余価値生産も行なっていないと看做されるということになる。搾取者と被搾取者のお零れに与るばかりで自らは搾取されていない者が、どうして搾取者からの分け前を要求することができるだろうか。出来ることと言えば、情けにすがって職務給の算定表の変更を要求することくらいではないのか。

この隘路をネグリは何としてでも突破しようとしている。議論はこうなっている。非物質的労働者は、社会的労働者として、〈社会的なもの〉を生産し再生産している。その点において、非物質的労働者は賃金を支払われていない。無償の労働を行なっている。つまり、資本に形式的に包摂されてはいない。ということで、搾取も収奪もされていないということになりそうだが、そうではない。現代の資本主義は、資本蓄積や経済成長のためには、〈社会的なもの〉を無償で生産し再生産する者たちを当てにせざるをえなくなっている。現代の資本主義は、その意味において、非物質的労働者を実質的に包摂して経済外的に収奪するのでなければ、形式的に包摂して搾取する場所である工場でさえも維持することができなくなっている。ちょうど、情報機器産業が、ユーザー自身によるリテラシー習得やユーザーたち自身によるコミュニケーションを当てにしているように、である。ところが、このように議論を運ぶなら、また別の理論的困難が噴き出してくる。

私は、社会化された労働者の労働の価値——従ってこの意味での彼／彼女の力——は、彼／彼女が代表する労働の協働関係の実質にあると考えている。彼／彼女は、労働、コミュニケーションそして創造された価値を表している。したがって、今日では、先進資本主義において、社会化された労働者の観点からみれば、コミュニケーションは価値の実体であり、賃金はこの実体の一部であると論じてみるべきかもしれない。こうした主張は、しかしまた正しくないかも知れない。[22]

ネグリは、社会的労働者が受け取る（べき）賃金の理論的位置づけに迷っている。「端的に言って、社会化された労働者にとって賃金とは何なのか？[23]」他方、非物質的労働者が生産するものは〈社会的なもの〉である。仮に、その〈社会的なもの〉なる価値物に対して、たとえ低賃金であっても賃金が支払われるといった具合に現代資本主義が編成されているとするなら、非物質的労働に対して「社会的賃金」や「保証所得」を要求することが、資本主義的にも正当化されるのかもしれない。少なくとも、総資本の代表たる国家に対して要求することは各種の正義に適うのかもしれない、しかし、事態がそのようになっているのか、事態がそのようになりうるのかについても疑念があるのだ。

> 労働力の質そのもの（差異・尺度・測定）がもはや把握不可能になっているのであり、またそれと同様に、搾取の場と量を定めることがもはや不可能になっている。じっさい、搾取と支配の対象は、特定の生産的な活動ではなく、普遍的な生産する能力、つまりは抽象的な社会的活動とその包括的な力になっていく傾向にある。[24]

> 新しい生産諸力は……不確定な非－場のなかで生産し、搾取される。[25]

> 私たちは日々、搾取・疎外・指令といった敵のせいで苦しんでいるけれども、抑圧を産み出すものをどこに位置づけるべきなのかわからないのである。しかし、それでもやはり私たちは抵抗し闘いつづける。[26]

一般に学校制度や退職制度などを介して労働／非労働の区分を決定するのは国家であるにしても、とくに何が医療労働であり何が介護労働であるのかを決定するのは国家であるにしても、国家は「搾取の場と量」を定めることができなくなっている。国家が恣意的に定める各種の俸給表や報酬表に、総資本的な合理性など望むべくもない。だからこそネグリは理論的困難を主意主義的に突破しようとするわけだが、理論的困難は消えていない。事は福祉国家の評価に関わってくる。理論的困難がこのように設定されているからこそ、福祉国家の評価が前景化してくる。仮に、企業に体化された資本ではなく福祉国家に体化されたと目される総資本が、社会的労働者を包摂して社会的労働者に対して報酬を支払っているとするなら、社会的労働者の報酬は、福祉国家が支給する各種年金（pension）に類するものであるように見えてくる。例えば、障害者年金は、障害者を社会に包摂するために障害者に支払われており、その限りで、障害者が「社会を構成する一員」（障害者基本法第三条）として生産する〈社会的なもの〉に対して支払われていると看做すこともできようが、とするなら、障害者福祉に関与する各種労働者も、障害者の社会的包摂を通して生産する〈社会的なもの〉に対して報酬を支払われて然るべきであるように見えてくる。

福祉国家から福祉社会への「進歩」がこのように概括されるなら、残余的な者をめぐる選別主義を平等主義的・普遍主義的に拡張して、例えば高齢者全般を障害者と同等に扱うことによる反射的効果として、社会的労働者に対する「社会的賃金」や「保証所得」を請求していくことが正当化されるように見えてくる。ネグリに限らず、政治的立場の如何を問わず、多くの人々が、例えばこんな仕方で近年の「進歩」に願をかけている(27)。

福祉国家とその不可逆性はそれゆえ、資本主義の発展における逸脱ではない。それとは逆に、福祉国家とその不可逆性は、制度的レヴェルにそのものとして認められるような、新たな社会的協働の現実的な島々、新しくかつ強度の生産の集団的諸条件を構成しているのである。それゆえ福祉国家が存続する、ただそれだけのことが、リベラル民主主義国家に不断に危機を引き起こすのである。それゆえまた、この不可逆性は現存の国家形態に絶えず切断の力学を切り拓く。というのも、福祉国家の諸規定は、社会的合意に必須であるばかりでなく、経済的安定性の条件でもあるからだ。福祉国家の諸規定がコミュニズムの積極的な必要条件であるというのだろうか？　単純にそう考えるのはばかげているだろう。しかしそれらは国家のリベラルなあるいは社会主義的な管理運営のシステム上の基軸を、永続的に不安定化させる不可避の必要条件なのである。それらは受動的革命の必要条件なのである。[28]

ネグリによるなら、福祉国家は、非‐場で生起しているはずの搾取と収奪に対して、可視的で現実的な「島々」を構成している。そこでは、非物質的労働は、一方で賃金を福祉国家・総資本から受け取りながら搾取され、他方で〈社会的なもの〉を生産し再生産しながら収奪されている。とするなら、新たな敵対が設定されるべき場所は福祉国家が制度化する「島々」であって、そこで社会的労働者たちはリベラルな国家や社会主義的な国家と敵対することになるというのである。しかし、諸国家と資本主義を超出するような余剰が、福祉国家が制度化する「島々」に潜在しているなどと信ずることができるだろうか。

余命の生政治

非物質的労働の典型として対人サービス労働について考え直してみる。ある種の通念では、物質的労働は、原材料を労働によって加工して価値物を生産する過程として捉えられている。すなわち、価値物は質料と形相の複合体と捉えられ、労働は質料に形相を与えて現実化する過程であると捉えられている。この素朴な図式を適用するなら、対人サービス労働は、人間という原材料を労働によって加工して、変化した人間という価値物を生産する過程として捉えられることになる。例えば、医療労働は、病気の人間を質料として、その形相たるべき健康を現実化して、健康な人間という形相質料複合体を生産する過程として捉えられる。こうして、医療労働が生産する価値物は、健康な人間、あるいは人間の健康状態として捉えられる。ところで、資本主義の下では、価値物は商品化しなければ、医療労働はその対価を得ることができないはずである。このとき、素朴な図式を一貫させるなら、健康を回復した人間が商品化されるのだと解さなければならなくなる。こうして、医療労働が生産的たりうるのは、医療労働が労働力商品の維持や回復に寄与する限りにおいてのことであると看做されることになる。ところが、この図式は維持し難い。そもそも、診療報酬点数制度と療養担当規制を念頭に置くなら、医療労働の報酬がそのようにして決定されるとは考え難いし、医療労働はその目標を職場復帰にだけではなく社会復帰にも置いているからである。医療労働は、労働力商品にも消費者にもなりえぬ人間をも一応の対象とするし、しかもそのことによって報酬を得てもいるからである。こうして、素朴な図式を捨てざるをえないことになる。

とはいえ、労働過程だけを取り出すことができるなら、素朴な図式の範囲でも指摘されるべきことはある。とくに指摘されるべきは、医療労働が価値物を生産する過程においては、患者の側の協力や協働が不可欠となっているということである。患者はその同意に基づき医師の指示に従う必要がある。そもそも患者の心身の側において何らかの自生的回復力が作動することが必要不可欠である。この限りにおいては、患者自身も医療労働過程に参画する労働者として立ち現われてくる。したがって、対人サービス労働については、労働対象たる人間をして消費者に成型することでもって価値増殖過程に寄与するとの旧来の消費資本主義的な理解では不十分であって、ネグリが主張するごとく、医療労働では、医療者と患者が協働して社会関係を生産し再生産していると看做すこともできる。要するに、医療労働は、入院生活・患者生活としての社会生活を生産し再生産しているわけである。

しかし、労働過程論における消費者成型の側面も無視はできない。しばしば指摘されてきたことだが、医療労働は健康な人間の生産に失敗することがあるし、医療労働の成否は極めて不確実なことである。失敗を織り込み済みの職種は専門職に数多くあるので、これは取り立てて異例なことではない。弁護士は敗訴しても報酬を受け取るが、そのとき弁護士が生産する価値物は勝訴や敗訴ではなくて弁護そのものであると考えるべきである。同様に、医療労働者が生産する価値物とは医療そのものであると考えるべきである。要するに、医療労働は、医療サービスを価値物として生産して報酬を得ているのである。この限りにおいては、患者は医療サービスの消費者としても立ち現われてくる。医療労働の労働過程はそのまま直接的に、患者の消費過程であることになる。

ところで、患者が消費する価値物は二種類に分けられる。一つはサービスという非物質的価値物、もう一つはそこで供給されるところの薬物などの物質的財である。後者の側面を強調するなら、医療労働とは、医薬品などの物質的財の使用価値を完成させるための追加の生産過程であるとも、医薬品などの物質的財の消費を最終消費に到らしめるための追加の労働過程であるとも看做すことができる。この段階でも、ネグリの主張をそれなりに肯うことができることに留意しておきたい。患者もまた、医療労働という追加生産ないし追加労働の過程で消費者でありながら協働しているとは言えるからである。要するに、医療労働は、医療者と患者が織り成す社会生活を生産し再生産しているわけである。

問題は次のステップである。端的に言えば、医療労働は医療を生産している。同時に、医療労働者は患者と協働して社会生活を生産し再生産している。さらに視界を広げるなら、医療労働者とその周辺の社会的労働者と患者と患者会などは、病院生活・患者生活だけではなく、在宅生活・施設生活・健康増進生活・医薬品消費生活・医療保険生活などを生産し再生産している。要するに、医療化を維持し推進している。あるいは、医療の社会化・国民化・国家化を維持し推進している。そして、この経済外的事情に依存して、医療に関わる物質的財の経済が維持され推進されている。この先進国特有の実態こそが、ネグリ的な観点の着想の源になっていると解釈することができよう。

医療労働は医療化を絶えず促進して、医療の余剰を生産する。逆に言うなら、医療の余剰を生産する労働だけが、生産的労働である。こうして、医療なる価値は当事者にとっては物象化されて資本として立ち現われてくる。医療は経済外的なものも含むので曖昧に社会資本などと呼び直されるにしても、この医療なる資本が、福祉国家を介して「島々」に降臨してくるのである。そして、医療なる資本は、そこに包摂する人間を一律に労働力商品化するわけではなく、そこに包摂する人間を社会化・経済化・主体化する。この事態を、ネグリは、実質的包摂と呼んでいると解釈することができよう。

このように現状を認識するからこそ、ネグリにとっての闘争課題は、例えば、医療の生産と再生産に寄与する患者会が、まさにその社会的労働の故をもって如何にして何らかの所得を獲得することができるか、その獲得要求を何に向けて行なうべきなのかと立てられることになる。これに対するネグリの暫定的な解答は、医療の生産に対して報酬を割り振るところの総資本と福祉国家が、年金概念を転用する形で支払うべきであるというものになる。そして、この要求をリベラリズムも社会主義も決して認めることはないだろう、というのがネグリの見立てである。しかし、この類の対立は充分に調停可能なものであろう。それは、いまや企業も承認するような改良主義的課題であって、およそリベラリズムや社会主義との敵対性を印すようなものではなかろう。ネグリは「島々」を肯定する余り、何ごとかを見過ごしているのである。

高齢者介護労働についても考え直してみる。上記の議論を繰り返すことはしないが、詰まるところ、介護労働が生産する価値物は、介護そのものであると言うことができる。介護労働の過程は、そのまま介護サービスの生産過程であり消費過程であり、そのまま被介護者の生活過程になってしまっている。そして、現在、介護を（社会）資本とすべく労働が再編成されている。

しかし、果たして、介護労働と相即する生活過程のことを、社会生活などと呼ぶことができるだろうか。その社会性なき生活の維持のことを称揚できるであろうか。被介護者は〈社会的なもの〉から脱落しつつある人間である。介護労働は、被介護者との社会関係を生産するのではなく、余剰の人間の社会関係を滞りなく消滅するに任せる労働である。そこを銘記して、介護事業の実情を見直してみよう。介護事業は何処から利潤を得ているだろうか。何よりも福祉用具貸与・福祉用具販売・居宅改造などからである。訪問や介助にしても、その主要な役割の一つは服薬管理であり各種施設への運搬である。介護事業とは、工業生産や設備投資に由来する物質的財に関する追加生産や追加労働を行なう事業である。介護事業は、資本主義と福祉国家の下では、病人や老人の所得、病人や老人になる運命にある人間の所得に寄生する労働編成である。[29]他方、介護労働者が〈社会的なもの〉を生産するとしても、それは被介護者には何の関わりもない余剰である。ただし、その余剰は資本主義的生産における価値の余剰であるから、その限りでは、介護労働者は福祉国家と企業と事業所によって、さらには余剰ではない人間たちによって収奪され搾取されているとも言えるし、後者に対して改良主義的要求を突き付けることもできるが、その闘いは被介護者にとっては無縁で疎遠なものにならざるをえない。いかにその闘いが豊かなものになるとしても、そうならざるをえない。[30]人間を廃用する資本主義的生権力はそんな仕方で作動する。

ネグリは、福祉国家の変容と軌を一にした賃労働の拒否について、こう書いている。「定年を迎えるまでずっと日に八時間、年に五〇週間の規則正しく安定した労働を保証する仕事に就くという予想」、これは「夢」であったが、「いまや死に等しいもの」になった、と。[31]そして、「生政治的な生産の地勢上にはタイムカードは存在しない」と。[32]

しかしネグリは全く見ていないことだが、工場のタイムカードが無くなったとしても、先進国市民にはライフステージ・ライフサイクルが厳然として存在している。そして、病人や老人には毎日毎目規則正しく編成されたタイムテーブルが厳然として存在している。こんなことがネグリにとっても依然として夢であるのだろうか。残された人生の時を、余剰の余命としてコントロールされることが夢であるのだろうか。そんな夢から目覚めてしまった人間にとって、毎日毎日余命をやり過ごしていくという予想は、いかに安楽な生と尊厳ある死を保障されているとしても、あるいはそうであればなおのこと、「死に等しいもの」にならないのだろうか。そして、先進国市民が見るそんな夢には、罪の臭いがしないだろうか。そんな夢が社会的労働でもって紡ぎ出されているというそのことが、そんな夢を紡ぎ出すべく労働が編成されているというそのことが、そんな夢に実に多くの夢が備給されているというそのことが、それこそ先進資本主義の腐朽性の現われであると言うべきではないのか。

ネグリは賃労働の拒否について随分と語る。しかし、ネグリは決して治療拒否・介護拒否・ケア拒否・リハビリ拒否について語ることはない。ネグリは工場生活の拒否について随分と語る。しかし、ネグリは決して病院生活・施設生活・在宅生活の拒否について語ることはない。当然のことではある。社会的な夢の拒否は、死に傾くことに等しいからである。死に傾くことに等しいものとして喧伝され訓育され、深く深くそうであると信じられているからである。その夢は生の全体を覆い尽くしているかのように、その夢の外は死以外の何ものでもないかのように〈社会化〉され〈経済化〉され〈全体化〉されている。介護保険制度においては、「全人的な評価」に基づく「生活全体」の支援が強調されているのだ。これこそが生権力であると言うべきではないのか。そこを銘記して、生権力に対して抵抗する生政治を思考するべきではないのか。ネグリが、ドゥルーズ『フーコー』に依拠してフーコー生政治論について書き付けた一節を引いておく。

フーコーの描く人間は、生の表現でもなければその再現でもないいっさいの目的論的世界観から脱して、絶対的な解放の可能性を解き放つレジスタンスの総体として姿を現わす。人間のなかにあって、解放されるのは生そのものであり、生を制限し獄に閉じ込めるすべてのものに対立するのは生にほかならない。しかし、ここでまず強調しておかねばならないことは、この主体と手続きとの関係は自由な関係であるということである。そして、このことは、権力が人間を全体主義的機械の歯車として機能させるにいたるまで人間を服従させることができる（このような「全体主義」という言葉の特殊な用法は受容できる）ということが証明されたあとに、逆に、生を貫く構成的過程、生命－政治的過程、生命－権力的過程といったものがある絶対的な〈全体主義的ではない〉運動を経験するということがみられることを意味する。なぜ絶対的かといえば、それは解放の行動、生命的配備といったもののなかに含まれていないような決定から絶対的に自由なものであるからである。[33]

この絶対的な自由は、夢から目覚めさせないための脅しに抗して、夢から目覚めるのは死の時だけとする脅しに抗して初めて開かれる自由である。ある老人がお絵描きを拒み、ある病人がオムツを拒む。ある老人がリハビリに体を閉ざし、ある病人が点滴の針を嫌がる。ある老人が諭された後に独り呟き、ある病人が身を固くして嚥下を拒む。ある老人が救急車を呼ばずに我慢し、ある病人がパジャマのまま病院正門でタクシーに乗り込む。出来るのにしないのか出来ないからしないのか定かではないような退出、非物質的労働が生産するコミュニケーションをめぐる不全としての登校拒否や出社拒否に似たような抵抗、あくまで病理として扱われ処遇されてしまうような拒絶である。[34] そこに絶対的自由を求める抵抗を見るのでなければ、生政治など何ものでもない。そこに何としてでも価値を形成し社会生活を生産しようとする労働者が出て来るのでなければ、社会的労働など何ものでもない。ネグリは「私たちは、数多くの改良主義の出現の背後に潜んでいる黙示録をかいま見ることができる[35]」と書いているが、「島々」の余白に潜在する黙示録を見過ごしているのである。

おわりに

生物／無生物、自然物／人工物

生命とは何かという問いは難しいので、あるいはむしろ、生命とは何かという問いは抽象的・一般的にしか答えられないし、答えるにしても、それこそ古代以来の答えと異なるものを出すのは難しいこともあって、生命とは何かという問いは、生物（生命体）とは何かという問いに置き換えられて考えられてきました。その場合、生物と無生物の違いに着目して考えられてきたと言えます。

では、無生物と対比しての、生物の特徴とは何でしょうか。先ずあげられることは、生物は自ら動くものであるということです。この場合の動きは、さまざまな範囲に及んでいます。例えば、同じ場所で姿勢を変えること、同じ場所で部分の動きを変えること、あるいはまた、ある場所から別の場所へ移動すること、歩行したり飛行したり匍匐したりすることです。これらの動きは、生物のうちでも動物のことを念頭に置いて取り出されていますが、そこから逆算して、ある自発的な運動を行なうものを生物と定めるわけです。しかし、これでは、植物が算入されないことになりますから、植物の独自の動きも勘案しておかなければなりません。パッと見るだけでは、つまり短時間見るだけでは、植物は何の動きも示しません。しかし、長い時間をかけて見ると、花が開いたり花が枯れたり葉が茂ったり芽が吹いたりするのがわかります。つまり、自発的にその形状や形態を変えるという意味で、植物も動いています。今度は、その目で動物を見返すなら、動物も時間をかけてその形状や形態を変えているのがわかります。出生し成長し老化し死滅しています。このような広い意味での動き、言いかえるなら運動・変化や生成・変化を、生物の本質的特徴としてつかみ出すことができそうです。そこから逆算して、ある特殊な仕方で自発的に動くものが生物であると定義できそうです。なお、生物の内部の動き、動物の内臓の動きや植物内部の光合成系の動きなど、学問的にではあれ経験的に観察されるような動きも、そこに含めておきます。

生物特有の動きに関して自発性の定義をきちんとやるのは面倒でしょうが、直感的には自発性の有無の区別は明らかでしょうからそこには拘泥しないとしても、生物の本質を動きに限定するのでは、どこか足りない感じがします。というのも、生物の動きだけを取り出すなら、それを技術的・機械的に模倣することができるからです。ゾウリムシの鞭毛の動きについては幾つかのモデルがあり、それを機械に実装することもできるでしょう。昆虫の肢の動きは、比較的簡単な作動原理と設計原理の機械によって模倣することができます。哺乳類の幾つかの生化学反応回路は、それなりに複雑な数理モデルによってシミュレートすることができるし、いつかそれを技術的に再現することができるでしょう。外見的な動きを粗く模倣するロボットを制作することは、いまではさほど難しいことではありません。このように生物の動きの一部を工学的に再現することができるので、ある時期までは自然物のうちの生物と無生物の違いだけを考えておけば済んだのですが、とくに近代以降は自然物と人工物の違いも考え合わせなければならなくなっています。ということで、生物は、人為的に作り出されて人為的に動かされるものとは違って、自然に生み出されて自然に動くものであると定義することになります。ここで「自然に」ということを定義しようとすると、なかなか厄介なことになります。というのも、それを定義した途端、それを人為的に模倣する可能性も開かれてしまうからです。いわばいたちごっこになってしまうのです。しかも、近年、事情をもっと複雑にしているのは、生物が機械を埋め込まれても、その機械を自己の一部として取り込んで自発的な動きを生み出してしまうという事実です。例えば、呼吸は生物に典型的な自発的な動きですが、呼吸器機能が弱まった人間は、人工呼吸器を装着し、それを自己の口腔・気管支・肺・横隔膜の系に取り込んで呼吸機能を再生させることができます。また、聴覚は脳神経系の動きであると見ることができますが、聴覚障害者は人工内耳を埋め込んでその動作を内発的に調整しながら内発的に聴覚を生み出すことができます。こうした人間の能力を念頭に置くと、自然物と人工物をくっきりと分けるわけにも、生物と人工物をくっきりと分けるわけにもいかなくなるのです。そこを強調するのが、ダナ・ハラウェイのサイボーグ宣言です。人間と機械は既に深く絡まっており、今後ますます人間に機械は喰い込んでくるが、そんな未来を恐れることなく迎え入れようというわけです。

とすると、生物とは何かという問いを考えるとき、自然界の生物だけではなく、生物－機械の複合体のことも考え合わせなければなりません。その方向で考え進めるなら、ひょっとしたら自然物と人工物の違い、生物と人工物の違いは、どう捉えようが、技術の発展に対して相対的で暫定的な、あくまで歴史的なものにすぎないと言えそうです。そして、サイボーグ化とは少し異なる方向ですが、郡司ペギオ－幸夫『生命壱号』の方向の前途多難なその先で、生物を理論モデル化して人工生物を制作できたということにでもなれば、その暁には、自然物／人工物／生物／無生物の違いは乗り越えられて消し去られてしまうことになるかもしれません。現代においては、檜垣立哉『ヴィータ・テクニカ』のように、そこを見通しながら考えなければならないのです。

自己保存について

生物を定義するところの動きに立ちかえってみます。生物のことを自発的に生成変化するものであるとするだけでは足りないことに気づかされます。生物はひたすら生成変化するだけではなく、その生成変化を通じて、一定の安定した姿や形を保っているからです。一定の時間の限りでは、ほとんど動きのないように見えます。同じ一つのものとして、静止し持続しているように見えます。そこで、生物はその静止や持続も自発的・内発的に生み出していると考えるなら、スピノザ『エチカ』が主張したところに倣って、生物は自己を保存しているという言い方が出てきます。こうして、生物は絶えず生成変化しながらも自己保存するものであると定義することになります。

では、さまざまな変化を通して保存されるところの生物の自己とは何でしょうか。生物個体をして同じ一つの個体たらしめている個体的本質とは何でしょうか。この問いに直接に答えるものではないのですが、それに関係する理論は幾つか提出されてきました。一例だけをあげるなら、スチュアート・カウフマン『自己組織化と進化の論理』は、多種多様な変化の可能性を孕んでいるような状態、例えばカオス的な状態や乱雑な無秩序状態を出発点に想定し、そこから一定の秩序ある形態が組織化されて生成してくるというモデルを作っていますが、その影響もあって、そのようにして創発する一定の秩序ある形態が、生物が自己保存するその自己に相当するといった見方が流布しています。しかし、どうなのでしょうか。自己組織系の理論はそれなりに面白いのですが、生物のリアリティを表現するにはほど遠いと言わざるをえないでしょう。とくに自己が自己を保存しながらも生成変化し続けるというダイナミズムを表現するには、もっともっと詰めて考えるべきことがあるでしょう。生物の自己をめぐる現在のモデルは、スピノザ『エチカ』のすべてを数理科学の言葉にもたらしてはいないのです。

その一方で、イリヤ・プリゴジンの散逸構造論の影響もあって、あらかじめ一定の秩序ある状態を明示的であれ暗黙裡であれ前提しておいて、そこに偶発的な揺動や摂動を外から加えてやることで、一定条件の範囲内ではその状態が自己の本質を変えず、その範囲外では自己の本質を変えてしまうという準安定状態のことを、生物が自己保存するその自己に相当するといった見方も流布しています。これも生物のリアリティを表現するにはほど遠いと言わざるをえないでしょう。とくに生成変化の内発性がうまく捉えられていないのです。

一般に自己に関わる理論化は、自己が自己を保存するということを直接に理論化できないために、いわば迂回して、自己が自己と同じ別のものを別の場に複製するという自己複製を理論化してから、自己保存を内部的な自己複製として了解するという道をとっています。そのためもあって、自己複製は自己増殖に似ていますから、細胞の自己増殖のモデル化でもって生物の発生と分化を捉えることができるとする見方も流布しています。しかし、生物の発生・分化とは、細胞が別の細胞を別の場に増やすことであるだけでなく、そもそもその増殖自体が初めから同じ一つの受精卵の内部で進行するのです。細胞の増殖にしても、胚細胞に由来する幹細胞集団の統括の下で進行するのです。そこが、現在のｉＰＳ細胞研究が突き当たっているところです。とするなら、そもそも発生を自己複製や自己増殖だけで捉えられるはずがありません。しかも、同じ一つの受精卵という場も、そこに内在する各種細胞集団も、自己を保存しながら生成変化していくのです。こう考えていくとまさしく日暮れて道遠しですが、少なくともそのことはわかっておく必要があります。当面、山口裕之『ひとは生命をどのように理解してきたか』が始めているような仕方で、各種の理論を丁寧に区別して個別に検討していくことが必要ですが、現時点では、自己に拘泥している諸理論はどこか行き詰っていると感じられます。

自己死滅の方へ

この感触の理由の一つは、生物は生成変化を通して自己保存するものであると定義したのでは、生物がいつか必ず死滅するということが必ずしも明確に表現されないところにあります。仮に生物を自発的な生成変化を通して自発的に自己保存するものとするなら、その自発性に任される限り、生物は決して死滅しないことになってしまうからです。そのとき、生物の死滅は、あくまで外部の原因によるということになってしまいます。いわば、生物の死滅がすべて事故死と見られてしまうのです。しかし、生物には自然死もあるのではないでしょうか。

ここにきて、生物と無生物の違いがあらためて重要になってきます。実は、従来の生命理論の大半は、生物と無生物の違いをうまくつかめていません。例えば、生物を自己組織系と捉える理論は無生物にもあてはまる理論であって、それは普遍理論、いわば万物理論なのです。仮に自己組織系の理論が、一定条件の下での生物の死滅を定式化したと称するとしても、それは無生物の破壊にもあてはまってしまい、生物の死滅と無生物の破壊の違いをうまくつかめないのです。とはいえ、ひょっとしたら本当は両者に違いはないのであって、人間の死亡と山崩れや金属劣化の違いは仮象であるのかもしれませんが、それでも仮象レベルの違いをつかんでいないことは確かです。

とすると、生物は自己保存の傾向や力能を有すると同時に、スピノザを批判してシュタールが指摘したように（これについては、優れた生物学史である André Pichot, *Histoire de la notion de vie*, Gallimard, 1993 を参照）、自己死滅の傾向や力能も有すると見ることが必要になってきます。外部からの働きがなくとも、生物は自発的・内発的に死ぬようになっていると見ることが必要になってきます。ところが、このことを理論的に表現することが難しそうなのです。すぐに思いつくやり方は、生体と死体の違いを観察して、前者において働いている動きが後者において消えることを、例えば、特定の生化学反応回路が働きながらも働かなくなっていくことを理論化することです。ここも難題山積ですが、「働いて、そして、働かなくなる」「働きながら働かなくなる」「働くことで働かなくなる」「働かなくなることで働いている」といった言い方の違いに注意を向けておくために、むしろ無生物の事例をとってみます。

いま水面に渦巻きが発生しているとします。渦巻きは、特定の形態を有しています。また、渦巻きは、いわば水を材料・質料としてその特定の形態で発生します。そして、渦巻きはその形態を保存している限りで、渦巻きの自己とはその形態のことであると言ってみることはできます。したがって、渦巻きの渦巻きたる所以、渦巻きを渦巻きたらしめている所以、すなわち渦巻きの本質・形相はその形態であり、それの質料である水はいわば渦巻きの身体であると言うことができます。さて、この渦巻きがその形態を保存できているのは、基本的には外部からの働きによってはいます。外部からの働きによって渦巻きの存在は支えられています。ですから、外部の働きが変われば、渦巻きは、ある範囲内ではそれに反発して自己を維持できるものの、大抵は少なくとも見た目にはいとも簡単に消滅してしまいます。渦巻きは、はかないのです。しかし、渦巻きにも内発的な自然死があると考えてみることもできます。問題は水です。渦巻きは特定の形態を維持しようとするわけですが、現実の水は、一切の抵抗を示さない理想的流体ではなく、一定の動きに対して必ずそれに拮抗する抵抗を示す粘性を有する液体です。とするなら、いかに外部の働きが渦巻きの形態維持に対して有利であっても、その渦巻きが水を質料とする限り、いつか必ず、水の抵抗にあって内発的に消滅していくことになるはずです。事故死しなくとも自然死するようになっているはずです。

この渦巻きの形相質料論を生物に適用してみます。渦巻きの形態にあたるものは、生物の形態、詳しく言うなら、さまざまなレベルの構造・組織・秩序です。渦巻きの質料にあたるものは、生物の素材たる肉体です。伝統的に、前者は理念的で観念的なものと見なされ、さらに精神的なもの、魂的なものと見なされてきました。このとき、外部からの悪しき働きさえなければ、加えて肉体の抵抗のようなものさえなければ、魂的なものは永遠で不滅であるという見方が生じることになります。プラトンが比喩的に語ったように、肉体は魂の墓場であるというわけです。これは決して古色蒼然とした見方なのではなく、現代の生命理論そのものに含意されている見方でもあることは、ここまでの議論から了解できるかと思います。と同時に、こうも言えます。渦巻きの形態が消滅しても、その渦巻きを構成していた一部の水は、それでも水面において渦巻きの形態の名残とでも言うべきものを保持したまま、他の水と違う形態へと生成変化するはずです。同様に、生物の形態が崩れても、生物の生ける肉体が死せる肉体へと、肉体が生成変化したとも言えるはずです。生体から死体へと移行するその肉体の生成変化の側から見返すなら、つまり魂に対する肉体の抵抗の側から見返すなら、魂の消滅を越えて肉体は生成変化しながらおのれを保存していることになります。このとき、ミシェル・フーコーがプラトンに抗して比喩的に語ったように、魂こそが肉体の墓場であるということになります。

ここも詰めていくと厄介なことが噴出してきますが、最低限確認しておけることは、生物のことを、自己保存しながらも自己死滅するものとして捉えなければならないということ、そのときには、伝統的な形相質料論を、ひいては伝統的な心身問題を考え直さなければならないということです。絞って言うなら、生物の本質を捉えるためには、形相と質料の関係、心＝魂と身＝肉体の関係を考え直さなければならないということです。ここで病が重要になってきます。

病——魂と肉体の関係の経験

では、魂と肉体の関係をどのように考え直せばよいでしょうか。従来、それは心身問題として提起され、その解答としては、相互作用説・並行説・予定調和説・同一説・随伴説・付随性説などと教科書的に分類されてきました。それはそれで重要なのですが、魂と肉体の関係、あるいは両者の無関係について考えるには、いかなる経験から出発するのかということが重要です。従来は知覚経験や感情経験や行為経験が出発点とされてきましたが、それだけではどこか足りないのであって、さしあたりの対策として、病の経験を出発点に置いてみる必要があります。病の経験にしても知覚・感情・行為を含んでいますが、その場合でも基本的に内部の内的な経験であることが重要です。症候や徴候の経験、失調や不調の経験は、内部について内部において内的に知られたり感じられたりする経験です。ですから、病の経験は、魂と肉体の関係の生成変化にかかわる経験になっているはずです。病の経験の解明を通してこそ、生物とは何であるのかという問いに対して答えることができるのではないかと期待できるわけです。生物とは、病むものであると、自発的な生成変化を通して自己を保存しながら自己死滅に向かいつつ病むものであると、あるいはむしろ魂の自己保存に抵抗する肉体の自己死滅への傾きを病として経験する生き物であると定義できるのではないかと予想できるわけです。

ところが、直ちに疑念が湧きます。病の経験は、人間に固有のことではないのか。はたして動物は病むだろうか。家畜化された動物はさておき、野生の動物が病をそれとして経験するだろうか。仮に動物については病の経験を語りえたとしても、いくらなんでも植物が病を経験するとは言えないだろう。病があるとは言えるかもしれないが、病の経験があるとは言えないだろう。それにしても人間が勝手に他の生物の状態を病と呼んでいるだけではないのか。

こうした疑念はもっともであり、それに抗してまで動物や植物にも病の経験があると無理に主張する気はありません。むしろ、ここにきて、生物についての思考は、結局は、人間にとっての生物についての思考になっていることに気づかざるをえなくなります。だから、そこを逆手にとって、そうならざるをえないと捉え返したほうが有効になる気がします。

そもそも、どんな生命理論であれ、人間が生物と見なすものについて編み出すわけですから、人間の観点によって浅くも深くも規定されています。実際、生物が生物である所以を、例えば呼吸運動や移動運動や増殖運動で捉えるというそのことが、人間の感覚器官の能力や精度に規定されてのことです。人間の眼につくところを取り上げている。これは、自然科学的な知見についても同じです。解剖や実験を通して人間の観察にかかるところだけを取り上げている。これに対して、本当は、生命理論は、人間の眼に映るだけの生物についてだけでなく、他の哺乳動物の眼に映る限りでの生物、昆虫の触覚に映る限りでの生物、植物の反応として映される限りでの生物についても理論化したいのです。ところが、人間は、言葉の真の意味での「普遍的」な生命理論としては、生物にも無生物にも、自然物にも人工物にもあてはまるような万物相手の理論しか手にしてはいない。ひょっとしたら、何人かの哲学者が自覚していたように、それは人間の知性の本質的な制約であるのかもしれませんが、とりあえず出来ることとしては、人間の観点に制約されていることを自覚しながら生命の特殊理論を目指すこと、その際に、形相質料論・心身関係論を復権させながら病の経験に定位することが新たな方向の一つとなるであろうというのが、本書の見通しなのです。

病の隠喩と物語

人間の観点に制約されているにしても、病を通して魂と肉体の関係を、さらには自己保存と自己死滅の関係、ひいては生と死の関係を見通すことを目標とする場合、人間の病に関するさまざまなアプローチについて一定の見解を持っておかなければなりません。その作業を本書は行なったと言えるわけですが、少し補足しておきます。

まず、病とその概念や経験の社会的・文化的側面、歴史的で相対的な側面、社会的に構築される側面についてです。よく知られているように、スーザン・ソンタグは『隠喩としての病』で、結核や癌やエイズといったいわば有名な疾病を例にとって、その概念と使用法には隠喩的な面が多大に含まれており、それがために病そのものを客観的に認知して冷静かつ合理的に対処する姿勢が阻害されてしまっていると論じていました。結核は、精神的なものを崇高な次元に引き上げる病気であるかのように描かれていたが、それはあくまで隠喩にすぎず、そんな隠喩をまともに字義通りに受け取ってしまうなら、場合によっては結核患者に対する差別を促進してしまうし、場合によっては結核に対する合理的治療を諦めさせてしまうと論じていました。ソンタグからするなら、病の隠喩性はよろしくないのであって、それは病に対する客観的な認識と医療的な対応を阻害してしまうからであるというのです。というわけで、ソンタグ自身も、癌に対する医療的措置を次々と、それこそ合理的にセカンド・オピニオンも聞きながら自己決定を繰り返し、特段の疑問も発することなく積極的に受け続けたのです。

しかし、病の客観的な認知とはどういうことでしょうか。それはソンタグの思うほど明確なものでしょうか。また、結核に対する医療的措置のすべてが無条件に合理的であったなどと言えるでしょうか。セカンド・オピニオンを聞くにせよ聞かないにせよ、多数決で決められるような正解、自己決定で決められるような正解があるとでも言うのでしょうか。ソンタグは、科学信仰が強すぎたせいでしょうが、医療化・病理化・病院化に対してあまりに無防備であったと言わざるをえません。

ここで思い出されるのは、ある科学者が、癌の治療を受けながらその都度の各種検査数値を記録し続けていたことです。それら検査数値は、何らかの生理状態の指標として医療では使用されているわけですが、はたしてその指標から推定されるところの状態が、病の状態そのものを客観的に表現していると言えるでしょうか。検査数値の変動を記録しそこに多少の統計的措置を施して何ごとかを語ることができたとして、その都度の検査数値だけで一喜一憂する素朴な患者に比べて、病の状態の知識を増やしたなどと言えるでしょうか。もちろん科学者ですから検査数値の告げるものの限界はよく承知していたはずですが、しかしその振る舞いにおいては、素朴な患者と同じように、それら指標が病の状態や予後を指さしていると信じるかのようなのです。現在の医科学や自然科学に限界があることは承知しているが、それでもその限界内で病を客観的に捉えてはいるというわけです。しかし、どうなのでしょうか。指標は本当に病を指さしているでしょうか。病の何かを指さすとしても、少なくとも病の運命は指させないでしょう。というか、病の運命はすでに別の仕方で知られてしまっていたはずです。

このように時代を眺めてみるとわかってくるのは、病の隠喩性を拒絶するや、病についての貧しい客観性を鵜呑みにするだけになるという、何とも侘しい二択になっているということです。一般化して言うなら、文系学問と理系学問の二分法は、何とも侘しい思考と人生を生み出してしまうのです。

この状況を脱したいと感じた人々が向かった先は、病の隠喩性というよりは、病の物語性を全面的に肯定する方向です。病は基本的に主観的な経験です。病は自己の肉体の失調や不調の経験だからです。そこで、病の意味を考えるということで、あるいはむしろ、どう考えても無意味であるとしか思われない病の経験に対して意味を付与して、病の受動的で運命的なありさまを凌ぎたいということで、例えば、病の主観的経験から派生する社会的な体験や人生的な体験を言葉にもたらして、病のやりきれなさや病のどうしようもなさを凌いでいこうというわけです。アーサー・クラインマン『病いの語り』などが指し示す方向です。そこで物語られる語りにはそれなりのバリエーションはありますが、当然と言えば当然ですが、伝統的な無常観法や闘病物語のパターンに分類・還元できる程度のものです。というか、伝統的な物語にまで到らないとても貧しい語りであるからこそ、かえってますます、各人固有の個性的な語りであると思われていくという、これまた何とも侘しい状況になっています。源信『往生要集』の二次創作をそれと知らずにオリジナルと思い込んで物語っているようなものです。それはそれで有意義でしょうし、まさにそのことによって病の無意味性から眼をそらすことができるのですが、少なくとも病に届く語りにはなりえないと思うのです。

このあたりの論点については本書でも何か所かで触れていますが、あらためて思うのは、時代がこうですから、むしろ病の隠喩性や物語性をもっと研ぎ澄ませることを目指したほうが賢明なのではないかと思われてきます。そして、そのことで、乏しき時代に対する批判も豊かになっていくと見通したほうがよいのではないかと思われてきます。例えば、頭痛を記述するにしても、従来の隠喩や物語を、医科学や自然科学の知見をきちんと取り入れながら日常語表現として練り上げていくことです。そのことによって、病の経験の語りの貧しさ、病の客観的指標の狭さを自覚的に反省して訂正していくということです。本書の幾つかの論文が端緒的に試みたことはそのようなことです。ヴァージニア・ウルフは、そのエッセイ「病むことについて」(一九二六年、川本静子訳)でこう書いていました。

「英語は、ハムレットの思索やリア王の悲劇を表現できるものの、悪寒や頭痛を表現する言葉をもたない。一方だけが発達してしまったのだ。ただの女学生でさえ、恋に落ちると、シェイクスピアやキーツに自分の心を代弁してもらえる。だが、頭痛に苦しむ人間に、その痛みがどういうものか、医者に向かって述べさせてみなさい。すると、言葉はたちどころに枯渇してしまう。彼に役立つできあいの言葉はないのだ。自分で言葉を作り出さねばならない。」

このように病の語りの貧しさを嘆きながら、ウルフはインフルエンザについてこんな書き方をしていました。

「病気がいかにありふれたものか、病気のもたらす精神的変化がいかに大きいか、健康の光の衰えとともに姿をあらわす未発見の国々がいかに驚くばかりか、インフルエンザにちょっとかかっただけで、なんという魂の荒涼たる広がりと砂漠が目に映るか、熱が少し上がると、なんという絶壁や色鮮やかな花々の点在する芝地が見えてくるか、病気にかかると、私たちの内部でなんと古びた、がんこな樫の木が根こそぎになるか……こうしたことを考えると――しばしば考えざるをえないのだが――病気が、愛や戦いや嫉妬とともに、文学の主要テーマの一つにならないのは、たしかに奇妙なことに思われる。……「インフルエンザにかかっています」――この言葉があの大きな経験のどれだけを伝えるだろう。世界が姿を変えてしまったことを、仕事道具が遠ざかり、祝祭のざわめきが、遠い野原の向こうから聞こえてくる回転木馬のようにロマンティックになることを。友人たちが、不思議な美しさを帯びたり、ひき蛙の角張った体つきに変形したりして、変わってしまったことを。他方、人生の全風景が、はるかに海上を行く船から眺めた陸地のように、遠く美しく横たわることを。」

まさに時代的にも社会的にも構築された隠喩・物語ですが――何しろ時代はスペイン「風邪」大流行の後です――、ウルフが目指す方向そのものは正しいでしょう。インフルエンザについても全知全能をかけて文学が書かれるべきなのです。その場合、本書の観点からするなら、幾つかの補足をしなければなりません。まず、インフルエンザという疾病単位が曖昧なものであることが認識されている必要があります。いわゆる風邪との異同はもちろんのこと、感染検査の技法と精度、感染と発症の関係について何も知られていませんし語られていません。その無知と無明を経験と言葉にもたらすべきです。そして、インフルエンザに伴う病人役割と疾病利得についても――ウルフはその時代的なあり方に規定されて、つまり、さほど医療化や病院化が進展していないものの、上流階級や知識人階級がそれを進展させていた時代において言葉を紡いでいます――、それを無反省に前提して書き出すことはもはや許されないでしょう。さらに、インフルエンザについての少ないながらも達成されている科学的な所見をインフルエンザの主観的な経験と突き合わせる必要があります。病は確実に諸感覚を微妙に変化させますが、そのこととウルフが記述するような知性的な変化を突き合わせる必要があります。いずれにせよ、隠喩性・物語性と客観性・合理性の不毛な二択を越えて、両者の絡み合い方を言葉にもたらすのでなければ、ウルフのいう「人生の全風景」も見えてはこないでしょう。思えば、本書を通して目指してきたのは、死の観点から、死後の観点から、死者を装う観点からではなく、病の観点から、生前の観点から、病者の経験的な観点から「人生の全風景」を見わたすことであったと言えます。

病の生理と時間

しばしば学界では、「病」「病気」(広義の disease) を最も包括的な言葉として使用しながら、その構成要素が三つに区分されています。すなわち、主観的な感覚的経験としての「病い」(illness)、医学的で病理学的に規定される「疾患」(狭義の disease)、社会的・文化的に構築された度合いの強い「疾病」(sickness) の三区分です。この区分を用いるなら、本書は、とくに「疾病」概念と精神医学的「疾患」概念を批判して「病い」概念こそを重視し、その上で、「病い」概念と「疾患」概念を、とくに後者を批判的に検討しながら総合した「病気」概念を、新たな「疾病」概念として構想していくことを訴えるものであるということになります。比喩的に言っておくなら、精神の病に関する精神分析の最良の部分に匹敵するような、身体の病に関する「肉体分析」を構想するということです。

したがって、本書は、病・病気の医療化を全面的に否定するのではなく、その医療化をそれに相応しい慎ましい位置におさめることを目指しています。また、本書は、健康をどう定義しようが、健康は絶えず病を潜在させているということを――ただし、なんでも慢性病扱いする医療化の動向には反対しながら――示そうとしています。だからこそ、本書は、疾病の社会構築性・隠喩性・物語性には否定的であるが、それでも病・病気が豊かな仕方で語り直されることを望んでいるわけです。最後に、そんなアプローチにとって大事であると思われる方向を、いま思い浮かぶ限りで二つだけあげておきます。

一つは、生理を経験科学的に探究しそれを理論的・日常的言葉にもたらすことです。ここで「生理」とは、生理学の「生理」ということです。ビシャやクロード・ベルナールの伝統（これについても André Pichot の生物学史を参照）を踏まえそれを現代的に復権するような生理学によってつかまれるような生命の論理、すなわち「生-理」ということです。そして、強調すべきは、この生理は、ミクロなレベルとマクロなレベルの中間にあるということです。簡単な例を出しておきます。生物遺伝学では、遺伝子型と表現型が対として用いられます。遺伝子型はミクロな分子レベルのタイプ、表現型はマクロな個体レベルのタイプです。本書では、生態学者や集団遺伝学者を除く大方の人々と同様に、生命・生物ということで基本的には個体を念頭に置いているので、集団における諸タイプには言及しないで進めますが、通例は、遺伝子型と表現型の二つでもって、例えば特定の遺伝子型が如何なるプロセスを経て特定の表現型を生み出すのかということが探求されるわけです。ところが、この二つだけで生物のもろもろのレベルを覆ってしまっては、あまりに粗略になるのは明らかです。ここでリチャード・ドーキンスのように「延長された表現型」ということで、表現型概念を個体全体の形質にだけではなく個体内部の任意の形質にまで、さらには個体が外部と取り結ぶ関係の特質にまで拡張することは当然の成り行きです。当然ではあるのですが、それでは融通無碍と思われても仕方ありませんし、何より表現型の拡張や延長のさまざまな仕方が区分されないまま放置されてしまいます。その一方で、ポール・チャーチランドのように、ミクロなレベルの理論語だけですべてを片づけて、マクロなレベルの語りを除去しようなどという構想もありますが、還元主義や消去主義が常にそうであるように、それでは乱暴すぎるし、そんな構想は不可能な夢にすぎません。そんなこともあって、遺伝子型と表現型の二つのあいだに中間レベルをそれとして設定して、例えば遺伝子型から表現型が発生するそのプロセスを理論化しようとする試みが進められています。これにしても実際は、どう進んでよいか一向に見えてこない混沌とした状態になっていますが、ともかく従来から言われるミクロとマクロの間の中間をそれとして、生‐理としてつかまえる試みが進められています（この点で言えば、キーナー／スニード『数理生理学』の方向ではなく、J・スコット・ターナー『生物がつくる〈体外〉構造』の方向ということです。そのあたりの困難と面白さを知るには、短いものですが合原一幸・岡田康志編『〈1分子〉生物学』が有益です）。

このことを踏まえて、病気の症状や徴候に立ちかえってみるなら、例えば、痛みのことを、従来のようにミクロなレベルでは脳神経系のことを持ち出し、マクロなレベルでは炎症のことを持ち出して説明を進めるだけではなく、その両者の間のレベルに注目していくことになります。具体的には、肉体への刺激や侵襲に対する生化学反応回路のレベル、炎症を発する組織の下位部分である細胞集団のレベル、そんな中間レベルに注目しなければなりません。そして、そこを言葉にもたらすには、反応回路や細胞群について豊かなイメージを膨らませていく必要があります。こう言いかえても、よいかもしれません。病気は魂と肉体の関係の変容にかかわるはずですから、魂と肉体の間の中間レベルに新たな名前も与えながらそこを語っていく必要があります。魂の表面だけを語る心理と、肉体の表面だけを語る物理の間の生‐理、これを語る必要があるのです。

もう一つ大事であると思われる方向は、理論にも言葉にも時間をきちんと導入することです。そのために、感覚を見直すことを提起しておきます。例えば、さまざまな感覚、音や色の感覚、痛みや不調の感覚について、ここまでそれらを「経験する」という書き方をしてきましたが、何となくですが、「経験」という言葉は感覚にそぐわない気がしています。感覚は「経験される」というより、感覚は「現われる」のではないでしょうか。嶋尾の痛みは、嶋尾において経験されるというよりは、嶋尾に現われるのではないでしょうか。もし「経験」という言葉を使うのであれば、何だかわからない感覚主体が経験するというよりは、まさにその嶋尾が痛みを経験すると言うべきではないでしょうか。そのほうが、遙かに実情に近くはないでしょうか。同じように、音の感覚についても考えられます。「音を感覚する」と言ってしまうと、文法上、その主語が欠けているように見えてくるので、「主体・主観が音を感覚する」という言い方が出てきます。この「主体・主観」を「私」や「脳」に置き換えても話は同じです。そうなると、何らかの主語的なものが行なう感覚は、どうしても経験と置き換えられますから、「音を感覚経験する」とか「音感覚を経験する」という言い方も出てきます。しかし、これは大森荘蔵が大いに強調していたことですが、音は「立ち現われる」のです。そのとき、立ち現われる音と感覚される音を区別立てする謂れは基本的にはないはずです。とりあえず簡単に言えば、人間という生物の耳にとって立ち現われることだけを問題にしており、人間に聞かれない音や立ち現われない音は問題にはしていないからです。とすると、音＝音感覚は「現われる」と言うべきことになります。近世哲学の観念やベルグソンのイマージュは、こんな実情を言い表わそうとしているものであると解することもできるでしょう。

そして、この感覚の「現われの条件」は、中間レベルに求められることになります。感覚の「経験の条件」と言ってしまうと、それは主体・主観・脳の方だけに求められてしまうので、この点は大事になります。要するに、胃というマクロなレベルの下にあるレベルの細胞集団の一定の変化が条件となってそこから、痛み感覚が現われてくるということです。主体はその痛み感覚に襲われるのです。経験するのではなく、出くわすのです。どうしてか。細胞集団の「肉」が、生成変化を通して自己保存しながら自己死滅に向かっているからです。こんな具合に感覚を捉え直すなら、実は人間以外の生物にとっての感覚の現われについても見通しを得ることができるかもしれません。というか、そうしないと無理でしょう。そして、その際に時間を導入することが大事になります。

これについては、イメージを鮮明にしておきたいので、あえて単なる思い付きを述べておきます。私には、「人生の全風景」を見わたしたなら、各人が経験する快・不快、というより各人に現われる快・不快の総量は大差がないのではないかという思い込みがあります。例えば、人間にとって現われる胃の痛みの総量に大差はないという思い込みです。もちろん個人差はあります。若いときから胃痛に悩まされる人と年老いても健啖である人を比べると差があるでしょう。しかし、胃の不調まで勘案するとどうなるでしょうか。健啖である人には、案外に多くの不調が継続的に現われているかもしれません。ここで言いたいことは、あるいは言ってみたいことは、それをいかなる言葉で言い表わせばよいのかわからないので困るのですが、胃に不可避的に生ずる「劣化」から必ず現われる「失調」感覚があって、それが短時間に凝縮するなら激痛として現われ、それが緩慢に時間的に間延びするなら不調として現われるのではないかということです。そして、その各瞬間の「失調」を時間的に積分してやった総量では、各人に大差はなくなるのではないかということです。この思い付きには、一応の「経験」的な基礎があります。痛み止めの薬物であれ末期癌の激痛の緩和であれ、激しい痛みを消失させることはできるときがありますが、それに代わって、同じ肉体の場所で、あるいは別の肉体の場所で、その分だけ長く不調を感覚することになるように思われるのです。副作用のことを考えれば明らかですが、そこは措くとしても、痛みの緩和や消散とは、短時間に現われざるをえないはずの痛み感覚の量を、少し長めの時間と少し広めの空間へと散らしていることではないでしょうか。宗教者や神学者、そしてショーペンハウエルなどペシミストが言ったように、どうしたって人生の苦（の総量）から逃れることはできないのです。そして、そのことこそ人間の条件ではないでしょうか。というより、人間が決して苦を免れないということを大前提として痛みや不調を見直したとき――病の思考とはそのようなことであるはずですが――、例えばこのような思い付きが出てくるということです。

こうして、あらためて、生物とは生成変化を通して自己保存しながら自己死滅に向かうものであるということに補足を加えることができそうです。単純化して言えば、生物とは生存への傾向と死滅への傾向が絡み合っているものです。その絡み合いの様相の一つが病であり、病の症状や徴候なのです。そして、病とその感覚を中間レベルの時間的なプロセスとして捉え直すなら、人間にとっての生命理論から、人間以外の生物にとっての生命理論への通路も見いだせるでしょう。そこまで行って初めて、スピノザの生態学的個体論、ライプニッツのモナド論、ドゥルーズの差異と反復の哲学など、哲学の遺産を現代化して復権させることができるでしょう。いずれにしても、諸科学の最新の達成に学びながら人文学・社会科学の言葉を研ぎ澄ましていくことが課題となります。本書の論述は多岐にわたってはいますが、本書がそんな課題の所在を読者の方に示唆できているとすれば、それだけで十分です。

註

第Ⅰ部　身体／肉体

第一章　魂を探して

（1）Thomas McKeown, *The Rise of Medicine: Dream, Mirage, or Nemesis?* (Princeton University Press, 1979), xi-xii.

（2）欧州とインドの老人施設における〈臨床医学の死と撤退〉について冷徹な分析を加えている以下のものを参照。Roma Chatterji, Sangeeta Chattoo and Veena Das, "The Death of the Clinic? Normality and Pathology in Recrafting Aging Bodies," in Margrit Shildrick and Janet Price (eds.) *Vital Signs: Feminist Reconfigurations of the Biological Body* (Edinburgh University Press, 1998).

（3）Donna Haraway, "A Manifesto for Cyborgs: Science, Technology, and Socialist Feminism in the 1980s," in Linda L. Nicholson (ed.) *Feminism/Postfeminism* (Routledge, 1990), p.194.

（4）簡明な通覧をあげておく。Martha J. Farah, "Neuroethics: the practical and the philosophical," *Trends in Cognitive Sciences* Vol. 9, No. 1 (January 2005).

（5）Benjamin Libet et al., "Time of Conscious Intention to Act in Relation to Onset of Cerebral Activity (Readiness-Potential)," *Brain* 106 (1983). なお、リベット自身の議論の紹介に関しては、以下を参照して補足する。Benjamin Libet et al., (eds.) *The Volitional Brain: Towards a neuroscience of free will* (*Journal of Consciousness Studies*, 6, No. 8-9, 1999) (Imprint Academic, 1999). ベンジャミン・リベット『マインド・タイム——脳と意識の時間』下條信輔訳（岩波書店、二〇〇五年）。

（6）Samuel M. McClure et al., "Natural Correlates of Behavioral Preference for Culturally Familiar Drinks," *Nature* Vol. 44 (October 14, 2004). なお、神経心理学に付随して展開される議論のほとんどは取るに足らないものである。新分野を開くときには、あるいはむしろ、新分野を開くと称するときには、政治的社会的に論争の種になるテーマを意図的に際どい仕方で「研究」してみせるということが歴史的に繰り返されてきた。お決まりのテーマは、人種、顔、知能、精神障害、高次認知機能、記憶、情動、犯罪などである。こうした「研究」に依拠して、脳紋（brain fingerprint）のスクリーニング、精神のコントロール、エンハンスメントなどが「問題化」されているわけだが、本論ではこうした〈電磁波系〉〈ドラッグ系〉については論じない。しかし、神経心理学の成果そのものは、先走るためのよいきっかけにはなる。

（7）同趣旨の実験は多い。Michael Schaefer et al., “Neural correlates of culturally familiar brands of car manufacturers,” *NeuroImage* 31（2006）. Brian Knutson et al., “Neural Predictors of Purchases,” *Neuron* 53（January 4, 2007）. M. de Greck et al., “Is our self based on reward? Self-relatedness recruits neural activity in the reward system,” *NeuroImage* 39（2008）. なお、この種の実験は、経済学ないし「神経経済」学における顕示選好をめぐる論点にも関連する。Cf. Dan Ariely and Michael I. Norton, “How actions createnot just reveal-preferences,” *Trends in Cognitive Sciences* Vol. 12, No. 1（2007）.「神経経済」学については、cf. P. Kenning and H. Plassmann, “NeuroEconomics: An overview from an economic perspective,” *Brain Research Bulletin* 67（2005）.

（8）この単線的な描像は、人間の行動の起動因を、糸を操って人形を動かす人形師のイメージで捉える伝統的な描像に類似しているとひとまずは言うことができる。この「操り人形師」と「神経」の語源的関係については、神崎繁『魂（アニマ）への態度――古代から現代まで』（岩波書店、二〇〇八年）三四頁参照。

（9）Sandra J. Ackerman, *Hard Science, Hard Choices: Facts, Ethics, and Policies Guiding Brain Science Today*（Dana Press, 2006）p. 104.

（10）単線的な描像に基づく、運動麻痺についての通説的理解は、既に乗り越えられている。例えば、リハビリテーションやスポーツにおいて認知機能を活用するアプローチは、半意識的で半随意的な深層部の筋に到る経路を、意識的で随意的な経路の動きを通して誘導する試みであると言える。そこにおいて前提とされている描像は決して単線的ではない。また、単線的な描像では、運動と運動麻痺の諸モードを識別できなくなっており、この点でも認知的アプローチに優位性がある。また、山海嘉之によるＨＡＬは外付けの補助機械であるが、単線的経路以外のところで脳神経系からシグナルを拾い出して作動する点が新しい。そのシグナルは、姿勢保持などの半意識的運動に関わっている。Cf. Kenta Suzuki et al., “Intention-based walking support for paraplegia patients with Robot Suit HAL,” *Advanced Robotics* Vol. 21, No. 12（2007）.

（11）Sandra J. Ackerman, op. cit., p. 106.

（12）生体－機械系の運動制御に関しては、ナノテクノロジーの動向も合わせて、細胞（系）そのものを「計算機械」として使用するアプローチが重要である。Cf. Soichiro Tsuda, Klaus-Peter Zauner, Yukio-Pegio Gunji, "Robot control with biological cells," *BioSystem* 87 (2007). そこにおける物性・質料因の重要性については、cf. Susan Stepney, "The neglected pillar of material computation," *Physica* D Vol. 237, Issue 1 (2008).

（13）以下の論文は、「人生全体」「余命」という概念を利用（悪用）してある種の末期患者の自律性を否定するR. Dworkin, *Life's Dominion* (1993) の議論に抗して、アルツハイマー病患者自身の価値観と自律性を擁護する貴重なものであるが、習得に要する時間の長さを考慮していないために、アルツハイマー病患者の被験者化に対して無防備になっている。Agnieszka Jaworska, "Ethical dilemmas in neurodegenerative disease: respecting patients as the twilight of agency," in Judy Illes (ed.) *Neuroethics: Defining the issues in theory, practice, and policy* (Oxford University Press, 2006). 〈社会的死者〉に対する差別・偏見に抗するといった身振りでもって〈剥き出しの生〉にも自律性を認めるという議論はそれなりにその限りでは正当ではあるのだが、その議論のフレームは、〈社会的死者〉をしてある種の方向へ自己決定を誘導するか否かという問題設定や、〈社会的死者〉をそこから守るべくパターナリズムとの調整を図れるか否かという問題設定に制約されていることが多い。この類の論調は批判されるべきである。本章の論題に関する限りで指摘しておくなら、語の精確な意味での「末期」の人間に対して先端的医療・実験を行なうことは、当の先端性の実情からして、まったく無意味である。そもそも、脳神経科学技術の現状からして、神経倫理的問題設定の多くは無意味である。

（14）西村ユミ『語りかける身体――看護ケアの現象学』（ゆみる出版、二〇〇一年）六〇頁より。なお、非言語的交流の経験などを、メルロ＝ポンティなどの現象学的な知覚論や身体論でもって記述するのが通例となっているが、本章の論題に関する限りでは、神経心理学が現象学の自然化に見えるからこそ、ますますもって不適切である。私の見るところ、むしろ参照されるべきは、現代の他の諸理論を別とするなら、近世から近代にかけての観念説と感覚論である。哲学的な道具立ては既に揃っているのであって、哲学と倫理学が行なうべきは、その「遺産」を想起しながら、始まったばかりの脳神経科学の進度と達成度を冷静に見定めていくことである。

（15）John Hockenberry, "The Next Brainiacs," *Wired Magazine Issue* 9. 08 (Aug. 2001).

（16）当然のことであるが、神経工学的な治療に関しても現状に関する冷静な分析評価が求められる。パーキンソン病に関して次の総説は模範的なものになっている。Stephane Thobois et al., "Treatment of motor dysfunction in Parkinson's disease: an overview," *Clinical Neurology and Neurosurgery* 107 (2005). なお、現在の神経工学的治療はインタフェイス的局面を含むとはいえ基本的には外的で抑制的な段階に止まっている。この点で、電気刺激に関する古川哲雄の指摘は啓発的である。除脳蛙は、背中を擦ったり水滴を落としたりするたびに鳴くが、背中への電気刺激では鳴かないことが知られている。これは、生物が、歴史的・進化的に、例外的な感電以外の仕方では電気刺激を経験してこなかったからである。したがって、生体への電磁的刺激・誘導によって引き起こされるであろう生体現象は、通常の生体現象とはまったく異なる新奇な現象であると捉えておかなければならない。古川哲雄『ヤヌスの顔 第5集――現象学的神経内科学』(科学評論社、二〇〇四年)二八五頁参照。と同時に、そうであるからこそ、新奇なものを開くチャンスになるし、それを救済への道の途上に、また、古くは個体発生と系統発生の両方を意味したevolution、これの時間に相当する長い道のりの途上に位置付けるべきである。

第二章　来たるべき民衆

(1) Armand Marie Leroi, *Mutants : On Genetic Variety and the Human Body*, Viking Penguin, 2003(『ヒトの変異』上野直人監修・築地誠子訳、みすず書房、二〇〇六年)。本書は、分子生物学の知見を導入して奇形学を更新した優れた達成である。ルロワは、顔ないし顔貌性が、脳神経系の変異のシーニュになることの理論的・実践的含意を踏まえた上で、その書をこう閉じている。「『美は幸福の約束にすぎない』とスタンダールは語った。そのとおりなのだろう。だが、美は悲しみの想起でもある」。本章は、未来の美の幸福の約束に繋がるものとして過去と現在の悲しみの意味を定めんとするドゥルーズとガタリの試みを探るものである。なお、ドゥルーズは顔を「神経系の発疹 (plaque)」(IM 126) と捉えるなど、奇形と性選択の問題系の射程を見通していたが、この辺りに関しては初歩的な研究しかない。Rosi Braidotti, "Teratologies", in Ian Buchanan and Claire Colebrook (eds.), *Deleuze and Feminist Theory*, Edinburgh University Press, 2000.

(2) 先駆的にこのやり方を追究したのがジルベール・シモンドンである。この点については以下の書に付された序論が優れている。Jacques Garelli, Introduction à la problématique de Gilbert Simondon, dans Gilbert Simondon, *L'individuation à la lumière des notions de forme et d'infomation*, Millon, 2005. 超越論的な場を経験すること、経験の条件そのものを経験することは、哲学的常識にとっては不可能事であろうし、ここに対象や可能性という概念を入れ込むと事態は紛糾する。

また、経験と脳の関係を真剣に受け止めて、経験の条件を脳（のトポロジカルな平面）と等置するなら事態はますます紛糾する。そんな紛糾を掻い潜るべきであるのは、われわれに経験不可能なことを垣間見させる経験、われわれの可能的経験とその限界を印すような経験を構成することが大切だからである。哲学的常識には、そこに賭けられているものが見えないのである。芸術に即して次のものが論じている。Stephen Zagala, "Aesthetics : A place I've never seen", in Brian Massumi (ed.), *A Shock to Thought : Expression after Deleuze and Guattari*, Routledge, 2002. なお、『プルーストとシーニュ』（一九六四年）では存在論的差異が個体的本質として捉えられており（PS 53/51）、これが後に変奏されていくことになる。

（3）『プルーストとシーニュ』は、個体化ではなく個人化を論じていたことに留意しておきたい。「愛するようになることは、誰かが担うか発するところのシーニュによってその誰かを個人化すること（individualiser）である。それは、シーニュを感ずるようになることであり、シーニュについて修業することである（例えば、若い娘たちのグループの中で、アルベルチーヌがゆっくりと個人化すること〔individualisation〕である）。友愛なら観察と会話で育てられるかもしれぬが、愛は沈黙せる解釈から生まれてそれに育てられる。愛される存在者は、あるシーニュとして、ある「魂」として現出する」（PS 14/9）。PS 56/54, PS 60/58 なども参照。個人化と個体化の区別については、Gilbert Simondon, *L'individuation à la lumière des notions de forme et d'information*, Millon, 2005, pp. 267-273 参照。

（4）いわゆるゲノム・インプリンティングは、父親性や母親性の記銘と解説されるのが通例であるが、男性性と女性性の記銘と解されるべきである。この男性性と女性性は、『プルーストとシーニュ』における「ソドムの秘密」と「ゴモラの世界」に相当する。「われわれの愛の無限の彼方に、原初的なヘルマフロディトス〔両性具有者〕がいる。しかし、ヘルマフロディトスは自己繁殖できる存在者ではない。ヘルマフロディトスは、両性を統合するどころでなくむしろ両性を分離するのであり、ソドムのセリーとゴモラのセリーという分岐する二つの同性愛のセリーが絶えずそこから由来するところの源泉である。ヘルマフロディトスこそが、「二つの性は別々に死ぬであろう」というサムソンの予言の鍵を所有するのである。両性間（intersexuelles）の愛はこの呪われた背景を隠すものであるからには、両性間の愛とは各性の運命を覆い隠す仮象にすぎないほどである」（PS 17-18/12-13）。

（5）この認識は実質的には『プルーストとシーニュ』で表明されていた。「たしかにわれわれの愛は母に対する感情を反復するが、母に対する感情は、われわれ自身が体験したことのない別の愛を既に反復している。母はむしろある経験から別の経験への移行として現出する。また、われわれの経験が始まる仕方として現出するにしても、われわれの経験が既に他人によって為された別の経験と連鎖している仕方として現出する。極限では、愛の経験は全人類の愛の経験であり、そこを超越的な遺伝の流れが貫流している」(PS 89/89)。

（6）『アンチ・オイディプス』は、生物個体を遺伝子の乗り物とするリチャード・ドーキンスの構想と親和性がある。Richard Dawkins, *The Selfish Gene*, Oxford University Press, 1976（『利己的な遺伝子』増補新装版、日高敏隆他訳、紀伊國屋書店、二〇〇六年）。

（7）少なくとも病気なる受難に対する態度に関しては、『アンチ・オイディプス』は『意味の論理学』に似てストア派的である。これに対して、後に本文でも示すように、『千のプラトー』はキリスト教的であると言うことができる。この差異について、エーリヒ・アウエルバッハ『中世の言語と読者――ラテン語から民衆語へ』（小竹澄栄訳、八坂書房、二〇〇六年）から引いておく。「根本的にいえば両者〔ストア派のモラルとキリスト教のモラル〕は当時すでに異なっていたのである。というのも、キリスト教著述家たちがパッシオーネースに対置したのは、賢者の安らぎではなく不正への屈服であったからだ――受苦と激情を避けるために世界から逃避するのではなく、苦しみながら世界を克服することが彼らの意図するところなのである。ストア派の遁世とキリスト教のそれとは根本的に異なる。世界の外部にあって激情をもたないという零点ではなく、世界内での、ひいては世界に対する対抗的受苦、激情による受苦が、キリスト教的厭世の目標である。肉に対して、この世の悪しきパッシオーネースに対して彼らが対置するのは、ストア派のアパティアではないし、たとえば理性の調停によってアリストテレスの中庸を得るための〈よい情念〉（前述の bonae passiones）でもない――全く新しい何か、前代未聞のことなのだ、つまり、燃え上がる神の愛から発した〈栄えあるパッシオー（受難）gloriosa passio〉なのである」（七五頁）。なお、受肉については次の論稿をあげておく。Michael Hardt, "Exposure ; Pasolini in the flesh", in Brian Massimo (ed.), *A Shock to Thought : Expression after Deleuze and Guattari*, Routledge, 2002.

（8）『意味の論理学』での「臨床の問題」、すなわち「ある組織から別の組織への地滑りの問題、前進的で創造的な脱組織の形成の問題」(LS 102/上 154) は、基本的に一個人の人生内における問題である。芸術の使命を「前 - 個体的で非人称的な特異性をして語らせること」と捉えることは一貫しているが、芸術は人生よりそれほど長いとは考えられていないのである。実際『意味の論理学』本文はこう閉じられている。「芸術作品は、常に音の独立性を再発見し、そこに単声的なものである出来事の閃光を固定する。余りに早く、平凡な日常によって、あるいは反対に、狂気の苦しみによって覆い隠されてしまうが」(LS 290/下129)。

(9) 自然界では実際に起こってきたことであり、このことが進化を駆動してきたとの仮説も提出されている。Cf. Austin Buet and Robert Trivers, *Genes in Conflict : The Biology of Selfish Genetic Elements*, Harvard University Press, 2006.『千のプラトー』の自然観は、ドゥルーズ「カントの美学における発生の観念」で論じられた崇高美の科学化であると解することができる。ID 94-95/137-138 参照。

(10) この中間的環境がリゾームに相当する。「文学と生」では、「近傍のゾーン、識別不可能性のゾーン、未分化のゾーン」と呼ばれる(CC 11/12)。文学の読解の図式と進化論の図式が共振していることは自明であるが、むしろそのように共振させたことをドゥルーズとガタリの達成と見なすべきである。

(11) 経管栄養で生きる身体、人工肛門で生きる身体、人工呼吸器で生きる身体、また、ペースメーカーを埋め込んだ身体、脳深部療法でチップを埋め込んだ身体、さらにまた、いずれは、ナノテクノロジーによって生きていく身体など、精神の病人が生き難いものと想像した身体は、身体の病人によってそれなりに生きられうるものになっていくことだろう。なお、ここでは脳も器官の一つに数えられることに留意しておきたい。脳を「比較的未分化な物質」(PP 86/104) と考えることができるからである。

(12) この第三の個体性は『シネマ』のクローズ・アップ論に繋がる。IM 126, IM 146-147 参照。

(13) この見地は『批評と臨床』に収録された諸論稿、「文学と生」、「ホイットマン」、「ニーチェと聖パウロ、ロレンスとパトモスのヨハネ」、「バートルビー、または決まり文句」に顕著である。CC 14/16, CC 15/18, CC 56/58, CC 76/120, CC78/123-124, CC114/179 などを参照。文学の批判的使用と臨床的使用については、次のものが簡明である。Gregg Lambert, "On the Uses and Abuses of Literature for Life", in Ian Buchanan and John Marks (eds.), *Deleuze and Literature*, Edinburgh University Press, 2000.

(14) 『プルーストとシーニュ』では、芸術に「絶対的特権」(PS 64/61) が賦与されていたが、その芸術は基本的には過去に関わっていた。「芸術の世界は、感覚的なシーニュを統合し、感覚的なシーニュを美的な意味で彩り、感覚的なシーニュの中にまだあった不透明なものに浸透する。そのとき、われわれが理解することは、感覚的なシーニュがある理念的本質へと既に差し向けられていたということである。そしてまた、理念的本質が感覚的シーニュの物質的意味において受肉していたということである」(PS 21/16)。「既に」という時間相で失われた時間は発見されるのである。この「既に」については、PS 34/30, PS 50/47, PS89/89 などを参照。したがって、『プルーストとシーニュ』においては、「亡霊・〈第三のもの〉・〈テーマ〉」(PS 42/39)、「非論理的で超－論理的な諸本質」(PS 50/47) が、人間個体の内部に閉じ込められるだけの「人質」に終わってしまい、その永遠性を明かしえないのではないかという疑念を残すことになる (PS 56-57/55)。そこでドゥルーズは、いわば唯物論化に向かう。「芸術とは物質の真の突然変異である。物質は芸術において霊化され、物理的環境は芸術において脱物質化されることで、物質と物理的環境は本質を屈折させることになる。言いかえるなら、根源的世界の形質を屈折させることになる」(PS 61/59)。こうして〈人生は短く、芸術は長い〉という決まり文句が証せられもするわけだが、芸術の絶対的特権を介して未来の屈折を信ずるようになるためには、『アンチ・オイディプス』と『千のプラトー』を経る必要があったのである。『哲学とは何か』がドゥルーズとガタリの共著として出されたのは、その時間を再び見出すためであったはずである。

第三章　傷の感覚、肉の感覚

（1）Gillian A. Bendelow and Simon J. Williams, "Transcending the dualisms : towards a sociology of pain," *Sociology of Health & Illness* Vol. 17, No. 2, 1995, 139–165.

（2）Cf. R. Mann ed., *A History of the Management of Pain : from Early Principles to Present Practice* (Pantheon, 1988).

（3）R・メルザック／P・D・ウォール『痛みへの挑戦』中村嘉男監訳（誠信書房、一九八六年）二二一－二二二頁。

（4）同書、四五頁。

（5）Valerie Gray Hardcastle, *The Myth of Pain* (The MIT Press, 1999), pp. 130–131. 痛みに反応する中枢領域、痛みを抑制する複数の経路について、ゲート・コントロール説を修正すべきとされる知見については、cf. Apkarian, A. V., "Functional imaging of pain : New insights regarding the role of the cerebral cortex in human pain perception," *Seminars in the Neuroscience*, 7, 1995, 279–293. Fields, H. L. and Basbaum, A. I., "Endogenous pain control mechanisms," in P. H. Wall and R. Melzack eds., *Textbook of Pain, Second Edition* (Churchill Livingstone, 1989)。なお、ハードキャッスルによるなら、二つのシステムは、機能的にも区別されるし区別されるべきである。Cf. op. cit., p. 134.

（6）ibid., pp. 148–151.

（7）Cf. Edward R. Perl, "Pain Mechanism : A commentary on concepts and issues," *Progress in Neurobiology*, 94, 2011, 20–38.

（8）George Pitcher, "Pain Perception," *Philosophical Review*, Vol. 79, No. 3, 1970, 368–393.

（9）その際、glimpse は、ひと目でちらりと見られているものをも意味していることに注意されたい。I only caught a glimpse of the speeding car. において、疾走する車はたしかにそれとしてちらっと見られている。ちらっと見られるものをそれとしてひと目でキャッチしたのである。それは疾走する車の客観的な様相であり、世界の物理的で様態的な事態である。あるいは、運動イマージュである。あるいは、車が疾走するという出来事である。ホワイトヘッド流に言えば、この出来事はちらっと見られて感じられるのでなければ存在しない。この論点は、哲学史的には、絶対空間・絶対時間を神の感官（sensorium Dei）とした伝統、あるいはむしろ、神の感官という着想でもって絶対空間・絶対時間を理解可能なものにしてきた伝統に関係する。

（10）言うまでもないが、この論点は解決などされていない。その未解決の論点を痛みにも見出せるということ、したがって痛みを他の感覚と同等に扱いうるということが確認されればよい。私は、いわゆる距離知覚に関して、ジル・ドゥルーズ『意味の論理学』のルクレティウス論以上に説得的なものを見たことがない。なお、幻影肢にせよ関連痛にせよ、その組織損傷はまさしく生れて初めてのことなのであるから痛みを定位する「学習」は不可能なことであったわけで、別段、神経学的な知見は別としても、不思議なことではないと言ってみることもできる。幻影肢に関するさまざまな解釈については、cf. Nicolas J. Wade, "Beyond body experiences : Phantom limbs, pain and the locus of sensation," *Cortex*, 45, 2009, 243–255.

（11）「痛み」を「ハリケーン」に類比することは、ダニエル・デネットに倣った。Daniel C. Dennett, *Brainstorms : Philosophical Essays on Mind and Psychology*, Chap. 11 "Why You Can't Make a Computer that Feels Pain" (Harvester Press, 1981)。デネットは両者の類比が持ちこたえられないとしてその議論を運んで行くが、着手点において「痛み」と「ハリケーン」を比較する直感はもっと活用されるべきであると思う。

（12）アリストテレス『魂について』中畑正志訳（京都大学学術出版会、二〇〇一年）。

（13）トマス・アクィナスは、痛みを情念化してもいて、その箇所をもってアリストテレスと対照されることが多いが、アリストテレスの見地を引き継いでもいる。『神学大全』第二－一部・第三五問題・第二項参照。哲学史・思想史の再読が必要な所以である。

(14) Ned Block, *Consciousness, Function, and Representation : Collected Papers, Volume 1* (The MIT Press, 2007), p. 269.

第四章　静かな生活

(1) 老人がうつ病にあると診断される場合など、うつ状態の病理化と医療化には、場合に応じて論じ分けるべき問題があるがここでは触れない。また、うつ病とメランコリー・神経衰弱・精神衰弱・神経症・躁鬱病などとの異同は歴史的には重要で、観点の取り方によっていともたやすく歴史記述も変わってくるが、その問題にもここでは触れない。また、これに関連するが、疾病・症状分類の問題にも触れない。なお、この論点については、山下格『誤診のおこるとき』(みすず書房、初版一九八〇年／二〇〇九年)「第二章」参照。また、本章で典型という場合、軽重や修飾症状のことを問題にはしていない。なお、この論点については、富澤治『「治るうつ病」と「治らないうつ病」』(エム・シー・ミューズ、二〇一〇年)参照。

(2) 『人間の条件』二一頁。HC 8–9, VA 17–18.

(3) 『人間の条件』七六頁。HC 50, VA 63.

(4) 『精神の生活』(上)四八頁。LM 40, LG 49.

(5) 『精神の生活』(上)八五頁。LM 72, LG 78.

(6) 『人間の条件』二一三頁。HC 113, VA 445.

(7) 『精神の生活』(上)二八頁。LM 22, LG 32.

(8) 『精神の生活』(上)二二九 – 二三〇頁。LM 199, LG 195.

(9) 『精神の生活』(上)二九頁。LM 24, LG 33. 英語版の apparatus は当該箇所では単数形として使われている。

(10) 『精神の生活』(上)二九頁。LM 24, LG 33.

(11) 『精神の生活』(上)一〇〇頁。LM 85, LG 91.

(12) 『人間の条件』一四四頁。HC 90, VA 107.

(13) 『人間の条件』一四九 – 一五〇頁。HC 95, VA 113.

(14) 『人間の条件』一五六頁。HC 101, VA 119.

(15) 『人間の条件』一六三 – 四頁。HC 106–107, VA 126.

(16)『人間の条件』一六五頁。HC 108, VA 127.

(17)『精神の生活』(上)二〇三頁。LM 175, LG 175. なお、うつ病と昼夜・季節の循環的時間との関連については、笠原嘉の指摘がある。「内因性という言葉を残したくなるのは、日内気分変動、睡眠・食欲・性欲障害で、いずれも生体リズムの深刻な障害を暗示する」(笠原嘉『うつ病臨床のエッセンス』みすず書房、二〇〇九年、九頁)からである。

(18)『人間の条件』一七二–三頁。HC 115, VA 134.

(19)『人間の条件』一七七–八頁。HC 118–9, VA 139.

(20)『人間の条件』一八〇–一頁。HC 121, VA 142–3.

(21)『人間の条件』二六八頁。HC 171, VA 206.

(22)『人間の条件』三一七頁。HC 197, VA 247.

(23)『人間の条件』三二〇頁。HC 199, VA 251.

(24)『人間の条件』三七〇–一頁。HC 236–7, VA 301–2.

(25)『精神の生活』(下)二三三頁。LM 195, LG 421. 古荘真敬「行為の始まりと終わり——自由の非所有に関する試論」『哲学雑誌』第七八八号(二〇〇一年)の議論を参照しておく。例えば、大工が建築能力を発揮することには、制作の定義上、始まりと終わりが見出される。だから、大工が建築能力を保持すると言われるためには、大工自身がその能力をいつ発揮し始め、いつ発揮し終わるかについて決めることができるのでなければならない。建築能力の間歇的発揮には、その能力の担い手の自発性が含まれていることになる。ところで、怠惰を考えてみる。「行為している自分の姿を表象しながら、その表象された行為能力の未遂行の事実に、《私》は倦み疲れているのである」。私は行為を始めることはできない。私は行為を意志することができないし、行為を意志することを意志することができない。とするなら、自発性概念を含む諸能力とは異なる能力がここでは問題になっていることになる。始める力、始める才能は、建築能力のような仕方で所有されるものでもなければ発揮されるものでもない。始まりとしての自発的な自由は、そのような能力ではない。

(26)『精神の生活』(下)一四–五頁。LM 13, LG 251.

(27)『精神の生活』(上)二四一頁。LM 209, LG 205.

第二章　性・生殖・次世代育成力

（1）「政治的」なる形容句は曖昧模糊たる使われ方をしてきたが、それを逆用して本論文では「経済的」「社会的」も「政治的」で一括する。
（2）マッキノンをレズビアンフェミニズムに分類するのは正確ではないが、マッキノンの議論にはラディカルフェミニズムに尽くされない側面があるのでここに取り上げる。
（3）Rich, Adrienne, "Compulsory Heterosexuality and Lesbian Existence", *Signs: Journal of Women in Culture and Society* 5 (4), 1980: 631-660.（アドリエンヌ・リッチ「強制的異性愛とレズビアン存在」『血、パン、詩。』大島かおり訳、晶文社、一九八九年）。
（4）ジェンダー／セクシュアリティの区分を援用するなら、フェミニズムはジェンダー不平等が解消されても、セクシュアリティの分布はジェンダー秩序の下での分布とさほど変わりがないと想定している。また、〈虹の世界〉論者は、ジェンダー不平等が解消されるなら、セクシュアリティの分布は自動的にいわばノマド的になると想定している。両者はともにセクシュアリティに内在する強制性を過小評価している。
（5）MacKinnon, Catharine A., *Feminism Unmodified: Discourses on Life and Law*, Harvard University Press, 1987, p. 3
（6）ibid., p. 8.
（7）MacKinnon, Catharine A., "Privacy v. Equality: Beyond Roe v. Wade" (1983), in *Feminism Unmodified: Discourses on Life and Law*, Harvard University Press, 1987.
（8）以下のものを参照。掛札悠子『「レズビアン」である、ということ』河出書房新社、一九九二年、Calhoun, Cheshire, "Separating Lesbian Theory from Feminist Theory", *Ethics* 104, 1994: 558-581
（9）Anscombe, G. E. M., "Contraception and Chastity", *The Human World*, No. 7 (1972),in Igor Primoratz (ed.), *Human Sexuality*, Darmouth, 1997.
（10）ibid., pp. 30-31.
（11）ibid., pp. 42-43.

（12）原罪の解釈は〈聖典〉の釈義を離れて多様になっている。アンスコムの解釈とは異なり、男が汗して働き女が苦しんで子を生むことを原罪と捉える向きもあり、シュラミス・ファイアストン『性の政治学』はこの解釈を採っていた。〈聖典〉では原罪に対する罰は死とされているので、死を罰とするような罪とは何かと、死から逆算して原罪を捉えるのが有効であると思われる。

（13）同意や合意に働く「隠れた権力」を指摘する議論を批判して、例えばリバタリアン・フェミニズムが同意や合意があれば何でもアリのごとき主張を行なうと、必ずや、共依存状態・性依存症・被虐待症候群が持ち出されて、そんな「幸福な奴隷」状態に対する権力批判を蔑ろにするのかと反批判されるのが通例である。こんな遣り取りの過程で、リベラルフェミニズムもリバタリアン・フェミニズムも影を薄くしてきたと回顧することもできよう。この動向を真剣に引き受けるなら、健康で安全な異性愛者たちこそが「幸福な奴隷」であると自覚すべきであることになる。同意や合意があろうがなかろうが、犯罪性を伴っていようがいまいが、善き関係であろうが悪しき関係であろうが、そこにはラディカルフェミニズムの視野から隠れる強制的権力性が働いていると指摘することができよう。それこそレズビアニズムが見ていた力である。

（14）Rubin, Gayle S., "Thinking Sex: notes for a radical theory of the politics of sexuality", in M. A. Barale and D. Halperin (eds.), *The Lesbian and Gay Studies Reader*, Routledge, 1993.（ゲイル・ルービン「性を考える――セクシュアリティの政治に関するラディカルな理論のための覚書」河口和也訳、『現代思想』第二五巻六号、一九九七年）。

（15）この問題での政治的強制性に関しては、私は次の「古風な」「君主主体的な」フェミニストを支持している。Marcus, Sharon, "Fighting Bodies, Fighting Words: A Theory and Politics of Rape Prevention", in Judith Butler and Joan W. Scott (eds.), *Feminists Theorize the Political*, Routledge, 1992. とはいえ、この論争に決着がつくはずもない。上記論文を批判しながらも被害者化の内在的突破を図るものとして、次の論稿をあげておく。Mardorossian, Carine M., "Toward a New Feminist Theory of Rape", *Signs: Journal of Women in Culture and Society*, vol.27, no. 3, 2002. なお、異性愛の強制性を、男が主体・主人として女を対象化・物象化・モノ化・奴隷化することとして言い表わすものも多い。その際には、サドマゾヒズムや家父長制が典型として想像される。しかし、私の知る限り、それらは肉体のレベルに届いていない。

（16）Wittig, Monique, "The Category of Sex" (1976), in *The Straight Mind and OtherEssays*, Beacon Press, 1992, pp. 5-6

（17）ibid., p. 20.

(18) Baetens, P. and Brewaeys, A., "Lesbian Couples requesting donor insemination: an update of the knowledge with regard to lesbian mother families", *Human Reproduction Update*, vol. 7, no. 5, 2001: 512-519. 泪谷のぞみ「「レズビアン・マザー」素描」『女性学年報』第二四号、二〇〇三年、参照。

(19) 原ひろ子「次世代育成力――類としての課題」、原ひろ子・舘かおる編『母性から次世代育成力へ――産み育てる社会のために』新曜社、一九九一年、三二四頁。

(20) Purdy, Laura M., "Babystrike!", in Hilde Lindemann Nelson (ed.), *Feminism and Families*, Routledge, 1997, p. 69. 同性婚の動向については、次のものが有益である。Baird, Robert M. & Rosenbaum, Stuart E. (eds.), *Same-Sex Marriage: The Moral and Legal Debate*, Prometheus Book, 2004. 私自身は同性婚を法制的・税制的に認可しても一向に構わないと考えているが、政治的・倫理的には全面的に肯定するものではない。この点で、私は、この論文集に所収の論文のうち、リベラリズムの立場から同性婚を批判する、Jordan, Jeff, "Contra Same-Sex Marriage" と、ゲイとレズビアンの「古風な」解放運動の立場から同性婚を批判する、Ettelbrick, Paula L., "Since When Is Marriage a Path to Liberation?" を支持する。後者にはこうある。「私は〈他の誰かに付随したミセス〉として知られることなど望まない。私は、私の主要な関係性を規制する権限を国家に与えたくなどない」。

(21) Purdy, Laura M., ibid., p. 71.

第三章　社会構築主義における批判と臨床

(1) この生権力行使は行政に属している。その意味では政治化も社会化もされているが、通常の生政治論はその点を必ずしも考慮に入れていないので、この点は措く。

(2) フーコーのいう生権力とは、飼育者としての人間が動物に対して行使する権力が転用されて、何ものかとしての人間が人間に対して行使する権力であるということになる。ここで幾つもの難問が生ずる。①何ものかとしての人間とは何か、人間の飼育者としての人間とは何か。②人間対動物の関係が、人間対人間の関係に転用されるとしても、人間対人間の関係は必ず人対人の関係に転化するはずである。すなわち、社会的に構築され政治化されるはずである。この転用と転化をどのように理論化すればよいのか。③生権力が生政治に転化する様式には複数のものがあるはずだが、それらをどのように定式化し分類すればよいのか、④以上の問題設定が妥当であるとして、生権力が二極に政治化され、しかもその二極の生政治が近代政治の重要な構成要素となっているとするフーコーの構図は妥当であるのか。これらについては他日を期す。

（3）ただし、生権力がとりわけゾーエーの生産を事とするのは、二〇世紀半ば以降と考えるべきである。

（4）ところで、生政治論の評価を難しくしているのは、生権力と生命力がダイレクトに関係していない場所で、生政治論が語られてきたことである。このようなヘラー（Feher and Heller 1994）などに見られる生権力論抜きの生政治論は、社会構築主義に相当する。

（5）心身二元論を創始したとされるデカルト自身は、まさに病気の経験に関して心身二元論が成立しないこと、病気の経験こそが心身結合を示すこと、心身結合の経験とは何よりも病気の経験であることを指摘していた（小泉 1995: 三章）。

（6）心身モデルはそれこそ社会的に構築されてきた。心身モデルが構築された重要な契機は、ヒステリーの構築とストレスの構築である。それらの身体的症候は、心理的な葛藤の身体的な表出と解されることで、まるで心理的なものがダイレクトに身体的なものに因果的な影響を及ぼすかのように解されてきた。そしてそのことによって心理的な介入が臨床を名目に歴史的に組織されてきた。症候は心身結合の経験であり、それは何ものかの代理表象ではないにもかかわらず、心身モデルを導入することで、さまざまな社会的な介入が組織されてきたのである。ヒステリーについてはさまざまな角度から既に批判が加えられてきたが、ストレスについても、その実験をはじめ、批判されるべきことは多い。堀・齋藤（1992: 5-7）参照。

（7）エプスタイン（Epstein 1996）は運動の限界と運動にまつわる神話を冷静に批判しているが、それでもなお肯定されるべきものがある。最近の動向については、Rosengarten（2004）参照。

（8）ポピュレーションは初めから理論的構築物である。これに関しては見事な科学史研究である Gannett（2003）参照。また宇城（2003）参照。

（9）批判と臨床の関係の端緒的考察は、小泉（2001）参照。

第四章　病苦のエコノミーへ向けて

（1）Joseph E. Stiglitz, *Whither Socialism?* (The MIT Press, 1994), p. 38.

(2) Cf. K. Popper, *The Open Society and its Enemies*, (1952), vol. I, chap. 5, n. 6 (2).
(3) 例えば、「限界」快楽と「限界」苦痛という言い方に意味があるとして、快楽の総量と苦痛の総量を同じ仕方で分配する場合を想像してみよ。
(4) A.D.M. Walker, "Negative Utilitarianism," *Mind*, Vol. 83, No. 331. (July, 1974).
(5) ウォーカーは、快苦の「選択の無差別性」に異を唱えた先行者として以下をあげている。H. B. Acton, "Negative Utilitarianism," *Aristotelian Society Proceedings*, supp. Vol. (1963).
(6) この引用箇所は、ウォーカーが上掲のアクトン論文から引いたものである。
(7) この次第は、経済の起源と目される相対的で穏和な稀少性と、窮乏と暴力の起源とされる絶対的に極端な稀少性との区別が、理論的には識別不可能であるにもかかわらず外的にもちこまれる次第と相同である。この稀少性概念の批判については以下を参照。ポール・デュムシェル「稀少性のアンビヴァランス」(P・デュムシェル/J-P・デュピュイ『物の地獄』織田年和/富永茂樹訳[法政大学出版局、一九九〇年])、Miguel A. Duran, "Mathematical Needs and Economic Interpretations," *Contributions to Political Economy* 26 (2007).
(8) R. N. Smart, "Negative Utilitarianism," *Mind*, Vol. 67, No. 268. (Oct., 1958).
(9) なお、以下の論文はスマートに対してウォーカーの議論を対抗させているが、成功しているとは思えない。R. I. Sikora, "Negative Utilitarianism: Not Dead Yet," *Mind*, Vol. 85, No. 340. (Oct., 1976).
(10) 医療(medical care)と公衆衛生=公衆健康(public health)は全く異なる概念・実践である。カントの用語で言うなら、医療は反省的判断力の領分に属し、公衆衛生は悟性一般の領分に属する。したがって、「予防医学」や「社会衛生医学」などは言葉の濫用でしかない。
(11) なお、「犠牲に応じて」の分配的正義を論じたものとして次のものがある。Robin Hahnel, "Economic Justice," *Review of Political Economics*, Volume 37, No. 2, (Spring 2005). しかし、これは「犠牲者」に対する支出をゼロサムゲームとして描いている。つまり、「高額」医療費を「少数」者に費やすことをゼロサムゲームでの取り合いとして捉えているのである。これは医療経済の実情からしても到底支持できるものではない。「少数」者や「稀少」者をめぐる経済問題は開発途上国をめぐるそれと相同であるが、これに対する私の基本的姿勢は、技術・ノウハウ・知識はあるし材料も設備も人材もあるからには、すなわち、古典政治経済学の土地・労働・「資本」があるからには、必要なのは生産のための制度・新企業・新経営体・新資本であると考えるということである。この方向での探求は初歩的なものしかないが、以下のものをあげておく。Louis J. Junkler, "Capital Accumulation, Savings-Centered Theory and Economic Development," *Journal of Economic Issues*, 1 (June, 1967), Baldwin Ranson, "The Institutionalist Theory of Capital Formation," *Journal of Economic Issues*, 3 (September, 1987), Janet Elizabeth Hope, "Open Source Biology," A thesis submitted for the degree of Doctor of Philosophy at the Australian National University, (December, 2004).

（12）文献は膨大である。以下のものが簡明である。W. E. Armstrong, "The Determinateness of Utility Function," *The Economic Journal*, Vol. 49, No. 195 (Sep., 1939).

（13）医療のアウトプットの計量は一九九〇年代以降再び争点になってきた（Cf. David M. Cutler and Ernst R. Berndt, *Medical Care Output and Productivity*, (The University of Chicago Press, 2001.)）。本文との関連で簡単に指摘しておく。医療のアウトプットの測度は、健康増進や健康改良ではありえない。治療の「限界価値」とか健康の「増分」など冗談でしか言えまい。また、その集計としての「社会の健康水準」たるや迷妄であるとしか言いようがない。そうではあるが、私は、医療のアウトプットをいかなる冗談的な方法で計測するにしても、それは追及されて然るべきだと考えてはいる。その際、幾つかの条件がある。第一に、コスト－効果分析は、個別疾病ごとに個別病院ごとに行なわれるべきである。ボトムアップで行なわれるべきである。第二に、総コストが大きいと目される疾病から行なわれるべきである。いわゆる「国民病」のコスト－効果分析を厳格に行なって実際に改善を実行してから、次に進みたいのなら進めということである。第三に、現行のコスト－効果分析は「不必要」で「過剰」な供給を必ずしも検出できるものにはなっていないために、「必須」な供給を削減するために使用される可能性が高い。ともかく、私は供給サイドへの何らかの制約が必要であると考えており、その手段として有用である限りで冗談的手法も容認する。

（14）Kenneth J. Arrow, "Uncertainty and the Welfare Economics of Medical Care," *The American Economic Review*, Vol. 53, No. 5. (Dec., 1963).

（15）両者が整合するか否かは措くが、この論点に関しては、cf. Joseph E. Stiglitz, *Whither Socialism?* (The MIT Press, 1994) Chap. 4 A Critique of the Second Fundamental Theorem.

（16）公的医療保険にも〈無理〉があることに留意しておきたい。公的保険の起源を、とりわけ、その強制性の起源と（保険的・垂直的・リスク集団間的）再分配政策の起源を保険市場の失敗に求める医療経済言説は、後述するように不十分である。

(17) 治療の効果＝結果を病人は測定できないし決定できない。これは予め思い知らされているから期待効用概念も無意味になる。こうして、自己決定を行ない続けるという過程が代理の「効用」として差し出されてきたのである。自己決定論は功利主義と厚生経済学をも浸食しこれを腐敗させている。

(18) Kenneth J. Arrow, *Social Choice & Individual Values*, second edition (Yale University Press, 1963).

(19) *ibid.*, p. 3.

(20) *ibid.*, p. 87.

(21) *ibid.*, p. 23.

(22) *ibid.*, p. 22.

(23) Michael Hart & Antonio Negri, *Labor of Dionysus*, Chapter 2. Keynes and the Capitalist Theory of the State, (University of Minnesota Press, 2003).

(24) この点を以下のものが指摘している。Annetine C. Gelijns et al., "Uncertainty and Technological Change in Medicine," *Journal of Health Politics, Policy and Law*, Vol. 26, No. 5, (October, 2001).

第五章　病苦、そして健康の影

(1) 戦後福祉国家の核心は医療の国家化・社会化にあると私は考えている。経済政策や社会政策がその役割を変化させつつある現在においては、それはさらに強調されて然るべきであるとも考えている。そして、私自身は、二〇世紀前半の医療社会化と自由診療については、その基本理念を支持している。これと戦後の国家化・社会化は区別されるべきである。なお、本章では、功利主義を快楽主義・幸福主義・厚生主義・厚生経済学も含むものとして広く捉える。裏から言えば、功利主義を何ものかの合理的最大化を目的とする理論として狭く捉えることはしない。というのも、批判者の都合に合わせて功利主義はその都度恣意的に切り縮められて規定されてきたからである。

(2) キケロー『善と悪の究極について』第二巻（永田康昭他訳、『キケロー選集10　哲学III』、岩波書店）参照。

(3) 『善と悪の究極について』は一貫してこの問題を論じていると読むことができる。キケローは、エピクロス派であれストア派であれペリパトス派であれアカデメイア派であれ、いかなる古代ギリシアの学説を奉じようとも、ローマ市民はその死においてローマ的な徳を生き抜くと示唆する。つまり死苦の「快楽」の問題圏へまで議論を引っ張るのである。この点では、強烈な死苦は自然必然的に短いとするエピクロス派の所説に対して、キケローが繰り返し揶揄を放っている事実こそが興味深い。

(4) Ann Bowling, *Measuring Health : A Review of Quality of Life Measurement Scales*, Third Edition (Open University Press, 2005), p. 1.

(5) したがって、QOLやQALYに対して「単純化」「一次元化」と批判するだけでは全く足りない。この事情については次の優れた論文を参照せよ。Joshua Cohen, "Putting a Different Spin on QALYs : Beyond a Sociological Critique," in John B. Davis ed., *New Economics and Its History* (Duke University Press, 1997).

(6) Rudolf Klein, *The New Politics of the National Health Service*, Third Edition (Longman, 1995), p. 248. この含意の一つは、経済(成長)が国家の正統性を調達できなくなっても、なお医療がある、ということである。

(7) 私は、実践のレベルでは、井上達夫のように、「法」は「幸福への企てではない」と考えている。ところが、日本国憲法は「幸福への企て」を宣言している。だから、認識の水準では、「法」を「幸福への企て」としても分析するべきなのである。さらに私は、人生が幸福か否かは棺桶の蓋が閉じられてから死後に定まるという慣用句を想起しつつ、ラカンとともに、日本国憲法も「法」としては「(死の)享楽への企て」であると見ている。井上達夫「法は人間を幸福にできるか?」『法という企て』(東京大学出版会、二〇〇三年)参照。

(8) フーコー「全体的なものと個的なもの——政治的理性批判に向けて」『思考集成』二九一番文書:Michel Foucault, *Dits et écrits*, no. 291.

(9) では、どうしてフーコーは功利主義批判を主たる課題として明示しなかったのであろうか。さまざまな解答が思い浮かぶが、身も蓋もない言い方をするなら、フーコーが知る限りでの功利主義が大したものではなかったからであろう。戦後の矮小な功利主義批判の潮流に視界を妨げられて、功利主義の範囲と強度を見損なっていたからであろう。ただし、フーコーの快楽論を考慮に入れるなら、また違った解答も思い浮かぶ。事は、現代フランス思想の欲望論の評価にも関係する。いずれにせよ、現代フランス思想全般を含め、二〇世紀思想史は功利主義的な観点から書き直されるべきである。また、功利主義思想史そのものについても、快楽主義の系譜を視野に入れているフレデリック・ローゼンの水準から始めるべきである。Frederick Rosen, *Classical Utilitarianism from Hume to Mill* (Routldge, 2003). ローゼンはエピクロス派以外の古代の諸学派の系譜を視野に入れていないが、そこまで考慮してはじめて、フーコー／ドゥルーズの快楽／欲望の対の思想史的意義を捉えることができるであろう。

（10）この節見出しは、ラカンの言葉からとった。ラカン『精神分析の倫理』（上）（ジャック＝アラン・ミレール編、小出浩之・鈴木國文・保科正章・菅原誠一訳、岩波書店、二〇〇二年）：Jacques Lacan, *Le Séminaire de Jacques Lacan Livre VII, L'Éthique de la Psychanalyse* (1959–1960) (Seuil, 1986)。「功利主義的思想は、普通に考えられているようなまったくの凡庸さにはほど遠いものです。／市場で分配される財とは何か、その財の最も良い分配方法は何か、といった思考が問題なのではありません」（一六頁）。

（11）改良概念をめぐる問題点については少し論じたことがある。小泉義之「最高善の在処」『哲学雑誌』第七八七号（二〇〇〇年）。

（12）功利主義の概念項を表わす諸用語に経験的整合性がないことは何度となく指摘されてきた。その概略については、cf. Mark Kelman, "Hedonic Psychology and the Ambiguities of "Welfare"," *Philosophy and Public Affairs* 33-4 (2005), 391–412.

（13）John C. Harsanyi, "Cardinal utility in welfare economics and in the theory of risk-taking," *Journal of Political Economy* 61 (1953), 434–435. "Cardinal welfare, individualistic ethics, and interpersonal comparison of utility," *Journal of Political Economy* 63 (1955), 309–321. この二論文は、ハーサニーの著作に収録されている。John C. Harsanyi, *Essays on Ethics, Social Behavior, and Scientific Explanation* (Reidel, 1976). なお、ハーサニーの所説のテクニカルな理解については、次が標準的になっている。John A. Weymark, "A Reconsideration of the Harsanyi-Sen debate on utilitarianism," in Jon Elster and John E. Roemer, *Interpersonal Comparisons of Well-Being* (Cambridge University Press, 1991).

（14）この移行を「古典的」快楽功利主義から選好功利主義への移行と捉える通説は、まったく杜撰である。

（15）Cf. J. von Neumann and O. Morgenstern, *The Theory of Games and Economic Behaviour* (Princeton University Press, 1944, 2d ed., 1947).

（16）M. Freedman and L. J. Savage, "The Utility Analysis of Choices Involving Risk," *Journal of Political Economy* 56 (1948), 279–304.

（17）J. von Neumann and O. Morgenstern, *The Theory of Games and Economic Behavior* (Princeton University Press, 1944, 2d ed., 1947).

（18）選好の「充足」が主観的「満足」であることは福祉国家の隠された命法である。この点を見抜かなければ、快楽功利主義を抑圧するために、「充足」と「満足」を何としてでも区別しようとして猥褻な事例に淫してきた功利主義批判の意味は見えてはこない。倒錯ストーリーやホラーストーリで溢れ返ったこの抑圧の歴史は、自由主義・平等主義・

民主主義のいわば精神分析として書かれるべきであろう。その（自己）抑圧の小さな一例として次をあげておく。Henry Sidgwick, "Pleasure and Desire," in Marcus G. Singer ed., *Essays on Ethics and Method:Henry Sidgwick* (Cambridge University Press, 2000).

(19) Cf. John C. Harsanyi, *Rational Behavior and Bargaining Equilibrium in Games and Social Situations* (Cambridge University Press, 1977), p. 51. 安藤馨は、ハーサニーの集計定理においては「選択や選好から実体としての厚生を逆生成しようという経済学の一般的な手法上の欠点」が顕わになっていると正しく指摘している。安藤馨『統治と功利――功利主義リベラリズムの擁護』（勁草書房、二〇〇七年）二一五頁。ところで、その「逆生成」も「実体」化も現に成立しているし、それが合理化されていると現に信じ込まれている。だからこそ、私は、功利主義の範囲に、〈かの高貴なる政治の科学〉の系譜だけではなく、ハーサニーを契機として展開される「経済学」も含ませておくべきであると考えている。

第Ⅲ部　理論／思想

第三章　脳のエクリチュール

(1) 中井久夫『徴候・記憶・外傷』（みすず書房、二〇〇四年）二三八－二三九頁。

(2) 佐藤光源「疾患概念、医療、処遇の変化と呼称変更」『精神医学』45-6（二〇〇三）によると、精神分裂病の本質的特徴を早発痴呆・人格荒廃と捉える姿勢は、「四半世紀前頃まで続き」、その「基本姿勢は今もなおなくなったわけではない」。そして「受け入れさえ可能なら」退院できるはずの患者が、「現在も数万人が精神科病院に入院」している。この点に関する率直な指摘として次のものがある。松本雅彦「「精神分裂病」はたかだかこの１００年の病気ではなかったのか？」森山公夫編『精神分裂病の謎に挑む』（批評社、一九九九年）。

(3) 中井久夫、上掲書、二四〇頁。次の一節は、私の知る限り、この件に関して最も品位のあるものである。「かつて私が述べた回復過程の定式の多くは、今日では検証困難である。患者の多くが外来で診療され、開かれた世界の予期できない過剰な影響下にある。入院患者の場合も、院内活動や外出外泊の多さのために、看護記録の連続性は著しく低下しており、面接の定期性は維持困難である。それは、最近二十年間の精神医療の雰囲気の望ましい方向への変化を示している。私が仕事を始めたのは、不治説と収容主義に代わって、ようやく治療主義が前面に出た初期であった。その雰囲気の中でも、精神科医歴二年目の半ばから私が勤務した精神病院のような例外的な好条件に恵まれなければ、おそらく私には何もみえてこなかったろう」(二六〇頁)。ちなみに、中井は一九三四年生まれ、デリダは一九三〇年生まれであり、この件に関する限り同世代と言ってよい。

(4) K・マルクス『哲学の貧困』山村喬訳(岩波文庫、一八四七/一九五〇年)四八-四九頁。

(5) L・カナー『幼児自閉症の研究』十亀史郎他訳(黎明書房、一九七三/一九七八年)五三頁。

(6) L・カナー、前掲書、二〇七頁。

(7) 以下の引用文に列挙される病名に精神分裂病は含まれていないが、何も変わらぬ光景を見ざるをえない。「この間にSちゃんにつけられた診断名は、フロッピィインファント、脳性麻痺、受容性言語障害、注意欠陥多動性障害などである。そしてSちゃんが六歳八ヶ月のとき、アスペルガー症候群という診断名にやっとたどりついたのである。お恥ずかしい話であるが、診断するまでに六年以上かかってしまったことになる」(榊原洋一『アスペルガー症候群と学習障害』[講談社+α新書、二〇〇二年]一〇五頁)。発達障害に対する診断は、正常であれ異常であれ発達過程に関する的確な予見が確立していない中では、無謀であることは専門的にも確認されているはずだ。そのことは子どもの脳死判定基準をめぐる重大な論点の一つでもある。「お恥ずかしい」のは、流行の診断名を使用するのが遅れたことなどではない。六年間にわたって子どもを弄んできたことだ。

(8) 「先天障害の中途診断」に限らず、診断が解放的効果を発揮する場合はあるし、そのことは肯定されるべきである。ニキ・リンコ「所属変更あるいは汚名返上としての中途診断」石川准・倉本智明[編著]『障害学の主張』(明石書店、二〇〇二年)参照。しかし診断の否定的側面は見逃されるべきではない。

(9) S・フロイト「科学的心理学草稿」『フロイト著作集7』小此木啓吾訳(人文書院、一八九六/一九七四年)。

(10) J. Derrida, *L'écriture et la différence* (Seuil, 1967) p.299.『エクリチュールと差異』(下)梶谷温子他訳(法政大学出版局、一九八三年)六四頁。

(11) ibid. p.305. 七一頁。

(12) ibid. p.297. 六一頁。

(13) ibid. p.297. 六〇-六一頁。

(14) J. Derrida, *De la grammatologie* (Minuit, 1967) pp.19-20.『グラマトロジーについて』(上)足立和浩訳(現代思潮社、一九

七六年）二七－二八頁。

（15）ibid. p.20. 二八－二九頁。

（16）J. Derrida, *L'écriture et la différence*, p.305. 七二頁。

（17）ibid. p.310. 七八頁。

（18）ibid. p.311. 七九頁。

（19）ibid. p.337. 一一三頁。

（20）とくに言語のモデル化をめぐってフォーダーとスモレンスキーが交わした論争は、以下のものに編まれている。C. Macdonald and G. Macdonald (eds), *Connectionism : Debates on Psychological Explanation*, Volume Two (Blackwell 1995). この論争の的確なサーヴェイとして以下のものがある。W. Bechtel and A. Abrahamsen, *Connectionism and the Mind : Parallel Processing, Dynamics, and Evolution in Networks*, second edition (Blackwell 2002). 戸田山和久「心は（どんな）コンピュータなのか――古典的計算主義 vs コネクショニズム」信原幸弘編『シリーズ心の哲学　ロボット篇』（勁草書房、二〇〇四年）。

（21）なお、デカルトやスピノザの観念は、文や語に対応するようなものではないし、文意や語義なるものに相当するものでもない。ところが、二〇世紀の英米の解釈者たちは、暗黙のうちに、古典主義と歩調を合わせて、近世哲学の観念や表象を、言語学的要素に対応するものと見なしてきた。このとんでもない誤認に基づいて、表象＝再現前＝代理＝代行主義批判なるものや心身二元論批判なるものが繰り返されてきた。その例は枚挙に遑がないが、リチャード・ローティの名でも挙げておけば十分であろう。

（22）J. Derrida, *La voix et le phénomène* (PUF, 1967) p.35.『声と現象』高橋允昭訳（理想社、一九七〇年）六四頁。

（23）ibid. pp.2-3. 一一－一二頁。

（24）ibid. pp.4-5. 一四頁。

（25）ibid. pp.5-6. 一六頁。

（26）ibid. p5. 一五頁。

（27）J. Derrida, *De la grammatologie*, p.26. 三七頁。

（28）ibid. p.104. 一七七頁。

（29）cf. C. Macdonald, op. cit, p.236.

(30) ibid. p.280. スモレンスキーの代数については以下のものが有益である。M.Guarini,"Tensor products and split-level architecture : foundational issue in the classicism-connectionism debate", *Philosophy of Science* 63 (1996) ss.239-247.

(31) 浅川伸一「単純再帰ニューラルネットワークの心理学モデルとしての応用可能性」『心理学評論』46-2（2003）pp.274-287 参照。「魂と身体の問題は疑いもなくエクリチュールの問題から派生したのである」(J. Derrida, *De la grammatologie*, p.52. 七五頁)。

(32) ibid. p.52. 七五頁。産出性・体系性・推論一貫性について、戸田山和久は、「これらはすべて、人間の認知に見られる特異な現象だ。まともな認知の理論であれば、この現象を説明する責任がある」(上掲論文、四一頁）としている。そんな責任などない。あっても僅かだ。ただし、最終的に戸田山は、紙と鉛筆による「外的記号」に外注された現象であるとする。

(33) C. Macdnald, op. cit, pp.202-203

(34) R.J. Matthews, "Can Connectionists Explain Systematicity?", *Mind & Language* 12-2 (1997) pp.154-177.

(35) ibid., p.163.

(36) J. Derrida, *De la grammatologie*, p.99. 一三九頁。

(37) C. Macdnald, op. cit., pp.226-227.

(38) ibid., p.227. なお、Implementation「実装」の訳語は、戸田山和久の上掲論文（三三頁）に従う。

(39) 脳のエクリチュールは、麻生英樹のいう「柔らかな記号」を体現するはずのものだ。麻生は、「計算機による記号操作的な情報処理が情報処理の主流になるにつれて、計算機にとって、処理操作の易しいものが記号と呼ばれ、そうでないものがパターンと呼ばれるようになった、ということがあるのではないでしょうか？」と述べた上で、脳における記号はそのどちらでもなく、「分散的な情報表現」の先に展望される、連想能力と操作可能性をともに備える「柔らかな記号」であるとしている。麻生英樹『ニューラルネットワーク情報処理』(産業図書、一九八八年）一七三－一七四頁。

(40) 言語の情報処理をめぐっては多くの論点についてさまざまな解決策が提案されているが、もちろん決着は付いてない。Cf. M.H. Christiansen et al. (ed), *Connectionist Models of Human Language Processing : Progress and Prospects, Cognitive Science* 23-4 (1999).

（41）郡司ペギオ―幸夫『私の意識とは何か――生命理論Ⅱ』（哲学書房、二〇〇三年）一三六頁。
（42）cf. G.O. Brien & J. Opie, "Radical connectionism : thinking with (not in) language", *Language & Communication* 22 (2002) pp.313-329.
（43）酒木保『自閉症の子どもたち』（PHP新書、二〇〇一年）八〇―八二頁。ヒポクラテスの雰囲気を湛えていると評してもよい中井久夫の書物にこんな一節がある。「絵のかたわらで患者のことばが次第に育ってゆきました。それは私の精神科医としての生涯の中でもっとも感動的な、快い驚きがいっぱいの体験でありました」（『最終講義――分裂病私見』［みすず書房、一九九八年］一二頁）。
（44）cf. J. Derrida, *L'écriture et différence*, pp.267-268. 一三三頁。
（45）ibid., p.261. 一四頁。

第四章　余剰と余白の生政治

（1）アントニオ・ネグリ『さらば、"近代民主主義"――政治概念のポスト近代革命』杉村昌昭訳（作品社、二〇〇八年）四一―二頁。
（2）アントニオ・ネグリ／マイケル・ハート『〈帝国〉――グローバル化の世界秩序とマルチチュードの可能性』水嶋一憲・酒井隆史・浜邦彦・吉田俊実訳（以文社、二〇〇三年）八頁。ネグリ／ハートは、〈帝国〉による人道的介入を、倫理と政治と法の混合体として分析するが、必ずしも生権力の範例とは見ていない（三四―三五頁）。絞って言うなら、若干の揺れはあるが（四〇一頁参照）、〈キャンプ〉を生権力の例外的でもある範例とは見ていない。
（3）同書、四五頁参照。
（4）なお、生政治の概念史については、cf. Roberto Esposito, *Bios: Biopolitics and Philosophy*, tr. By Timothy Campbell (University of Minnesota Press, 2008), originally published as *Bios: Biopolitica e Filosofia* (Giulio Einaudi, 2004).
（5）厚生省高齢者介護対策本部事務局監修『新たな高齢者介護システムの構築を目指して――高齢者介護・自立支援システム研究会報告書』（ぎょうせい、一九九五年）一一頁。やはり私の立場について注記しておく。私の両親は死までの数年間、介護保険制度を利用し、両親も私もそれぞれの仕方で助けられた。しばしば指摘されている種々の難点を経験もしたが、恩恵を受けたことは間違いない。しかし、だからということで何も考えず制度を受け入れるのであれば、制度論の「外」（フーコー）を思考することすらしなくなる。それだけではない。私は、そしておそらくは両親も、介護労働と介護制度そのものに対して拭い難い違和を感じていた。否定にも批判にもなることがないかもしれぬ違和感である。よしんば家族介護に専念したとしても生ずるであろう違和感である。何かが間違っている、何所か間尺に合わないという感触、人生の〈時の蝶番が外れた〉という感触である。ここを思考するのでなければ、生権力論・生政治論は何ものでもないと思う。

（6）同報告書（二七―二九頁）では「社会連帯」は社会保険についてだけ語られる。なお、介護保険法では、「社会連帯」とではなく「共同連帯」と記されている。

（7）資本論草稿集翻訳委員会編『マルクス資本論草稿集一八五七―五八年の経済学草稿Ⅰ』（大月書店、一九八一年）三二五頁。

（8）アントニオ・ネグリ『マルクスを超えるマルクス――『経済学批判要綱』研究』清水和巳・小倉利丸・大町慎浩・香内力訳（作品社、二〇〇三年）一三九頁。

（9）刀田和夫『サービス論争批判――マルクス派サービス理論の批判と克服』（九州大学出版会、一九九三年）一四九―一五一頁。

（10）同書、一五〇―一五一頁。

（11）廃品回収業の最下層を構成するゴミ拾い人とゴミ集荷人の労働が、自治体のコストを削減し、ゴミ排出者へ所得をもたらしていると論ずるのは、速水佑次郎「インド・デリー市における廃品回収業――都市・貧困層の分析」、『経済研究』第五六巻第一号（二〇〇五年）。ところで、不生産部門の典型である軍隊は、人間を殺害し建物を破壊するという直接的な労働を介して、また、たぶん刺客とは違って自ら殺される犠牲を覚悟して、安全や人権や平和といった価値物を生産しているのだということになっている。

（12）刀田、前掲書、一四六頁。

（13）アントニオ・ネグリ／マイケル・ハート『ディオニュソスの労働――国家形態批判』長原豊・崎山政毅・酒井隆史訳（人文書院、二〇〇八年）二五―三〇頁。

（14）アントニオ・ネグリ『アントニオ・ネグリ講演集（上）〈帝国〉とその彼方』上村忠男監訳、堤康徳・中村勝己訳（ちくま学芸文庫、二〇〇七年）一五七頁。

(15) ネグリ／ハート『〈帝国〉』三六九、三七七頁。
(16) ここに〈社会的なもの〉とは、「社会（的）」なる形容句が付せられるものの総称である。例えば、社会国家、社会保障、社会民主主義、社会人などの総称である。
(17) アントニオ・ネグリ『転覆の政治学――21世紀へ向けての宣言』小倉利丸訳（現代企画室、二〇〇〇年）三六－三七頁。形式的（形態的）包摂と実質的包摂の関連については、長原豊「包摂から捕獲へ――ノート」、『現代思想』二〇〇八年五月号を参照。包摂論はマルクス解釈としても論点が多いが、現在においては、経済的包摂（subsumption）と社会的包摂（inclusion）を連関させて論ずる必要がある。なお、一九七〇年代の新しい社会運動については、〈生活世界の植民化に抗する抵抗や退却〉（ハーバーマス）とするどころか、国家のコントロールから離れて福祉の社会化を進め、福祉国家の危機を乗り越えて生き延びる運動であるとする現代史観が広まっている。例えば、Carlo Vercellone, "The Anomaly and Exemplariness of the Italian Welfare State," in Paolo Virno and Michael Hardt (eds.), *Radical Thought in Italy: A Potential politics* (University of Minnesota Press, 1996). しかし、この〈下から〉の現代史観は、社会史や社会学の影響と言ってもよいが、一面的にすぎる。一九七〇年代初期には、持家支援・健康保険・年金・企業福祉・人事考課・職能資格などの一連の〈上から〉の重要な変化が起こったのであり、新しい社会運動はこれと呼応していた。常にそうであるが、〈下から〉の運動を一色に描き出すことはできない。いわゆる社会的企業についても、有給と無給が混在していること、事業委託・助成金を不可欠としていることなど、その評価は理論的にも実践的にも簡単ではない。
(18) ネグリ、前掲書、四六頁。
(19) ネグリはこの点について自覚的ではある。社会的労働に相応しい価値論の再構成、価値法則（剰余価値と搾取の問題）の再定式化、分配と賃金と利潤の区分の計算可能性、新たな蓄積論などを理論的課題として列挙している（同書、四三－四五頁参照）。
(20) 不可視の無形資産の無形資源性（intangibility）についての定義・尺度・代理変数・会計基準をめぐる諸論点を参照。また、いわゆる「ホールド・アップ問題」も関連がある。岩井克人「株式会社の本質――その法律的構造と経済的機能」（伊丹敬之・藤本隆宏・岡崎哲二・伊藤秀史・沼上幹編『企業とガバナンス』（有斐閣、二〇〇五年））参照。経済的に計量不可能なもののこのような経済化の試みは、歴史的に繰り返されてきたし、むしろ搾取や収奪を強化しさえするのだが、それに対する批判としては、cf. Robert Brenner, *The Economics of Global Turbulence: the Advanced Capitalist*

Economies from Long Boom to Long Downturn, 1945-2005 (Verso, 2006), p. 253.

(21) ネグリ『転覆の政治学』八五－八六頁。

(22) 同書、八八頁。

(23) 同書、八六頁。

(24) ネグリ／ハート『〈帝国〉』二七四頁。

(25) 同書、二七五頁。

(26) 同書、二七七頁。

(27) この文脈で、有名なネグリ批判を参照してみることができる。George Caffentzis, "The End of Work or the Renaissance of Slavery?," *multitude web*, mise en ligne le jeudi 17 mars 2005. その主旨は、脱商品化・福祉社会化は国家奴隷制の再版ではないのか、ということである。争点は、何よりも自由と自由の条件に関わっている。金田耕一『福祉国家と自由——ポスト・リベラリズムの展望』(新評論、二〇〇〇年)参照。

(28) ネグリ／ハート『ディオニュソスの労働』三五四頁。ネグリは理論的困難をこう述べてもいる。どうして総資本は社会的労働に投資・支出するのか(どうして福祉国家なのか)、どうして総資本は、コントロールできなくなるはずの社会的労働に向かっていくのか(どうして福祉国家は敵対性が生ずる〈社会的なもの〉に向かっていくのか)、統治者は福祉予算の増大を絶えず問題視しながらどうしてそれを削減することができないのか(同書、二四〇頁参照)。

(29) 介護労働者の感情労働は、事業に対する添え物でしかない。感情労働のマニュアル化は、ここでも低賃金化と非正規雇用化に役立っている。そして、介護労働や医療労働は、挙式・披露宴サービスや葬儀サービスに類似している。その経済サービス化論批判および感情労働論批判と合わせて、以下を参照。姉葉暁「対消費者「サービス」価格における対人的サービス労働の減少」(斎藤重雄編『現代サービス経済論』(創風社、二〇〇一年))。また、職務以上の感情労働を命令するものが各種公的制度であることを解明するものとして、Ariel Ducey, "More than a job : meaning, affect, and training health care workers," in Patricia Ticineto Clough and Jean Hally (eds.), *The Affective Turn* (Duke University Press, 2007).

(30) 家事が社会化されたとする言説は全く不十分である。そもそも家事は社会化されている。そもそも経済外的強制(家父長制)による収奪は行なわれている。では、家事としての介護の社会化は何を達成したことになるのか。マルクス地代論を想起ながら、最劣等地に相当する家庭に比して、最優等地に相当する家庭が取得する絶対的レントを想像してみるとよい。このとき、介護の社会化は、家庭の相対的レントの制度化であると見ることができよう。つまり、福祉国家は、フォーディズム的反動とも言うべきかもしれないが、家内奴隷を総体的奴隷として外注して雇用する家産制国家に変容したのである。これは福祉国家・福祉社会としても退歩であると私には思われる。

(31) ネグリ／ハート『〈帝国〉』三五五頁。

(32) 同書、四九九頁。

(33) アントニオ・ネグリ『構成的権力――近代のオルタナティヴ』杉村昌昭・斉藤悦則訳（松籟社、一九九九年）五八―五九頁。

(34) このミクロな抵抗の諸相を肯定的に記述するものは余りにも少ない。次のものは、チームスタッフの日誌や記録簿が、対象者に対するパノプティコン装置になっているとともに、労働者を代替可能なものに還元する労務管理テクノロジーになっていることを指摘しながら、抵抗が可能的行動の拡大へと結びつくことを展望する。Chris Drinkwater, "Supported Living and the Production of Individuals," in Shelly Tremain (ed.), *Foucault and the Government of Disability* (The University of Michigan Press, 2005). ただし、この論文も、老人のことを想定した議論にはなっていない。

(35) ネグリ『転覆の政治学』三四頁。

初出一覧

はじめに（書き下ろし）

第Ⅰ部　身体／肉体
第一章　魂を探して――バイタル・サインとメカニカル・シグナル（『現代思想』二〇〇八年六月号）
第二章　来たるべき民衆――科学と芸術のポテンシャル（『ドゥルーズ／ガタリの現在』所収、平凡社、二〇〇八年）
第三章　傷の感覚、肉の感覚（『現代思想』二〇一一年八月号）
第四章　静かな生活（『現代思想』二〇一一年三月号）

第Ⅱ部　制度／人生
第一章　生殖技術の善用のために（『神奈川大学評論』四七号、二〇〇四年）
第二章　性・生殖・次世代育成力（『岩波講座　哲学〈12〉性／愛の哲学』所収、岩波書店、二〇〇九年）
第三章　社会構築主義における批判と臨床（『社会学評論』55-3、二〇〇四年）
第四章　病苦のエコノミーへ向けて（『現代思想』二〇〇八年三月号）
第五章　病苦、そして健康の影――医療福祉的理性批判に向けて（『現代思想』二〇一〇年三月号）

第Ⅲ部　理論／思想
第一章　二つの生権力――ホモ・サケルと怪物（『生命の教養学へ』所収、慶應義塾大学出版会、二〇〇五年）
第二章　受肉の善用のための知識――生命倫理批判序説（『現代思想』二〇〇三年一一月号）
第三章　脳のエクリチュール――デリダとコネクショニズム（『現代思想』二〇〇五年二月号）
第四章　余剰と余白の生政治（『思想』第1024号、二〇〇九年第八号）

おわりに（書き下ろし）

小泉義之（こいずみ・よしゆき）
1954年生まれ。東京大学大学院人文科学研究科博士課程退学。現在、立命館大学大学院先端総合学術研究科教授（哲学・倫理学）。著書に『デカルトの哲学』（人文書院）、『「負け組」の哲学』（人文書院）、『病いの哲学』（ちくま新書）、『ドゥルーズの哲学』（講談社現代新書）、『レヴィナス』（ＮＨＫ出版）、『デカルト＝哲学のすすめ』（講談社現代新書）、『兵士デカルト』（勁草書房）、『倫理学』（人文書院）、共編著に『ドゥルーズ／ガタリの現在』（平凡社）、訳書にドゥルーズ『意味の論理学』（河出文庫）など多数。

生と病の哲学
生存のポリティカルエコノミー

2012年6月20日　第1刷印刷
2012年6月29日　第1刷発行

著者――小泉義之

発行人――清水一人
発行所――青土社
〒101-0051　東京都千代田区神田神保町1-29　市瀬ビル
［電話］03-3291-9831（編集）　03-3294-7829（営業）
［振替］00190-7-192955

印刷所――双文社印刷（本文）
方英社（カバー・扉・表紙）
製本所――小泉製本

装幀――戸田ツトム

ISBN978-4-7917-6657-4 C0010